■ 한국산업인력공단 시행 장비구조 이론 동영상 강의 무료제공
(https://cafe.naver.com/goseepass)

기출문제만 풀어봐도
2024 합격보장
합격이 보인다

지게차
운전기능사 한방에 합격

JH건설기계자격시험연구회 편저

군더더기 뺀 이론과 문제

쪽집게 합격노트 수록

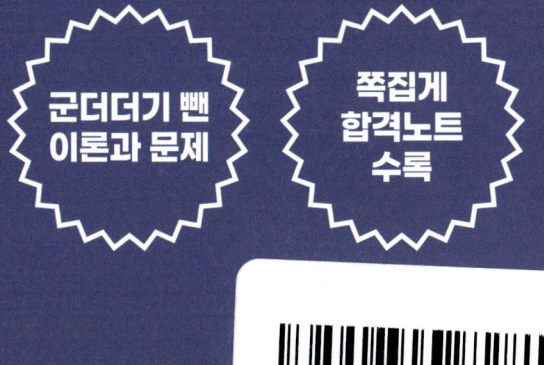

행복한 상상, 바른교육

정훈사
www.정훈에듀.com

지게차 운전기능사 필기 무료 동영상

건설기계/운송 자격증 소통 공간

합격보답
합격이 보이는 정답

▶ 지게차 필기 무료 동영상 보는 방법

01 네이버(www.naver.com)에 접속 > 로그인
   ※ 네이버 계정이 없을 경우 가입
02 주소창에 cafe.naver.com/goseepass 접속
03 카페 가입하기 클릭 > 가입하기
04 아래 기입란에 아이디를 기재하신 후 해당 페이지 전체가 보이게 촬영
   (연필로 인증 시 강의 신청이 반려됩니다.)
05 합격보답 > 강의인증(왼쪽 메뉴) > 글쓰기 > 인증사진만 업로드하면 끝!

※ 무료강의 신청 및 수강은 PC 버전에서만 가능합니다.

아이디 기입란
(유성펜 또는 볼펜으로 기입)

정훈사에서는 교재의 잘못된 부분을 아래의 홈페이지에서 확인할 수 있도록 하였습니다.

www.정훈에듀.com > 고객센터 > 정오표

머리말

건설, 물류, 유통 분야가 대형화되고 기계화되면서 운반용 건설기계는 여러 산업분야에서 다양하게 활용되고 있습니다. 그중 지게차는 현대 산업의 물류부분에서 없어서는 안 될 건설기계로 자리 잡았으며 이를 반영하듯 20대부터 50~60대에 이르기까지 연령 구분 없이 응시생 및 자격 취득자 수가 꾸준히 증가하고 있습니다. 연도별 국가기술자격증 취득 1위 종목에 거의 전 연령대에서 부동의 1위를 차지하고 있는 것이 지게차운전기능사입니다.

이에 정훈사는 지난 10년간의 기출문제를 면밀히 분석하여 중요핵심 이론만을 압축적이면서도 상세하게 정리하였습니다. 운전기능사 자격시험은 기출문제가 반복되어 출제되기 때문에 출제의 흐름을 파악하는 것이 중요합니다. 따라서 이론의 세세항목을 기출문제를 통해 되짚어 보면서 이해의 깊이를 높일 수 있도록 하였고, 자주 출제되는 문제와 출제경향을 파악함으로써 효과적인 공부가 되도록 구성하였습니다.

이 책의 특징

❶ **새롭게 개편된 출제기준**을 반영하였습니다.
❷ 단원별 **꼭 알아두어야 하는 문제**를 이론 뒤에 배치하여 학습한 내용을 **점검**할 수 있도록 하였고, ★ 표시를 하여 빈출유형을 확인할 수 있도록 하였습니다.
❸ **최신 기출문제**를 토대로 적중예상문제만을 엄선하여 **수록**하였으며, 새로운 출제경향을 한눈에 파악할 수 있도록 하였습니다.
❹ 건설기계관리법, 도로교통법 등 최신 **개정법**을 **완벽 반영**하였습니다.
❺ 시험 보기 전 마지막 정리를 할 수 있도록 **시험에 자주 출제되는 내용만**을 수록하여 **족집게노트**를 구성하였습니다.

자격증 시험은 60점만 획득하면 합격하는 시험으로 총 60문항 중 36문항만 맞히면 되는 시험입니다. 교재 전반에 걸쳐 출제 빈도가 높았던 기출문제는 유사문제 형식으로 반복해서 수록하였기 때문에, 이 책 한 권만 정독하신다면 자연스럽게 빈출내용과 기출유형이 정리될 수 있을 거라 생각됩니다. 이 책 한 권으로 여러분 모두에게 합격의 영광이 있기를 간절히 소망합니다.

㈜건설기계자격시험연구회

지게차 운전기능사

시험 안내

필기 시험정보

관련부처	국토교통부
시행기관	한국산업인력공단
응시자격	제한 없음
시험과목	지게차 주행, 화물 적재, 운반, 하역, 안전관리
검정방법	전 과목 혼합 / 객관식 60문항 (60분)
합격기준	100점 만점에 60점 이상 (60문항 중 36문항)
시험일정	• 상시(연중 실시) • 한국산업인력공단 큐넷(www.q-net.or.kr) 홈페이지에서 확인
원서접수	• 인터넷 접수(www.q-net.or.kr) • 정해진 회별 접수기간 동안 접수
시험 응시료	14,500원
시험방식	• CBT(Computer Based Testing) • 한국산업인력공단 큐넷(www.q-net.or.kr) 홈페이지에서 CBT 필기 모의시험 체험하기 가능 • 시험 당일에도 수험자교육을 통해 시험 방법 안내
합격자 발표	시험 종료 즉시
필기시험 면제기간	합격자 중 합격자 발표일로부터 2년간 필기시험 면제

실기 시험정보

시험과목	지게차 운전 작업 및 도로주행
합격기준	100점 만점에 60점 이상
시험일정 및 접수	• 인터넷 접수(www.q-net.or.kr) • 접수 시 수험자 본인 선택 • 먼저 접수하는 수험자가 시험일자 및 시험장 선택의 폭 넓음 • 필기 합격자에 한하여 응시
시험 응시료	25,200원
시험방식	작업형 / 4분 정도 소요

필기시험 출제 기준

주요항목	세부항목	세세항목
1. 안전관리	1. 안전보호구 착용 및 안전장치 확인	1. 안전보호구　　　　2. 안전장치
	2. 위험요소 확인	1. 안전표시　　　2. 안전수칙　　　3. 위험요소
	3. 안전운반 작업	1. 장비사용설명서　　2. 안전운반 3. 작업안전 및 기타 안전 사항
	4. 장비 안전관리	1. 장비안전관리　　2. 일상점검표　　3. 작업요청서 4. 장비안전관리 교육　5. 기계·기구 및 공구에 관한 사항
2. 작업 전 점검	1. 외관점검	1. 타이어 공기압 및 손상 점검　　2. 조향장치 및 제동장치 점검 3. 엔진 시동 전·후 점검
	2. 누유·누수 확인	1. 엔진 누유점검　　　　　　2. 유압 실린더 누유점검 3. 제동장치 및 조향장치 누유점검　4. 냉각수 점검
	3. 계기판 점검	1. 게이지 및 경고등, 방향지시등, 전조등 점검
	4. 마스트·체인 점검	1. 체인 연결부위 점검　　　2. 마스트 및 베어링 점검
	5. 엔진시동 상태 점검	1. 축전지 점검　　　　2. 예열장치 점검 3. 시동장치 점검　　　4. 연료계통 점검
3. 화물 적재 및 하역작업	1. 화물의 무게중심 확인	1. 화물의 종류 및 무게중심　　2. 작업장치 상태 점검 3. 화물의 결착　　　　　　　4. 포크 삽입 확인
	2. 화물 하역작업	1. 화물 적재상태 확인　2. 마스트 각도 조절　3. 하역 작업
4. 화물 운반 작업	1. 전·후진 주행	1. 전·후진 주행 방법　　2. 주행 시 포크의 위치
	2. 화물 운반작업	1. 유도자의 수신호　　　2. 출입구 확인
5. 운전시야확보	1. 운전시야 확보	1. 적재물 낙하 및 충돌사고 예방　　2. 접촉사고 예방
	2. 장비 및 주변상태 확인	1. 운전 중 작업장치 성능확인　2. 이상 소음　3. 운전 중 장치별 누유·누수
6. 작업 후 점검	1. 안전주차	1. 주기장 선정　　2. 주차 제동장치 체결　　3. 주차 시 안전조치
	2. 연료 상태 점검	1. 연료량 및 누유 점검
	3. 외관점검	1. 휠 볼트, 너트 상태 점검　2. 그리스 주입 점검　3. 윤활유 및 냉각수 점검
	4. 작업 및 관리일지 작성	1. 작업일지　　　　　　　2. 장비관리일지
7. 도로주행	1. 교통법규 준수	1. 도로주행 관련 도로교통법　　2. 도로표지판(신호, 교통표지) 3. 도로교통법 관련 벌칙
	2. 안전운전 준수	1. 도로주행 시 안전운전
	3. 건설기계관리법	1. 건설기계 등록 및 검사　　2. 면허·벌칙·사업
8. 응급대처	1. 고장 시 응급처치	1. 고장표시판 설치　2. 고장내용 점검　3. 고장유형별 응급조치
	2. 교통사고 시 대처	1. 교통사고 유형별 대처　　2. 교통사고 응급조치 및 긴급구호
9. 장비구조	1. 엔진구조	1. 엔진본체 구조와 기능　　2. 윤활장치 구조와 기능 3. 연료장치 구조와 기능　　4. 흡배기장치 구조와 기능 5. 냉각장치 구조와 기능
	2. 전기장치	1. 시동장치 구조와 기능　　2. 충전장치 구조와 기능 3. 등화장치 구조와 기능　　4. 퓨즈 및 계기장치 구조와 기능
	3. 전·후진 주행장치	1. 조향장치의 구조와 기능　2. 변속장치의 구조와 기능 3. 동력전달장치 구조와 기능　4. 제동장치 구조와 기능 5. 주행장치 구조와 기능
	4. 유압장치	1. 유압펌프 구조와 기능　　2. 유압 실린더 및 모터 구조와 기능 3. 컨트롤 밸브 구조와 기능　4. 유압탱크 구조와 기능 5. 유압유　　　　　　　　6. 기타 부속장치
	5. 작업장치	1. 마스트 구조와 기능　　2. 체인 구조와 기능 3. 포크 구조와 기능　　　4. 가이드 구조와 기능 5. 조작레버 구조와 기능　6. 기타 지게차의 구조와 기능

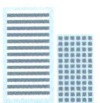

지게차 운전기능사

실기시험 출제문제

실기시험 코스운전 및 작업

- 시험시간 : 4분
- 항목별 배점 : 화물하차작업 55점, 화물상차작업 45점
- 요구사항 : 주어진 지게차를 운전하여 다음 작업순서에 따라 도면과 같이 시험장에 설치된 코스에서 화물을 적·하차 작업과 전·후진 운전을 한 후 출발 전 장비위치에 정차하시오.

※ 실기시험 문제 및 유의사항에 대한 자세한 내용은 큐넷 홈페이지(http://www.q-net.or.kr) → 고객지원 → 자료실 → 공개문제에서 직접 확인하시기 바랍니다.

• 작업순서 •

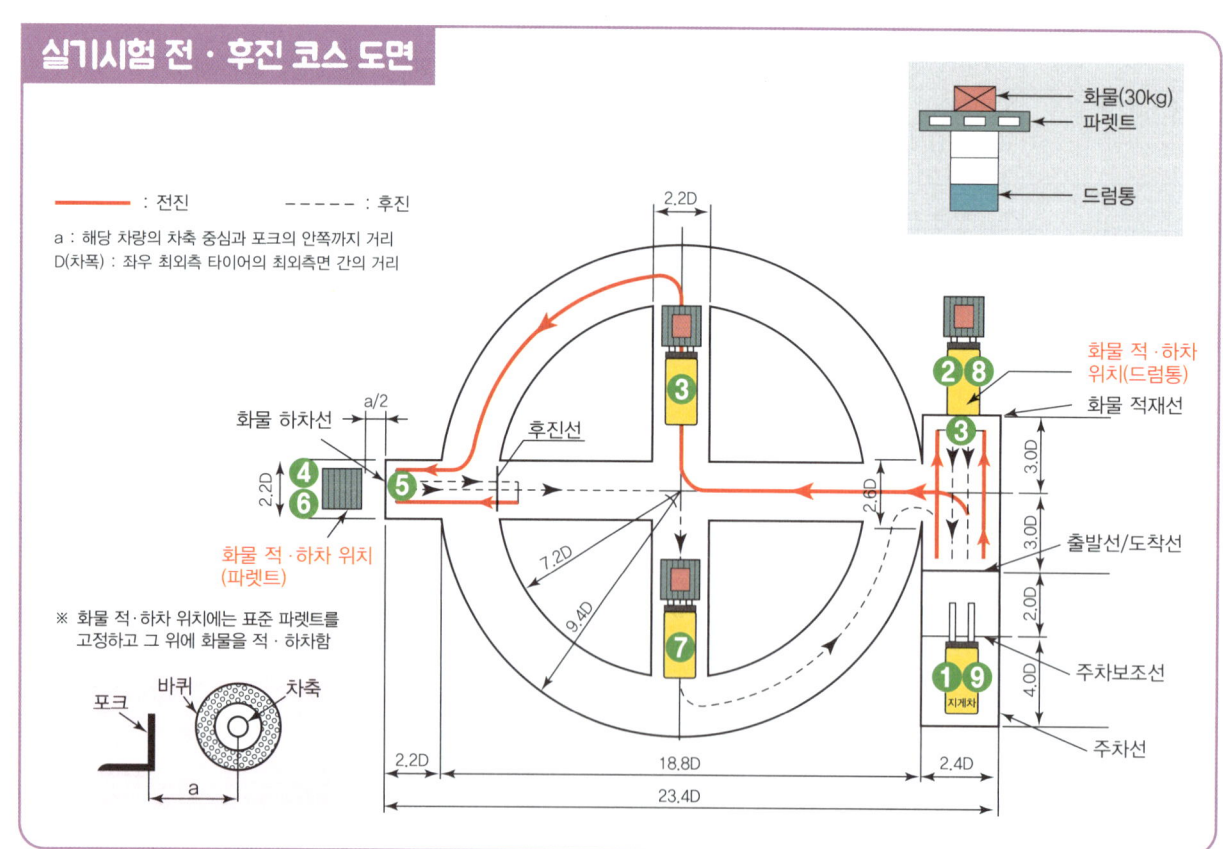

1. 출발 및 전진주행

- ☑ 지게차에 탑승하면 반드시 안전벨트를 착용하고, 준비가 되면 손을 들어 감독관에게 신호한다.
  >>> 안전벨트 미착용 시 감점 요인
- ☑ 출발선에 이르기 전까지 리프트 레버를 당겨 포크를 지면으로부터 약 20~30cm 들어올린다.
  >>> 50cm 이상으로 너무 높이 들어올리면 실격 요인
- ☑ 감독관이 출발을 알리는 호각을 불면 전·후진 레버를 앞으로 밀고 가속 페달을 천천히 밟으며 전진한다.
- ☑ 출발선은 1분 이내에 통과해야 한다.
  >>> 1분 이내 출발선을 벗어나지 않으면 실격

2. 화물 적재

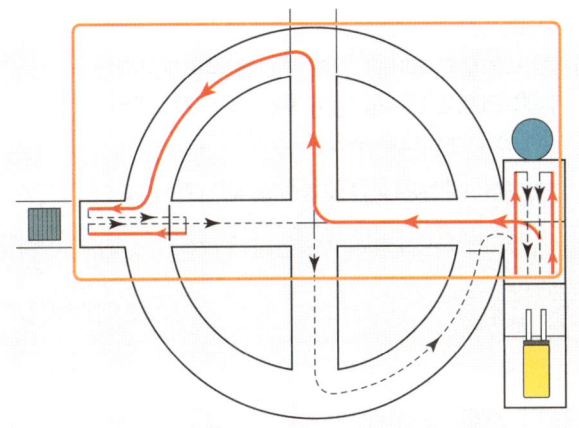

- ☑ 화물 적재선에 도착하면 리프트 레버를 당겨 포크를 드럼통 위에 놓여 있는 파렛트의 구멍까지 올린다.
- ☑ 틸트 레버를 이용해 포크를 수평으로 놓고 천천히 파렛트의 구멍으로 포크를 삽입한다.
- ☑ 포크가 파렛트 구멍에 거의 들어가면 포크를 약 10cm 정도 들어올리고 틸트 레버를 살짝 당겨 마스트를 운전석 쪽으로 후경함으로써 파렛트가 떨어지지 않도록 한다.

3. 후진 및 화물 적하장으로 전진 주행

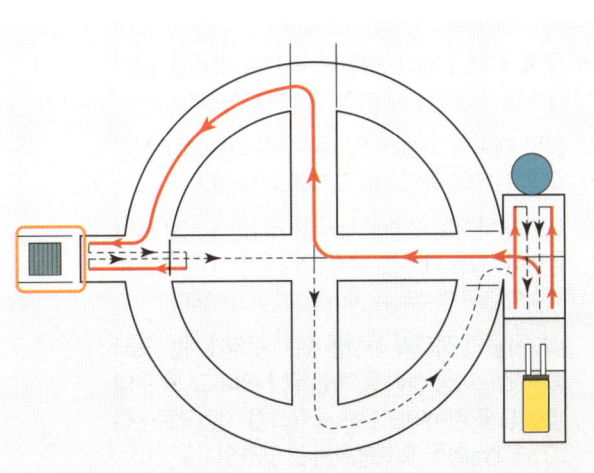

- ☑ 후진하면서 포크를 지면에서 20~30cm 정도 높이까지 다시 내린다.
- ☑ 앞바퀴 물받이 부분이 코너 라인과 일직선이 될 때까지 후진한 후 좌회전하면 라인에 바퀴가 걸치는 것을 방지할 수 있다.
- ☑ 정해진 코스에 따라 다음 화물 하차 위치까지 전진 주행한다.
- ☑ 코너링 시에 라인에 걸치지 않으면서 무사통과 하려면 코너 라인과 20~30cm 간격을 두는 것이 좋다.

지게차 운전기능사

실기시험 출제문제

4. 화물 하차

☑ 화물 하차 지점에 도착하면 틸트 레버를 밀어 파렛트를 수평 상태로 만든 후 리프트 레버를 밀어 화물 적·하차 위치에 파렛트를 내린다.

▶▶▶ 화물 적하지점에 있는 파렛트의 사방에 테이프가 부착되어 있거나 노란색 페인트로 칠해져 있으며 화물 적하 시 테이프가 보이지 않도록 내려야 한다. 단, 정확히 맞추려고 노력할 필요는 없고 테이프 안쪽에 표기된 빨간색 표식만 보이지 않게 내리면 된다.

☑ 화물 하차 후 포크에 파렛트가 끌려오지 않도록 주의를 기울이면서 후진한다.

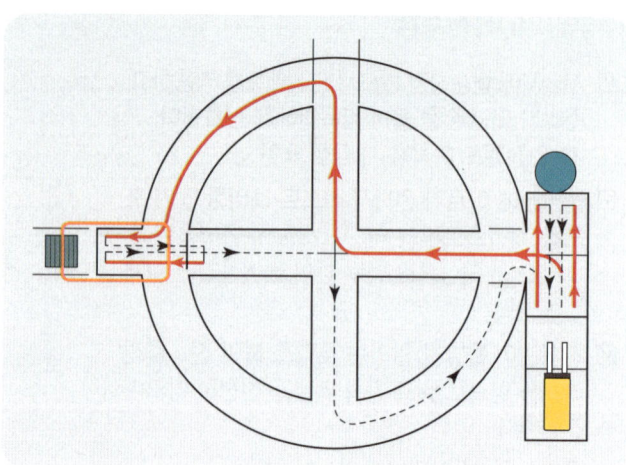

5. 후진

☑ 화물 하차 후 포크가 후진선 중앙에 위치하도록 후진한다.

☑ 후진 후 틸트 레버를 밀어 포크를 수평으로 맞춘 후 리프트 레버를 밀어 후진선이 표시된 바닥에 소리가 나도록 포크를 내려야 한다.

▶▶▶ 후진선 바닥에 포크가 닿지 않으면 감점 요인

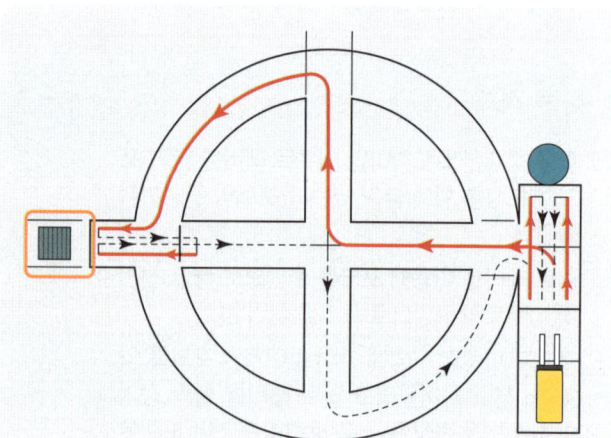

6. 내린 화물 다시 적재

☑ 그런 후 다시 포크를 지면에서 20~30cm 정도 높이까지 올린 후 전진한다.

☑ 화물 적재 선에 도착하면 리프트 레버를 당겨 포크를 적하한 파렛트의 구멍까지 올린다.

☑ 틸트 레버를 이용해 포크를 수평으로 놓고 천천히 파렛트의 구멍으로 포크를 삽입한다.

☑ 포크가 파렛트 구멍에 거의 들어가면 포크를 들어올린 후 틸트 레버를 살짝 당겨 운전석 쪽으로 후경함으로써 파렛트가 떨어지지 않도록 한다.

▶▶▶ 화물의 적재와 하차를 위한 구역에서는 포크를 50cm 이상 높이 들어도 무방하나 그 외 구역을 이동할 경우에는 반드시 포크를 지면으로부터 20~30cm 올린 후 이동하는 것 잊지 말자.)

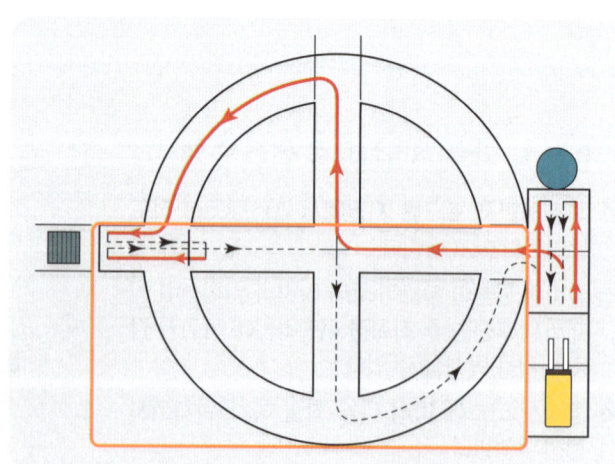

7. 다시 적재 후 처음 위치로 후진 주행

- ☑ 전·후진 레버를 당겨 후진한다.
- ☑ 정해진 코스에 따라 출발선 앞까지 후진 주행한다.
- ☑ 후진하며 코너링 할 경우에는 전진할 경우보다 옆 라인과 더 여유로운 간격을 두고(30cm 이상) 코너링 해야 라인에 바퀴가 걸치지 않으니 주의한다. 특히 출발선에서 이루어지는 마지막 코너링은 라인이 뽀족하게 그어져 있어 30~40cm 정도로 간격을 넓혀 회전한다.

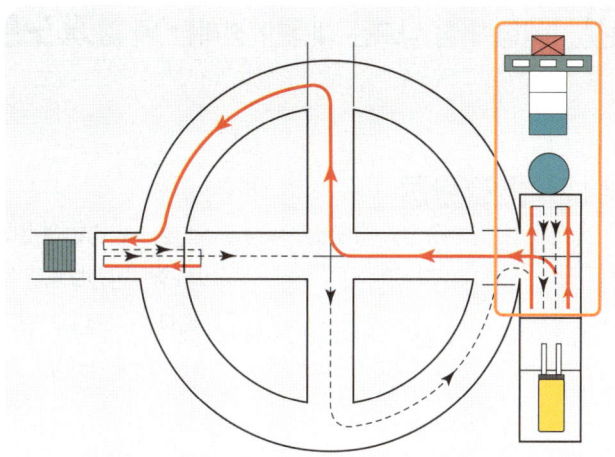

8. 화물 하차

- ☑ 후진으로 마지막 코너를 돈 후에 전·후진 레버를 밀어 화물 적재선까지 전진한다.
- ☑ 화물 적재선에 도착하면 리프트 레버를 당겨 포크를 드럼통 위까지 올린다.
- ☑ 드럼통 위에 파렛트를 적재한 후 틸트 레버를 이용해 포크를 수평으로 조정하여 파렛트가 끌려오지 않도록 조심스럽게 후진한다.
- ☑ 후진하면서 포크를 지면에서 20~30cm 정도 높이까지 내린다.

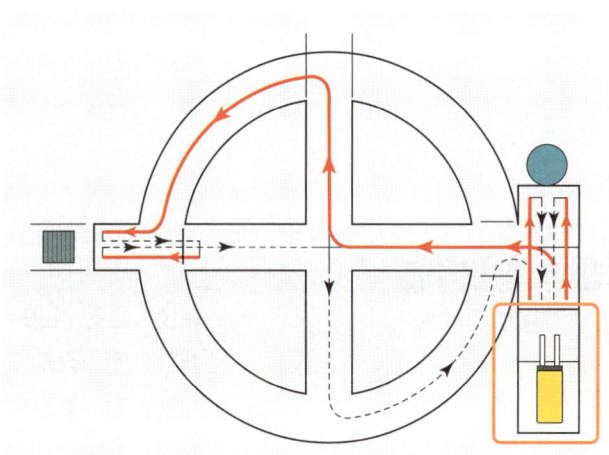

9. 시험종료

- ☑ 지게차가 주차구역 내에 들어가도록 하고 포크는 주차보조선에 위치하도록 조정한다.
- ☑ 틸트 레버를 이용해 포크와 지면이 수평이 되도록 하고 리프트 레버를 밀어 포크를 주차보조선 위에 내려 놓는다.
- ☑ 전·후진 레버를 중립 위치에 놓고 주차 브레이크를 당긴다.
- ☑ 안전벨트를 해제하고 안전하게 하차한다.

이 책의 차례

시험에 잘 나오는 내용만 정리한 **족집게 노트**

제1편 안전관리

제1장 산업안전 일반	2
제2장 안전보호구 및 안전표시	5
제3장 기계·기기·공구 및 화재의 안전	11
⌘ 대단원 스피드 확인문제	19

제2편 도로주행

제1장 도로교통법	22
제2장 건설기계관리법	32
⌘ 대단원 스피드 확인문제	45

제3편 장비구조

제1장 엔진(기관)구조	48
제2장 전기장치	66
제3장 전·후진 주행장치	77
제4장 작업장치	92
⌘ 대단원 스피드 확인문제	104

제4편 유압일반

제1장 유압유	112
제2장 유압기기	119
⌘ 대단원 스피드 확인문제	139

제5편 작업 전·후 점검

제1장 작업 전 점검 ·· 142
제2장 작업 후 점검 ·· 146
⌘ 대단원 스피드 확인문제 ···························· 148

제6편 응급대처

제1장 고장 시 응급처치 ································ 152
제2장 교통사고 시 대처 ································ 155
⌘ 대단원 스피드 확인문제 ···························· 157

최종점검: 기출문제 완벽 분석으로 추출한 엄선된 240제

제1회 기출문제 ·· 160
제2회 기출문제 ·· 167
제3회 기출문제 ·· 174
제4회 기출문제 ·· 181
⌘ 기출문제 정답 및 해설 ······························ 188

지게차 운전기능사

이 책의 구성

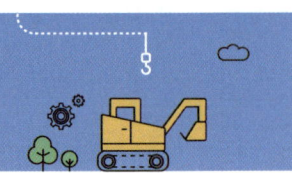

시험에 잘 나오는 족집게노트

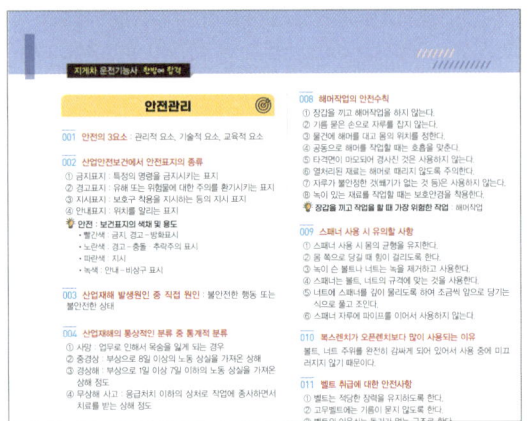

기출문제를 철저히 분석하여 시험에 자주 나오는 내용만을 엄선하여 정리하였다. 시험장에서 중요 내용을 한번에 정리하는 데 효과적으로 활용할 수 있다.

중요 핵심이론 & 참고

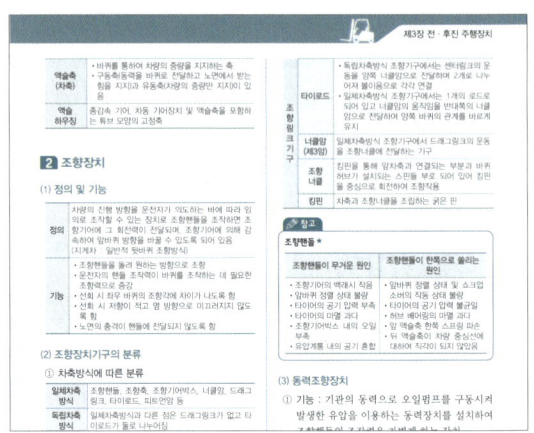

시험에 나오는 내용만으로 이론을 구성하였으며, 이론과 연결되는 내용이나 한 번 더 확인해야 할 내용을 참고하여 핵심이론을 더 깊이 공부할 수 있다.

꼭 알아야 할 단원별 알짜문제 + 스피드 확인문제 + 기출문제 240제

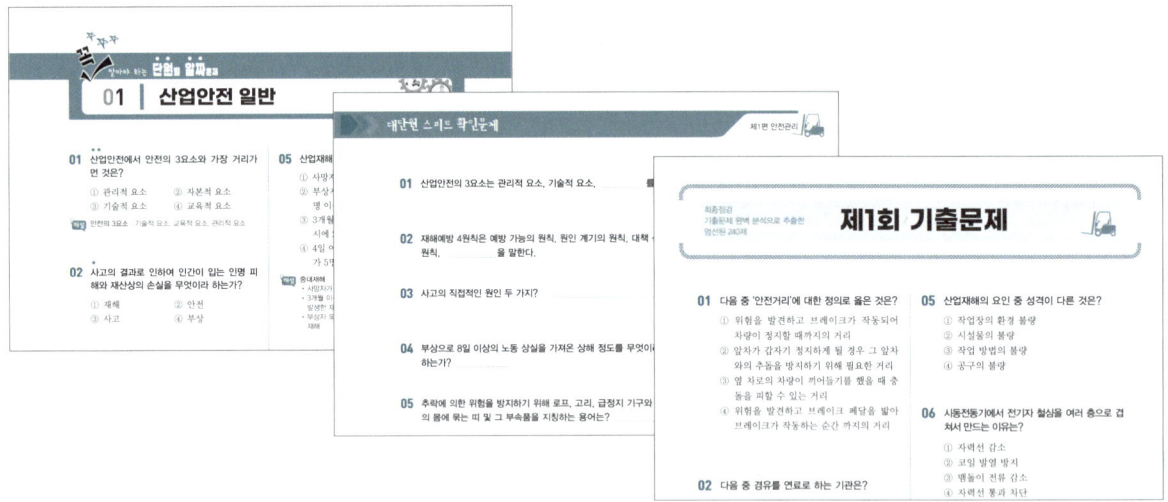

단원별 알짜문제는 꼭 알아야 할 내용을 문제로 재구성한 것으로 기출문제를 우선으로 수록하였으며, 스피드 단답형 문제를 통해 학습 성취도를 간단하게 확인할 수 있도록 하였다. 엄선하여 수록된 기출문제 240제는 반복적으로 출제되는 문제들을 선별하여 출제경향을 파악하고 시험 대비에 만전을 기하도록 하였다.

지게차 운전기능사

시험에 잘 나오는 내용만 정리한

족집게 노트

안전관리

001 안전의 3요소 : 관리적 요소, 기술적 요소, 교육적 요소

002 산업안전보건에서 안전표지의 종류
① 금지표지 : 특정의 명령을 금지시키는 표지
② 경고표지 : 유해 또는 위험물에 대한 주의를 환기시키는 표지
③ 지시표지 : 보호구 착용을 지시하는 등의 지시 표지
④ 안내표지 : 위치를 알리는 표지
💡 안전 : 보건표지의 색채 및 용도
- 빨간색 : 금지, 경고-방화표시
- 노란색 : 경고-충돌·추락주의 표시
- 파란색 : 지시
- 녹색 : 안내-비상구 표시

003 산업재해 발생원인 중 직접 원인 : 불안전한 행동 또는 불안전한 상태

004 산업재해의 통상적인 분류 중 통계적 분류
① 사망 : 업무로 인해서 목숨을 잃게 되는 경우
② 중경상 : 부상으로 8일 이상의 노동 상실을 가져온 상해
③ 경상해 : 부상으로 1일 이상 7일 이하의 노동 상실을 가져온 상해 정도
④ 무상해 사고 : 응급처치 이하의 상처로 작업에 종사하면서 치료를 받는 상해 정도

005 산업재해를 예방하기 위한 재해예방 4원칙
① 손실 우연의 법칙 ② 예방 가능의 원칙
③ 원인 계기의 원칙 ④ 대책 선정의 원칙

006 작업장의 안전수칙
① 항상 청결하게 유지한다.
② 작업복과 안전장구는 반드시 착용한다.
③ 각종 기계를 불필요하게 공회전시키지 않는다.
④ 전원 콘센트 및 스위치 등에 물을 뿌리지 않는다.
⑤ 통로나 마룻바닥에 공구나 부품을 방치하지 않는다.
⑥ 기계의 청소나 손질은 운전을 정지시킨 후 한다.
⑦ 작업 중 부상은 즉시 응급조치를 하고 보고한다.
⑧ 작업대 사이, 또는 기계 사이의 통로는 안전을 위한 일정한 너비가 필요하다.

007 수공구 사용 시 유의사항
① 무리한 공구 취급을 금한다.
② 정 작업 시 보안경을 착용한다.
③ 수공구는 사용법을 숙지하여 사용한다.
④ 사용 전에 이상 유무를 반드시 확인한다.
⑤ 사용 후에는 정해진 장소에 보관한다.
⑥ 공구는 목적 이외의 용도로 사용하지 않는다.
⑦ 공구는 사용 전에 기름 등을 닦은 후 사용한다.
⑧ 수공구는 손에 잘 잡고 떨어지지 않게 작업한다.
⑨ 작업에 적합한 수공구를 선택하여 사용한다.

008 해머작업의 안전수칙
① 장갑을 끼고 해머작업을 하지 않는다.
② 기름 묻은 손으로 자루를 잡지 않는다.
③ 물건에 해머를 대고 몸의 위치를 정한다.
④ 공동으로 해머를 작업할 때는 호흡을 맞춘다.
⑤ 타격면이 마모되어 경사진 것은 사용하지 않는다.
⑥ 열처리된 재료는 해머로 때리지 않도록 주의한다.
⑦ 자루가 불안정한 것(쐐기가 없는 것 등)은 사용하지 않는다.
⑧ 녹이 있는 재료를 작업할 때는 보호안경을 착용한다.
💡 장갑을 끼고 작업을 할 때 가장 위험한 작업 : 해머작업

009 스패너 사용 시 유의할 사항
① 스패너 사용 시 몸의 균형을 유지한다.
② 몸 쪽으로 당길 때 힘이 걸리도록 한다.
③ 녹이 슨 볼트나 너트는 녹을 제거하고 사용한다.
④ 스패너는 볼트, 너트의 규격에 맞는 것을 사용한다.
⑤ 너트에 스패너를 깊이 물리도록 하여 조금씩 앞으로 당기는 식으로 풀고 조인다.
⑥ 스패너 자루에 파이프를 이어서 사용하지 않는다.

010 복스렌치가 오픈렌치보다 많이 사용되는 이유
볼트, 너트 주위를 완전히 감싸게 되어 있어서 사용 중에 미끄러지지 않기 때문이다.

011 벨트 취급에 대한 안전사항
① 벨트는 적당한 장력을 유지하도록 한다.
② 고무벨트에는 기름이 묻지 않도록 한다.
③ 벨트의 이음쇠는 돌기가 없는 구조로 한다.
④ 벨트 교환 시 회전을 완전히 멈춘 상태에서 한다.
⑤ 벨트를 걸거나 벗길 때 기계를 정지한 상태에서 한다.
⑥ 벨트가 풀리에 감겨 돌아가는 부분은 커버나 덮개를 설치한다.

012 안전보호구 선택 시 유의사항
① 사용목적에 적합할 것
② 작업행동에 방해되지 않을 것
③ 사용방법이 간편하고 손질이 쉬울 것
④ 보호구 검정에 합격하고 보호성능이 보장될 것
⑤ 착용이 용이하고 크기 등 사용자에게 편리할 것

013 보안경을 사용하는 이유
① 유해 약물의 침입을 막기 위해
② 비산되는 칩에 의한 부상을 막기 위해
③ 유해 광선으로부터 눈을 보호하기 위해

반드시 보호안경을 끼고 작업해야 할 때	• 산소용접을 할 때 • 그라인더를 사용할 때 • 차체에서 변속기를 뗄 때
보안경을 착용해야 하는 작업	• 연삭작업 • 유해 광선이 있는 작업장 • 장비 밑에서 정비 작업을 할 때 • 전기용접 및 가스용접 작업을 할 때 • 철분, 모래 등이 날리는 작업을 할 때

014 작업복(작업복장)

작업복 착용 이유	재해로부터 작업자의 몸을 보호
작업복의 조건	• 몸에 맞고 동작이 편해야 한다. • 항상 깨끗한 상태로 입어야 한다. • 주머니가 적고 팔이나 발이 노출되지 않는 것, 주머니가 많지 않고 소매가 단정한 것이 좋다. • 옷소매 폭이 너무 넓지 않은 것이 좋고, 단추가 달린 것은 되도록 피한다. • 화기사용 작업에서 방염성·불연성의 것을 사용하도록 한다. • 상의 소매나 바지자락 끝부분이 안전하고 작업하기 편리하게 처리된 것을 선정한다.

015 방진 마스크
: 분진이 발생하는 작업장소에서 착용(먼지가 많은 장소에서 착용)

016 안전모
① 작업장에서 작업원의 안전을 위해 쓴다.
② 안전모의 상태를 점검하고 착용한다.
③ 안전모 착용으로 불안전한 상태를 제거한다.
④ 올바른 착용으로 안전도를 증가시킬 수 있다.

017 안전화
: 물체의 낙하, 충격, 날카로운 물체로 인한 위험으로부터 발 또는 발등을 보호하거나 감전이나 정전기의 대전을 방지하기 위한 보호구

018 안전장치의 종류
① 안전문 ② 대형 후사경
③ 룸 미러 ④ 후방접근 경보장치
⑤ 경광등 ⑥ 형광테이프 부착
⑦ 포크 받침대 ⑧ 주행연동 안전벨트

019 방호장치
기계와 기구를 사용하여 작업할 때 발생하는 위험이나 기타 작업에서 생길 수 있는 위험한 상황으로부터 작업자를 보호하기 위해 부착하는 장치
① 헤드가드 : 지게차 운전석 상부에 있는 지붕을 말하며 상부에서 낙하물이 떨어지더라도 충분히 견딜 수 있도록 견고해야 한다.
② 백레스트 : 포크 적재 화물이 마스트 뒤쪽으로 떨어지는 것을 방지해주는 장치이며 최대하중을 적재한 상태에서 마스트가 뒤쪽으로 기울더라도 파손되거나 변형되지 않아야 한다.

020 작업 시 일반 안전수칙
① 안전보호구 지급 착용 ② 안전 보건표지 부착
③ 안전 보건교육 실시 ④ 안전작업 절차 준수

021 지게차 주행 시 안전수칙
① 안전벨트를 착용한 후 주행한다.
② 중량물을 운반 중인 경우에는 반드시 제한속도를 유지한다.
③ 평탄하지 않은 땅, 경사로, 좁은 통로 등에서는 급주행, 급브레이크, 급선회를 하지 않는다.
④ 화물은 마스트를 뒤로 젖힌 상태에서 가능한 낮추고 운행한다.
⑤ 화물이 시야를 가릴 때는 후진하여 주행하거나 유도자를 배치한다.
⑥ 경사로를 올라가거나 내려갈 때는 적재물이 경사로의 위쪽을 향하도록 하여 주행하고, 경사로를 내려오는 경우 엔진 브레이크, 발 브레이크를 걸고 천천히 운전한다.
⑦ 화물을 불안정한 상태 혹은 편하중 상태로 옮겨서는 안 된다.
⑧ 후륜이 뜬 상태로 주행해서는 안 된다.
⑨ 포크 간격은 화물에 맞추어 조정한다.
⑩ 운전석에서 전방 눈높이 이하로 적재한다.
⑪ 모서리에서 회전할 때는 일단 정지 후 서행한다.
⑫ 선회하는 경우에는 후륜이 크게 회전하므로 천천히 선회한다.
⑬ 도로상을 주행하는 경우에는 파렛트, 스키드를 꽂거나 포크의 선단에 표식을 부착하여 주행한다.

022 지게차 하역작업 시 안전수칙
① 공동작업은 작업지휘자의 신호에 따른다.
② 허용적재 하중을 초과하는 화물의 적재는 금한다.
③ 화물 위에 사람이 탑승하지 않도록 한다.
④ 무너질 위험이 있는 물체는 반드시 묶는다.
⑤ 굴러갈 위험이 있는 물체는 고임목으로 고인다.
⑥ 가벼운 것은 위로, 무거운 것은 밑으로 적재한다.

023 지게차 주차 시 안전수칙
① 포크를 지면(바닥)에 완전히 내려놓는다.
② 기관(엔진)을 정지한 후 주차브레이크를 작동(결속)시킨다.
③ 포크의 선단이 지면에 닿도록 마스트를 전방으로 적절히 경사시킨다.
④ 전·후진 레버를 중립에 놓는다. 핸드 브레이크 레버를 당긴다.
⑤ 경사면에는 주차하지 않는다.

024 지게차의 사용금지
① 헤드가드가 없는 경우
② 백레스트가 없는 경우
③ 자동장치 및 조정장치의 기능에 이상이 있는 경우
④ 상·하역 장치 및 유압장치에 이상이 있는 경우
⑤ 차륜에 이상이 있는 경우
⑥ 방향지시기 및 경보장치 기능에 이상이 있는 경우

025 지게차 경사면에서의 안전작업
① 경사면을 따라 올라갈 때에는 포크의 선단 또는 파렛트의 아랫부분이 노면에 접촉되지 않는 범위에서 최대한 지면 가까이에 놓고 주행한다.
② 경사면을 내려갈 때에는 후진을 하고, 엔진 브레이크를 사용한다.
③ 지게차가 앞쪽으로 기울어진 상태에서 화물을 올려서는 안 된다.
④ 경사면을 내려갈 때는 변속레버를 중립상태에서 탄력을 이용하여 내려가서는 안 된다.
⑤ 경사면을 따라서 횡 방향으로 주행하지 않는다.
⑥ 경사면에서는 방향 전환을 하지 않는다.

026 위험요인에 대한 안전대책
① 지게차 작업 시 안전 통로 확보
② 지게차 안전장치 설치
③ 지게차 전용 작업 구간 내 보행자의 출입 금지
④ 작업 구역 내 장애물 제거
⑤ 안전표지판 설치 및 안전표지 부착
⑥ 사각지역에 반사경 설치
⑦ 운전자의 운전 시야 확보
⑧ 유자격자에 의한 지게차 운전
⑨ 포크 높이는 지면으로부터 20cm 올린 상태에서 주행

027 지게차 전도 재해예방
① 급선회, 급제동, 오작동 금지
② 지게차의 용량을 무시한 무리한 작업 지양
③ 연약지반에서의 작업 시 편하중에 주의
④ 연약지반에서의 작업 시 받침판 사용
⑤ 지게차보다 화물의 적재중량이 크지 않을 것

작업 전 점검

028 작업 전 장비 점검요소
① 팬벨트 장력 점검
② 공기청정기 점검
③ 그리스 주입 상태 점검
④ 후진 경보장치 점검
⑤ 룸 미러 점검
⑥ 전조등 점등 여부 점검
⑦ 후미등 점등 여부 점검

029 타이어의 역할
① 지게차의 하중을 지지한다.
② 지게차의 동력과 제동력을 전달한다.
③ 노면에서의 충격을 흡수한다.

030 타이어의 마모한계
① 차량분류에 따른 타이어의 마모한계
  ㉠ 소형차 : 1.6mm   ㉡ 중형차 : 2.4mm
  ㉢ 대형차 : 3.2mm
② 타이어 마모 한계 초과 시 발생하는 현상
  ㉠ 제동력이 저하되어 제동거리가 길어진다.
  ㉡ 우천 주행 시 도로와 타이어 사이의 물이 배수가 잘 되지 않아 수막현상이 발생한다.
  ㉢ 도로의 작은 이물질에 의해서도 타이어 트레드에 상처가 발생하여 사고의 원인이 된다.

031 조향핸들이 한쪽으로 쏠리는 원인
① 허브 베어링의 과다 마멸
② 타이어의 공기 압력 불균일
③ 앞 액슬 축의 한쪽 스프링 파손
④ 앞바퀴 정렬 상태 및 쇼크 업소버의 불량
⑤ 뒤 액슬 축이 차량 중심선에 직각이 되지 않음

032 브레이크 제동 불량원인
① 브레이크 회로 내의 오일 누설 및 공기 혼입
② 라이닝에 기름, 물 등이 묻어 있을 때
③ 라이닝 또는 드럼의 과도한 편 마모
④ 라이닝과 드럼의 간극이 너무 큰 경우
⑤ 브레이크 페달의 자유간극이 너무 클 경우

033 유압오일의 주요기능
① 동력을 전달한다.
② 마찰열을 흡수한다.
③ 움직이는 기계요소의 마모를 방지한다.
④ 필요한 요소 사이를 밀봉한다.

034 MF축전지의 점검방법 : 점검창의 색깔로 확인
① 초록색 : 충전된 상태
② 검정색 : 방전된 상태(충전 필요)
③ 흰색 : 축전지 점검(축전지 교환)

035 시동(기동)전동기가 회전하지 않는 원인
① 시동 스위치 접촉 및 배선 불량일 때
② 계자코일이 손상되었을 때
③ 브러쉬가 정류자에 밀착이 안 될 때
④ 전기자 코일이 단선되었을 때

036 난기운전
작업 전 유압오일 온도를 상승시키는 것으로, 한랭 시 지게차 시동 후 바로 작업을 시작하면 유압기기의 갑작스러운 동작으로 인해 유압장치의 고장을 일으키므로 동절기 또는 한랭 시에는 필히 난기운전을 해야 한다.

작업 중 점검

037 적재화물에 따른 무게중심 판단 및 주의사항
① 운반물을 포크에 적재하고 주행하므로 차량 앞뒤의 안정도가 매우 중요하다.
② 마스트를 수직으로 한 상태에서 앞 차축에 생기는 적재화물과 차체의 무게에 의한 중심점 균형을 잘 판단해야 한다.
③ 화물 종류별 중량 및 밀도에 따라 인양 화물의 무게 중심점이 확인되어야 한다.
④ 화물의 무게는 차체무게를 초과할 수 없다.
⑤ 지게차는 카운터 밸런스 무게에 의해 안정된 상태를 유지할 수 있도록 제작된 장비로서 최대하중 이하로 적재해야 한다.
⑥ 지게차의 이상적인 적재 안전작업은 카운터 밸런스가 장착된 뒷부분이 들리지 않는 상태의 작업으로서 화물은 포크의 중심점 안쪽으로 적재하여 임계하중 모멘트 이내에서 작업하는 것이다.
⑦ 무게중심은 마스트 조절에 의한 화물의 높이에 따라서 변동되므로 주의해야 한다.

038 지게차의 운반·적재·하역작업

운반작업
- 운반 중 마스트를 뒤로 4도 가량 경사시켜서 운반한다.
- 운전 중 포크를 지면에서 20~30cm 정도 유지한다.
- 짐을 싣고 경사지에서 운반 시 화물을 위쪽으로 하고, 내려갈 때에는 저속 후진한다.
- 운반하려고 하는 화물 가까이 가면 속도를 줄인다.
- 탑재한 화물이 시야를 방해할 때에는 후진주행 하거나 보조자를 배치한다.
- 지게차 주행속도는 10km/h를 초과할 수 없다.
- 화물적재 상태에서 지상으로부터 30cm 이상 들어 올리거나 마스트가 수직이거나 앞으로 기울인 상태에서 주행하지 않는다.
- 화물을 불안정한 상태 또는 편하중 상태로는 옮기지 않는다.

적재작업
- 화물을 올릴 때는 포크를 수평으로 한다.
- 포크로 물건을 찌르거나 물건을 끌어서 올리지 않는다.
- 화물을 올릴 때는 가속페달을 밟는 동시에 레버조작을 한다.
- 적재 후 포크를 지면에 내려놓고 필히 화물 적재 상태의 이상 유무를 확인한 후 주행한다.
- 적재할 화물의 앞에서 안전한 속도로 감속한다.

하역작업
- 리프트레버 사용 시 눈은 마스트를 주시한다.
- 짐을 내릴 때 가속페달은 사용하지 않는다.
- 짐을 내릴 때는 마스트를 앞으로 약 4도 정도 기울인다.
- 파렛트에 실은 화물이 안정되게 실렸는지 확인한다.
- 포크를 삽입하고자 하는 곳과 평행하게 한다.
- 화물 앞에서 정지 후 마스트가 수직이 되도록 기울여야 한다.
- 파렛트 또는 스키드에서 포크를 빼낼 때에도 넣을 때와 같이 접촉 또는 비틀리지 않도록 조작한다.
- 하역 시 포크를 완전히 올린 상태에서는 마스트 전후 작동을 거칠게 조작하지 않는다.
- 하역하는 상태에서는 절대로 차에서 내리거나 이탈해서는 안 된다.

039 화물 운반 작업 시 유도자의 요건
① 안전한 위치에 있어야 한다.
② 작업자가 유도자를 확실히 볼 수 있어야 한다.
③ 신호 수단으로 손, 깃발, 호루라기 등을 이용한다.
④ 유도자는 지게차 및 적재한 화물을 확실하게 볼 수 있어야 한다.
⑤ 작업자에 대한 신호는 한 사람이 보내도록 한다. 단, 긴급 중지 신호일 때는 예외로 한다.

040 수신호 요건
① 수신호는 운전 작업자가 완전히 숙지해야 한다.
② 수신호는 명확하고 간결해야 한다.
③ 한 손 신호는 다른 쪽 손으로도 사용할 수 있어야 한다.

041 접촉사고 예방
① 매뉴얼에 명시된 안전경고 라벨 확인
② 작업자와 보행자 간의 안전거리 확보
③ 안전경고 표시

042 야간작업 시 주의사항
① 작업장은 충분한 조명시설이 되어 있어야 한다.
② 전조등, 후미등 그 밖의 조명시설이 고장 난 상태에서는 작업하지 않는다.
③ 야간에는 원근감이나 지면의 고저가 불명확하고 착각을 일으키기 쉬우므로 주변의 작업원이나 장애물에 주의하면서 안전한 속도로 운전한다.

작업 후 점검

043 작업 종료 후 점검사항
① 청소를 하고 더러움이 심하면 물로 씻는다.
② 점검은 정해진 항목에 따라 실시한다.
③ 각 회전부를 손질한 다음 급유와 주유를 한다.
④ 파이프나 실린더의 누유를 점검한다.
⑤ 연료, 윤활유, 냉각수를 충전해둔다.
⑥ 겨울에는 냉각수 전부를 빼 둔다. 다만, 부동액이 첨가될 경우에는 빼지 않아도 좋다.
⑦ 주행일지에 기록한다.

044 주기장
바닥이 평탄하여 건설기계를 주차하기에 적합한 곳을 말하는 것으로 진입로는 건설기계 및 수송용 트레일러의 통행이 가능해야 한다.

045 작업 후 연료 주입 순서
① 지게차를 지정된 안전한 장소에서만 주차한다.
② 변속기를 중립에 두고 포크를 지면까지 내린다.
③ 주차 브레이크를 채우고 엔진을 정지한다.
④ 필러 캡을 연다.
⑤ 연료탱크를 서서히 채운다.
⑥ 필러 캡을 닫고 연료가 넘쳤으면 닦아내고 흡수제로 깨끗이 정리한다.

046 작업 후 결로현상을 방지하기 위한 조치
동절기에는 수분이 응축되어 연료계통에 녹이 발생할 수 있고 응축된 수분이 동결되어 시동이 어려워질 수 있으므로 매일 운전이 끝난 후에는 연료를 보충하고 습기를 함유한 공기를 탱크에서 제거하여 응축이 안 되도록 한다.
[주의] 기온이 올라가면 연료가 팽창하여 넘칠 수 있으므로 탱크를 완전히 채워서도 안 된다.

047 외관점검
타이어 손상 상태, 휠 볼트, 너트 풀림 상태, 각종 오일류 누유 상태, 냉각수의 누수 상태를 점검한다.

건설기계관리법 및 도로교통법

048 건설기계사업 : 건설기계 대여업, 건설기계 매매업, 건설기계 정비업, 건설기계 해체 재활용업

049 건설기계 등록신청

등록신청을 받을 수 있는 자	건설기계소유자의 주소지 또는 건설기계의 사용본거지를 관할하는 특별시장·광역시장·특별자치시장·도지사 또는 특별자치도지사(시·도지사)
등록신청 기간	• 건설기계를 취득한 날부터 2월 이내(판매를 목적으로 수입된 건설기계는 판매한 날부터 2월 이내) • 전시·사변 기타 이에 준하는 국가비상 사태하에 있어서는 5일 이내
등록 시 첨부서류	• 건설기계의 출처를 증명하는 서류 : 건설기계 제작증(국내에서 제작한 건설기계), 수입면장 등 수입사실을 증명하는 서류(수입한 건설기계), 매수증서(행정기관으로부터 매수한 건설기계) • 건설기계의 소유자임을 증명하는 서류 • 건설기계제원표 • 보험 또는 공제의 가입을 증명하는 서류

050 건설기계 범위

건설기계명	범위
불도저	무한궤도 또는 타이어식인 것
굴착기	무한궤도 또는 타이어식으로 굴착장치를 가진 자체중량 1톤 이상인 것
로더	무한궤도 또는 타이어식으로 적재장치를 가진 자체중량 2톤 이상인 것(차체굴절식 조향장치가 있는 자체중량 4톤 미만인 것 제외)
지게차	타이어식으로 들어올림장치와 조종석을 가진 것(전동식으로 솔리드타이어를 부착한 것 중 도로가 아닌 장소에서 운행하는 것은 제외)
덤프트럭	적재용량 12톤 이상인 것(적재용량 12톤 이상 20톤 미만의 것으로 화물운송에 사용하기 위해 자동차관리법에 의한 자동차로 등록된 것 제외)
모터그레이더	정지장치를 가진 자주식인 것
노상안정기	노상안정장치를 가진 자주식인 것
콘크리트살포기	정리장치를 가진 것으로 원동기를 가진 것
콘크리트믹서트럭	혼합장치를 가진 자주식인 것(재료의 투입·배출을 위한 보조장치가 부착된 것 포함)
쇄석기	20kW 이상의 원동기를 가진 이동식인 것
공기압축기	공기배출량이 매분당 2.83m^3(매cm^2당 7kg 기준) 이상의 이동식인 것

❖ 위의 건설기계 외에 롤러, 스크레이퍼, 기중기, 콘크리트 뱃칭플랜트, 콘크리트피니셔, 콘크리프펌프, 아스팔트피니셔, 아스팔트믹싱플랜트, 아스팔트살포기, 골재살포기, 천공기, 항타 및 항발기, 자갈채취기, 준설선, 특수건설기계, 타워 크레인을 포함하여 총 27종이다.

051 미등록 건설기계의 임시운행 사유
① 등록신청을 하기 위하여 건설기계를 등록지로 운행하는 경우
② 신규등록검사 및 확인검사를 받기 위하여 건설기계를 검사장소로 운행하는 경우
③ 수출을 하기 위하여 건설기계를 선적지로 운행하는 경우
④ 판매 또는 전시를 위하여 건설기계를 일시적으로 운행하는 경우
⑤ 신개발 건설기계를 시험·연구의 목적으로 운행하는 경우
⑥ 수출을 하기 위하여 등록말소한 건설기계를 점검·정비의 목적으로 운행하는 경우

052 등록이전 신고를 하는 경우 : 건설기계 등록지(등록한 주소지)가 다른 시·도로 변경되었을 경우

053 건설기계 등록번호표
① 건설기계소유자에게 등록번호표 제작명령을 할 수 있는 기관의 장 : 시·도지사
② 건설기계등록지를 변경한 때 등록번호표를 시·도 지사에게 반납기간 : 10일 이내
③ 건설기계소유자가 등록번호표제작자에게 등록번호표 제작 등 신청기간 : 등록번호표 제작 통지서 또는 명령서를 받은 날부터 3일 이내

054 건설기계의 등록원부 보존기간
시·도지사는 건설기계의 등록을 말소한 날부터 10년간 보존

055 건설기계등록의 말소사유
① 그 소유자의 신청이나 시·도지사의 직권으로 등록말소
   ㉠ 건설기계가 천재지변 또는 이에 준하는 사고 등으로 사용할 수 없게 되거나 멸실된 경우
   ㉡ 건설기계 차대가 등록 시의 차대와 다른 경우
   ㉢ 건설기계가 건설기계안전기준에 적합하지 않게 된 경우
   ㉣ 건설기계를 수출하는 경우
   ㉤ 건설기계를 도난당한 경우
   ㉥ 구조적 제작결함 등으로 건설기계를 제작자 또는 판매자에게 반품한 경우
   ㉦ 건설기계를 교육·연구목적으로 사용하는 경우
   ㉧ 건설기계 해체 재활용업을 등록한 자에게 폐기를 요청한 경우
   ㉨ 건설기계를 횡령 또는 편취당한 경우
② 시·도지사의 직권으로 등록말소
   ㉠ 거짓이나 그 밖의 부정한 방법으로 등록을 한 경우
   ㉡ 건설기계를 폐기한 경우
   ㉢ 내구연한을 초과한 건설기계. 단 정밀진단을 받아 연장된 경우는 그 연장기간을 초과한 건설기계
   ㉣ 정기검사 명령, 수시검사 명령 또는 정비 명령에 따르지 아니한 경우

056 건설기계 기종별 기호표시

표시	기종	표시	기종
01	불도저	02	굴착기
03	로더	04	지게차
05	스크레이퍼	06	덤프트럭
07	기중기	08	모터그레이더
09	롤러	10	노상안정기

057 특별표지판을 부착해야 하는 건설기계

- 길이가 16.7미터를 초과하는 건설기계
- 너비가 2.5미터를 초과하는 건설기계
- 높이가 4.0미터를 초과하는 건설기계
- 최소회전반경이 12미터를 초과하는 건설기계
- 총중량이 40톤을 초과하는 건설기계
- 총중량 상태에서 축하중이 10톤을 초과하는 건설기계

058 덤프트럭, 콘크리트믹서트럭, 콘크리트펌프(트럭적재식), 아스팔트살포기, 국토교통부장관이 정하는 특수건설기계인 트럭지게차를 해당 건설기계가 위치한 장소에서 검사할 수 있는 경우

① 도서지역에 있는 경우
② 자체중량이 40t을 초과하거나 축하중이 10t을 초과하는 경우
③ 너비가 2.5m를 초과하는 경우
④ 최고속도가 시간당 35km 미만인 경우

059 건설기계 검사의 연기 사유

천재지변, 건설기계의 도난, 사고발생, 압류, 31일 이상에 걸친 정비 그 밖의 부득이한 사유로 검사신청 기간 내에 검사를 신청할 수 없는 경우 ⇒ 6개월 이내

구분	연장받을 수 있는 기간
해외 임대를 위하여 일시 반출된 경우	반출기간 이내
압류된 건설기계의 경우	압류기간 이내
건설기계대여업을 휴업(휴지)한 경우	휴지기간 이내

060 건설기계검사의 종류 : 신규등록검사, 정기검사, 구조변경검사, 수시검사

061 정기검사에 불합격한 건설기계의 정비명령 기간 : 1개월(31일) 이내

062 건설기계조종사의 적성검사 기준

① 두 눈을 동시에 뜨고 잰 시력(교정시력 포함)이 0.7 이상, 두 눈의 시력이 각각 0.3 이상일 것
② 시각은 150도 이상일 것
③ 언어분별력이 80% 이상일 것
④ 55데시벨의 소리를 들을 수 있을 것(보청기 사용자는 40데시벨)
⑤ 정신질환자 또는 뇌전증환자, 앞을 보지 못하는 사람·듣지 못하는 사람·그 밖에 국토교통부령으로 정하는 장애인, 마약·대마·향정신성의약품 또는 알코올중독자가 아닐 것

063 정기검사 유효기간

기종	연식	검사유효기간
타워크레인	–	6개월
• 굴착기(타이어식) • 기중기 • 아스팔트살포기 • 천공기 • 항타 및 항발기	–	1년
• 덤프트럭 • 콘크리트 믹서트럭 • 콘크리트펌프(트럭적재식)	20년 이하	1년
	20년 초과	6개월
• 로더(타이어식) • 지게차(1톤 이상) • 모터그레이더	20년 이하	2년
	20년 초과	1년

💡 정기검사 신청기간 : 건설기계의 정기검사 유효기간 만료일 전후 31일 이내

064 건설기계정비업의 사업범위

종합건설기계정비업, 부분건설기계정비업, 전문건설기계정비업

065 도로교통법에 따른 제1종 대형 운전면허를 받아야 하는 사람 : 덤프트럭, 아스팔트살포기, 노상안정기, 콘크리트믹서트럭, 콘크리트펌프, 천공기(트럭적재식)와 특수건설기계 중 국토교통부장관이 지정하는 건설기계를 조종하려는 사람

066 건설기계조종사 면허증의 반납 사유

① 면허가 취소된 때
② 면허의 효력이 정지된 때
③ 면허증의 재교부를 받은 후 잃어버린 면허증을 발견한 때

💡 건설기계조종사면허가 취소된 경우 면허증 반납기간 : 그 사유가 발생한 날부터 10일 이내

067 건설기계조종사면허의 결격사유

① 18세 미만인 사람
② 건설기계 조종상의 위험과 장해를 일으킬 수 있는 정신질환자 또는 뇌전증환자로서 국토교통부령으로 정하는 사람
③ 앞을 보지 못하는 사람, 듣지 못하는 사람, 그 밖에 국토교통부령으로 정하는 장애인
④ 건설기계 조종상의 위험과 장해를 일으킬 수 있는 마약·대마·향정신성의약품 또는 알코올중독자로서 국토교통부령으로 정하는 사람
⑤ 건설기계조종사 면허가 취소된 날부터 1년이 지나지 않았거나 건설기계조종사 면허의 효력정지처분 기간 중에 있는 사람

068 건설기계조종사면허의 취소 사유

① 거짓이나 그 밖의 부정한 방법으로 건설기계조종사 면허를 받은 경우
② 건설기계조종사 면허의 효력정지기간 중 건설기계를 조종한 경우
③ 정기적성검사를 받지 않고 1년이 지난 경우
④ 정기적성검사 또는 수시적성검사에서 불합격한 경우

069 건설기계조종사면허의 취소 또는 1년 이내의 면허효력정지 사유

① 정신질환자 또는 뇌전증환자, 앞을 보지 못하는 사람·듣지 못하는 사람·그 밖에 국토교통부령으로 정하는 장애인, 마약·대마·향정신성의약품 또는 알코올중독자
② 건설기계의 조종 중 고의 또는 과실로 중대한 사고를 일으킨 경우
③ 건설기계조종사면허증을 다른 사람에게 빌려준 경우
④ 건설기계조종사의 준수사항을 위반하여 술에 취하거나 마약 등 약물을 투여한 상태에서 조종한 경우
⑤ 과로 질병의 영향이나 그 밖의 사유로 정상적으로 조종하지 못할 우려가 있는 상태에서 조종한 경우
⑥ 국가기술자격법에 따른 해당 분야의 기술자격이 취소되거나 정지된 경우

070 건설기계의 조종 중 고의 또는 과실로 중대한 사고를 일으킨 경우 처분기준

위반사항		처분기준
인명 피해	고의로 인명피해 (사망, 중상, 경상 등을 말함)를 입힌 경우	취소
	과실로 중대재해가 발생한 경우	
	사망 1명마다	면허효력정지 45일
	중상 1명마다	면허효력정지 15일
	경상 1명마다	면허효력정지 5일
재산 피해	피해금액 50만 원마다	면허효력정지 1일 (90일을 넘지 못함)
건설기계의 조종 중 고의 또는 과실로 가스공급시설을 손괴하거나 가스공급시설의 기능에 장애를 입혀 가스 공급을 방해한 경우		면허효력정지 180일

071 건설기계관리법상 1년 이하 징역 또는 1천만 원 이하 벌금

① 정비명령을 이행하지 아니한 자
② 건설기계조종사면허를 받지 아니하고 건설기계를 조종한 자
③ 건설기계조종사면허가 취소된 상태로 건설기계를 계속하여 조종한 자
④ 건설기계의 소유자가 건설기계를 도로나 타인의 토지에 버려둔 자

072 차량신호등의 의미

신호의 종류	신호의 뜻
녹색의 등화	• 차마는 직진 또는 우회전할 수 있음 • 비보호좌회전표지 또는 비보호좌회전표시가 있는 곳에서는 좌회전할 수 있음
황색의 등화	• 차마는 정지선이 있거나 횡단보도가 있을 때에는 그 직전이나 교차로의 직전에 정지해야 함 • 이미 교차로에 차마의 일부라도 진입한 경우에는 신속히 교차로 밖으로 진행해야 함 • 차마는 우회전할 수 있음
적색의 등화	• 차마는 정지선, 횡단보도 및 교차로의 직전에서 정지해야 함 • 직전에 정지한 후 신호에 따라 진행하는 다른 차마의 교통을 방해하지 않고 우회전할 수 있음

073 교통안전표지의 종류
: 주의표지, 규제표지, 지시표지, 보조표지, 노면표시

074 올바른 정차방법
: 모든 차의 운전자는 도로에서 정차할 때에는 차도의 오른쪽 가장자리에 정차

075 야간에 차가 서로 마주보고 진행하는 경우의 등화조작
: 전조등 불빛을 하향으로 한다.

076 비·안개·눈 등으로 인한 악천후 시의 감속 운행

도로의 상태	운행속도
• 비가 내려 노면이 젖어 있는 경우 • 눈이 20mm 미만 쌓인 경우	최고속도의 100분의 20을 줄인 속도로 운행
• 폭우, 폭설, 안개 등으로 가시거리가 100m 이내인 경우 • 노면이 얼어붙은 경우 • 눈이 20mm 이상 쌓인 경우	최고속도의 100분의 50을 줄인 속도로 운행

077 정차 및 주차 금지장소

① 횡단보도, 교차로, 건널목이나 보도와 차도가 구분된 도로의 보도
② 교차로의 가장자리나 도로의 모퉁이로부터 5m 이내인 곳
③ 건널목의 가장자리 또는 횡단보도로부터 10m 이내인 곳
④ 안전지대가 설치된 도로에서는 그 안전지대의 사방으로부터 각각 10m 이내인 곳
⑤ 버스여객자동차의 정류지임을 표시하는 기둥이나 표지판 또는 선이 설치된 곳으로부터 10m 이내인 곳
⑥ 소방용수시설 또는 비상소화장치가 설치된 곳으로부터 5m 이내인 곳
⑦ 소화설비, 경보설비, 피난구조설비, 소화용수설비, 그 밖에 소화활동설비로서 대통령령으로 정하는 시설이 설치된 곳으로부터 5m 이내인 곳
⑧ 시·도경찰청장이 도로에서의 위험을 방지하고 교통의 안전과 원활한 소통을 확보하기 위하여 필요하다고 인정하여 지정한 곳

078 주차금지 장소
① 터널 안 및 다리 위
② 도로공사 중인 경우 공사구역의 양쪽 가장자리로부터 5m 이내의 곳
③ 다중이용업소의 영업장이 속한 건축물로 소방본부장의 요청에 의하여 시·도경찰청장이 지정한 곳으로부터 5m 이내의 곳
④ 시·도경찰청장이 필요하다고 인정하여 지정한 곳

079 건설기계의 통행 차로

	편도 4차선	편도 3차선
고속도로 외의 도로	3, 4차로	3차로
고속도로	1차로를 제외한 오른쪽 차로	

080 가장 우선하는 신호 : 경찰공무원의 수신호
도로를 통행하는 차마의 운전자는 교통안전시설이 표시하는 신호 또는 지시와 교통정리를 하는 경찰공무원 등의 신호 또는 지시가 서로 다른 경우에는 경찰공무원 등의 신호 또는 지시에 따라야 한다.

081 앞지르기 금지장소
① 교차로   ② 터널 안   ③ 다리 위
④ 도로의 구부러진 곳, 비탈길의 고갯마루 부근 또는 가파른 비탈길의 내리막 등 시·도경찰청장이 안전표지로 지정한 곳

082 교차로 통행방법
① 교차로에서는 정차하지 못한다.
② 교차로에서는 다른 차를 앞지르지 못한다.
③ 교차로에서 우회전할 때에는 서행해야 한다.
④ 좌회전할 때에는 교차로 중심 안쪽으로 서행한다.
⑤ 좌우회전 시에는 방향지시기 등으로 신호해야 한다.
⑥ 교차로에서 직진하려는 차는 이미 교차로에 진입하여 좌회전하고 있는 차의 진로를 방해할 수 없다.

083 철길건널목 통과방법
① 철길건널목을 통과할 때에는 건널목 앞에서 일시 정지하여 안전한지 확인한 후에 통과해야 한다.
② 철길건널목에서는 앞지르기를 해서는 안 된다.
③ 철길건널목 부근에서는 주·정차를 해서는 안 된다.

084 밤에 도로에서 차를 운행하는 경우의 등화

자동차	전조등, 차폭등, 미등, 번호등과 실내조명등
견인되는 차	미등·차폭등 및 번호등
원동기장치자전거	전조등 및 미등

085 술에 취한 상태의 기준 : 혈중알코올농도 0.03% 이상일 때

응급대처

086 소화의 원리
① 제거소화 : 가연물의 공급을 중단하여 소화하는 방법
② 질식소화 : 연소에 필요한 산소농도 이하가 되도록 산소(공기)를 차단하여 소화하는 방법
③ 냉각소화 : 물 등 액체의 증발 잠열을 이용하여 발화점 이하로 낮추어 소화하는 방법
④ 억제소화 : 가연물 분자가 산화됨으로써 연소되는 과정을 억제하여 소화하는 방법

087 화재의 분류 및 소화방법

분류	의미	소화방법
A급	목재, 종이, 석탄 등 재를 남기는 일반 가연물의 화재	포말소화기 사용
B급	가연성 액체, 유류 등 연소 후에 재가 거의 없는 화재 (유류화재)	• 분말소화기 사용 • 모래를 뿌린다. • ABC소화기 사용
C급	전기화재	이산화탄소소화기 사용
D급	마그네슘, 티타늄, 지르코늄, 나트륨, 칼륨 등의 가연성 금속화재	건조사를 이용한 질식효과로 소화

💡 화재 시 연소의 주요 3요소 : 가연물, 점화원, 산소

088 지게차 전복 시 생존율 향상방법
① 항상 운전자 안전장치를 사용한다.
② 뛰어내리지 않는다.
③ 핸들을 꽉 잡는다.
④ 발을 힘껏 벌린다.
⑤ 상체를 전복되는 반대 방향으로 기울인다.
⑥ 머리와 몸을 앞쪽으로 기울인다.

089 교통사고 시 2차사고 예방을 위한 조치
① 차량의 응급상황을 알리는 삼각대 비치
② 소화기 및 비상용 망치, 손전등 구비
③ 사고 표시용 스프레이 구비로 사고 시 현장 보존

장비구조

090 엔진 : 열에너지를 기계적 에너지로 변환시켜 주는 장치

091 디젤기관의 특징
① 전기 점화장치가 없어 고장률이 적다.
② 연료 소비율이 적고, 열효율이 높다.
③ 소음과 진동이 크고, 마력당 무게가 무겁다.
④ 연료의 인화점이 높아서 화재 위험성이 적다.
💡 **직접 분사실식 디젤기관의 장점** : 냉각 손실이 적다. 연료소비량이 적다. 구조가 간단하여 열효율이 높다. 실린더 헤드의 구조가 간단하다.

092 4행정 사이클 기관의 행정순서
흡입 → 압축 → 동력 → 배기
💡 **기관에서 피스톤의 행정** : (왕복형 엔진에서) 상사점과 하사점까지의 거리

093 디젤기관의 출력을 저하시키는 직접적인 원인
① 노킹이 일어날 때
② 연료 분사량이 적을 때
③ 실린더 내 압력이 낮을 때

094 디젤기관에서 압축압력이 저하되는 큰 원인 : 피스톤링의 마모, 실린더 벽이 규정보다 많이 마모됨
💡 **기관에서 엔진오일이 연소실로 올라오는 이유**(엔진의 윤활유 소비량이 과다해지는 가장 큰 원인) : 피스톤링 마모(마멸)

095 디젤기관이 시동되지 않는 원인
① 연료가 부족하다.
② 연료공급펌프가 불량이다.
③ 연료계통에 공기가 들어(혼입되어) 있다.
④ 배터리 방전으로 교체가 필요한 상태이다.

096 디젤기관의 시동을 용이하게 하기 위한 방법
① 압축비를 높인다.
② 예열장치를 사용한다.
③ 흡기온도를 상승시킨다.
💡 **디젤기관에서 연료가 정상적으로 공급되지 않아 시동이 꺼지는 현상이 발생되는 원인** : 연료파이프 손상, 연료필터 막힘, 연료탱크 내 오물 과다

097 기관이 과열되는 원인
① 냉각수 부족
② 무리한 부하운전
③ (물펌프) 팬벨트의 느슨함
④ 물펌프 작동 불량
⑤ 라디에이터의 코어 막힘
⑥ 물재킷 내의 물때(스케일) 형성

098 실린더 헤드 개스킷에 대한 구비조건
① 강도가 적당할 것
② 기밀 유지가 좋을 것
③ 내열성과 내압성이 있을 것
💡 **실린더 헤드 개스킷이 손상되었을 때 일어나는 현상**
• 압축압력과 폭발압력이 낮아진다.
• 기관에서 냉각계통으로 배기가스가 누설된다.

099 기관의 피스톤이 고착되는 원인
① 기관이 과열되었을 때   ② 피스톤 간극이 작을 때
③ 기관오일이 부족했을 때 ④ 냉각수 양이 부족했을 때

100 피스톤과 실린더 벽 사이 간극이 클 때 미치는 영향
① 블로우바이에 의해 압축압력이 낮아진다.
② 피스톤 슬랩현상이 발생하며 기관출력이 저하된다.
③ 피스톤링 기능 저하로 오일이 연소실에 유입되어 오일 소비가 많아진다. –윤활유 소비량 증대

101 기관에서 크랭크축의 역할 : 직선운동을 회전운동으로 변환시키는 장치

102 피스톤링
① 압축가스가 새는 것을 막아 준다.
② 엔진오일을 실린더 벽에서 긁어내린다.
③ 실린더헤드 쪽에 있는 것이 압축링이다.
④ 피스톤이 받는 열의 대부분을 실린더 벽에 전달한다.
⑤ 압축과 팽창가스 압력에 대해 연소실의 기밀을 유지한다.
⑥ 피스톤링의 마멸로 엔진오일의 소모가 증대된다.
💡 **피스톤링의 작용** : 기밀작용, 오일 제거작용, 열전도 작용

103 유압식 밸브 리프터의 장점
① 밸브 기구의 내구성이 좋다.
② 밸브 개폐 시기가 정확하다.
③ 밸브 간극은 자동으로 조절된다.

104 디젤기관에서 조속기의 기능(역할) : 연료 분사량 조정

105 노킹 발생 시 디젤기관에 미치는 영향
① 기관이 과열된다.
② 연소실 온도가 상승한다.
③ 기관의 흡기 효율이 저하된다.
④ 엔진에 손상이 발생할 수 있다.
⑤ 기관의 출력이 저하된다.

106 디젤기관의 노크 방지 방법
① 압축비를 높게 한다.
② 흡기압력을 높게 한다.
③ 연소실 벽 온도를 높게 유지한다.
④ 착화기간 중의 분사량을 적게 한다.
⑤ 착화성이 좋은 연료를 사용한다.
⑥ 착화지연 시간을 짧게 한다.

107 디젤기관 연료장치의 구성품 : 분사노즐, 연료공급펌프, 연료여과기(연료필터), 연료탱크, 연료분사펌프

💡 **연료장치의 구성품**
- 분사노즐 : 연료를 고압으로 연소실에 분사
- 연료공급펌프 : 연료탱크 연료를 분사펌프 저압부까지 공급
- 연료분사펌프 : 연료의 압력을 높임(조속기와 분사기를 조절하는 장치가 설치되어 있음)

108 디젤기관에서 연료장치 공기빼기 순서
공급펌프 → 연료여과기 → 분사펌프

109 연료탱크에서 분사노즐까지 연료의 순환 순서
연료탱크 → 연료공급펌프 → 연료필터 → 분사펌프 → 분사노즐

110 프라이밍펌프 사용 : 연료계통에 공기를 배출할 때

💡 **프라이밍펌프(priming pump)** : 기관의 연료분사펌프에 연료를 보내거나 공기빼기작업을 할 때 필요한 장치

111 디젤기관에서 발생하는 진동 원인
분사시기의 불균형, 분사량의 불균형, 분사압력의 불균형

112 디젤기관에서 부조 발생의 원인
거버너 작용 불량, 분사시기 조정 불량, 연료의 압송 불량

💡 **운전 중 엔진부조를 하다가 시동 꺼진 원인** : 연료필터 막힘, 연료에 물 혼입, 분사노즐이 막힘, 연료파이프 연결 불량, 탱크 내에 오물이 연료장치에 유입

113 디젤엔진의 연소실에 연료가 공급되는 상태
노즐로 연료를 안개와 같이 분사한다.

114 부동액의 구비조건
부식성 없을 것, 물과 쉽게 혼합될 것, 침전물 발생 없을 것, 팽창계수가 작을 것, 휘발성이 없고 순환이 잘될 것, 비등점은 물보다 높고 응고점은 물보다 낮을 것

💡 **부동액에 사용되는 종류** : 글리세린, 메탄올, 에틸렌글리콜

115 예열플러그
① 기관에서 예열플러그 사용시기 : 냉각수 양이 많을 때
② 고장이 발생하는 경우 : 엔진이 과열되었을 때, 예열시간이 길었을 때, 정격이 아닌 예열플러그를 사용했을 때, 엔진 가동 중에 예열시킬 때, 예열플러그 설치 시 조임 불량일 때

💡 **예열장치** : 디젤기관에 흡입된 공기온도를 상승시켜 시동을 원활하게 하는 장치(동절기에 주로 사용)

116 압력식 라디에이터 캡
① 사용 목적 : 냉각수의 비점을 높임
② 냉각장치 내부압력이 부압이면 진공밸브가 열림
③ 압력식 캡 : 기관의 냉각장치에서 냉각수 비등점을 올리기 위한 장치
④ 라디에이터 캡을 열였을 때 냉각수에 오일이 섞여 있는 경우의 원인 : 수랭식 오일쿨러의 파손

💡 **라디에이터 캡의 스프링이 파손되었을 때 가장 먼저 나타나는 현상** : 냉각수 비등점이 낮아진다.

117 라디에이터의 구비조건
① 공기흐름저항이 적을 것
② 단위면적당 방열량이 클 것
③ 가볍고 작으며 강도가 클 것
④ 냉각수의 흐름저항이 적을 것

118 기관 작동 중 라디에이터 캡 쪽으로 물이 상승하면서 연소가스가 누출될 때의 원인 : 실린더 헤드의 균열

119 수온조절기의 설치 위치 : 기관에서 냉각수의 온도에 따라 냉각수 통로를 개폐하는 수온조절기가 설치되는 곳은 실린더 헤드 물재킷의 출구부이다.

120 팬벨트에 대한 점검 과정
① 팬벨트의 조정은 발전기를 움직이면서 조정한다.
② 팬벨트가 너무 헐거우면 기관 과열의 원인이 된다.

💡 **팬벨트의 장력 점검 방법** : 정지된 상태에서 벨트의 중심을 엄지손가락으로 눌러서 점검

121 팬벨트 장력
① 장력이 약할 때 : 발전기 출력이 저하될 수 있다.
② 장력이 강할 때 : 발전기 베어링이 손상된다.

122 오일펌프에서 펌프양이 적거나 유압이 낮은 원인
① 기어와 펌프 내벽 사이 간격이 클 때
② 펌프 흡입라인(여과망) 막힘이 있을 때
③ 기어 옆 부분과 펌프 내벽 사이 간격이 클 때

123 오일여과기
① 윤활장치에서 오일여과기 역할 : 오일에 포함된 불순물 제거작용
② 여과기가 막히면 유압이 높아진다.
③ 작업조건이 나쁘면 교환시기를 빨리 한다.
④ 여과능력이 불량하면 부품의 마모가 빠르다.

124 엔진오일(윤활유)

엔진오일 작용	냉각작용, 응력분산작용, 방청작용, 마찰감소, 마멸방지, 밀봉작용, 윤활작용, 기밀작용
엔진오일 구비조건	• 비중과 점도가 적당할 것 • 인화점과 발화점이 높을 것 • 기포 발생과 카본 생성에 대한 저항력이 클 것 • 응고점이 낮을 것 • 강인한 오일막을 형성할 것
엔진오일이 많이 소비되는 원인	• 실린더의 마모가 심할 때 • 피스톤링의 마모가 심할 때 • 밸브 가이드의 마모가 심할 때
엔진오일 여과방식	전류식, 분류식, 샨트식

첨가제 사용 목적	• 산화를 방지한다. • 유성을 향상시킨다. • 점도지수를 향상시킨다.
색깔	• 검은색 : 심하게 오염된 상태, 교환 • 우유색 : 냉각수 유입 • 붉은색 : 가솔린 유입

💡 **엔진오일의 점도지수와 온도변화에 따른 점도변화**
- 점도지수가 작은 경우 온도에 따른 점도변화가 크다.
- 점도지수가 큰 경우 온도에 따른 점도변화가 작다.

125 과급기(Turbo Charger)
과급기는 실린더 내의 흡입 공기량(흡입공기의 밀도)을 증가시킨다.

과급기를 부착하였을 때의 이점	• 회전력이 증가한다. • 기관 출력이 향상된다. • 고지대에서도 출력의 감소가 적다.
터보차저의 기능	실린더 내에 공기를 압축 공급하는 장치

126 디젤기관에 사용되는 공기청정기

공기청정기 설치목적	공기의 여과와 소음 방지
공기청정기가 막혔을 때 현상	• 출력이 감소한다. • 연소가 나빠진다. • 배기색이 흑색이 된다.
공기청정기 통기저항	• 저항이 적어야 한다. • 기관 출력과 연료 소비에 영향을 준다.
건식 공기청정기	• 설치 또는 분해조립이 간단하다. • 작은 입자의 먼지나 오물을 여과할 수 있다. • 기관 회전속도의 변동에도 안정된 공기 청정 효율을 얻을 수 있다.

127 운전 중인 기관의 에어클리너가 막혔을 때 나타나는 현상
배출가스 색은 검고, 출력은 저하된다.

128 흡·배기 밸브의 구비조건
① 열전도율이 좋을 것
② 열에 대한 팽창률이 적을 것
③ 가스에 견디고 고온에 잘 견딜 것

129 전류
① 전류의 크기를 측정하는 단위 : A
② 전류의 3대 작용 : 발열작용, 화학작용, 자기작용
💡 **축전지의 충방전 작용** : 화학작용

130 축전지의 용량을 결정짓는 인자 : 극판의 크기, (셀당) 극판의 수, 황산(전해액)의 양

131 납산축전지가 방전되어 급속 충전할 때 주의사항
① 통풍이 잘되는 곳에서 한다.
② 충전 시간은 가능한 짧게 한다.
③ 충전 중 가스가 많이 발생하면 충전을 중단한다.
④ 충전 중인 축전지에 충격을 가하지 않도록 한다.
⑤ 충전 중 전해액의 온도가 45℃가 넘지 않도록 한다.
💡 **납산축전지를 오랫동안 방전상태로 두면 사용하지 못하게 되는 원인** : 극판이 영구 황산납이 되기 때문

132 축전지 터미널의 식별법
① (+), (−)의 표시로 구분
② 굵고 가는 것으로 구분
③ 적색, 흑색과 같이 색으로 구분

133 축전지
① 축전지를 병렬로 연결했을 때 전류가 증가
② 축전지 2개를 직렬로 연결했을 때 전압이 증가
③ 축전지의 방전이 거듭될수록 전압이 낮아지고 전해액의 비중도 낮아짐
④ 축전지가 충전되지 않는 원인 : 레귤레이터가 고장일 때
⑤ 축전지의 케이스와 커버를 청소할 때 사용하는 용액 : 소다와 물
💡 **축전지의 자기방전량**
- 날짜가 경과할수록 자기방전량은 많아진다.
- 전해액의 비중이 높을수록 자기방전량은 크다.
- 충전 후 시간의 경과에 따라 자기방전량의 비율은 점차 낮아진다.

134 기동전동기는 회전되나 엔진은 크랭킹이 되지 않는 원인
플라이휠 링기어의 소손

135 교류발전기(AC)의 특징
① 소형 경량이다.
② 브러시 수명이 길다.
③ 전압조정기만 필요하다.
④ 저속 발전 성능이 좋다.
⑤ 출력이 크고 고속회전에 잘 견딘다.
⑥ 스테이터는 고정되어 있고 로터가 회전한다.
⑦ 반도체 정류기를 사용하므로 전기적 용량이 크다.
⑧ 컷 아웃 릴레이 및 전류제한기를 필요로 하지 않는다.
💡 **교류발전기의 주요 부품** : 스테이터 코일, 로터, 브러시

136 다이오드 : 교류발전기에서 교류를 직류로 바꾸어 준다(교류를 정류하고 역류를 방지).

137 운전 중 계기판에 충전경고등이 점등되었을 때 현상 : 충전이 되지 않고 있음을 나타냄

138 한쪽 방향지시등만 점멸 속도가 빠른 원인
한쪽 램프의 단선 → 방향지시등의 한쪽 등이 빠르게 점멸하고 있을 때 전구(램프)를 가장 먼저 점검해야 한다.

139 엔진오일 경고등이 점등되었을 때 원인
오일이 부족할 때, 오일필터나 오일회로가 막혔을 때, 오일 드레인 플러그가 열렸을 때, 윤활계통이 막혔을 때

140 실드빔식 전조등
① 렌즈와 반사경, 필라멘트가 일체로 된 형식이다.
② 내부에 불활성가스가 들어 있다.
③ 사용에 따른 광도의 변화가 적다.
④ 대기조건에 따라 반사경이 흐려지지 않는다.
⑤ 렌즈나 필라멘트를 교환하는 것이 불가능하다.

141 클러치
① 클러치 스프링의 장력이 약하면 일어날 수 있는 현상 : 클러치가 미끄러짐
② 클러치가 미끄러질 때의 영향 : 속도 감소, 견인력 감소, 연료 소비량 증가
③ 기계식 변속기의 클러치에서 릴리스 베어링과 릴리스 레버가 분리되어 있을 때 : 클러치가 연결되어 있을 때
④ 클러치의 필요성 : 관성운동을 하기 위해, 기어 변속 시 기관의 동력을 차단하기 위해, 기관 시동 시 기관을 무부하 상태로 하기 위해

142 클러치 라이닝의 구비조건
① 내식성이 클 것
② 알맞은 마찰계수를 갖출 것
③ 온도에 의한 변화가 적을 것

143 수동변속기가 설치된 건설기계에서 클러치가 미끄러지는 원인
① 압력판의 마멸
② 클러치 페달의 자유간극 없음
③ 클러치 판(디스크)에 오일 부착

144 차동기어장치
① 선회할 때 바깥쪽 바퀴의 회전속도를 증대시킨다.
② 선회할 때 좌·우 구동바퀴의 회전속도를 다르게 한다.
③ 보통 차동기어장치는 노면의 저항을 적게 받는 구동바퀴의 회전속도를 빠르게 한다.

145 토크 컨버터의 구성품 : 터빈, 스테이터, 펌프
💡 **스테이터의 기능** : 토크 컨버터의 오일 흐름 방향을 바꿔 회전력을 증대시킴

146 기계식 변속기가 설치된 건설기계에서 클러치 판의 비틀림 코일 스프링의 역할 : 클러치 작동 시 충격을 흡수함

147 변속기의 필요조건(구비조건)
① 소형 경량이고 내구성이 있을 것
② 조작이 쉽고 취급이 용이할 것
③ 신속하고 확실하며 정숙하게 조작될 것
④ 적절한 변속비로 단계 없이 연속적으로 변속될 것
⑤ 동력전달효율이 좋을 것

148 브레이크 장치의 베이퍼 록 발생 원인
① 오일의 변질에 의한 비등점 저하
② 드럼과 라이닝의 끌림에 의한 가열
③ 긴 내리막길에서 과도한 브레이크 사용
④ 불량오일 사용
⑤ 마스터 실린더·브레이크 슈 리턴 스프링 손상에 의한 잔압 저하
💡 공기 브레이크에서 브레이크 슈를 직접 작동시키는 것 : 캠

149 페이드 현상
브레이크를 연속적으로 자주 사용함으로서 드럼과 라이닝 사이에 마찰열이 축적되고 그로 인해 제동력이 감소되는 현상

150 동력조향장치의 장점
① 조향핸들의 시미현상을 줄일 수 있다.
② 작은 조작력으로 조향조작이 가능하다.
③ 설계·제작 시 조향기어비를 조작력에 관계없이 선정할 수 있다.

151 타이어식 건설기계의 휠 얼라이먼트에서 토인의 필요성
① 타이어의 이상 마멸을 방지한다.
② 조향바퀴를 평행하게 회전시킨다.
③ 바퀴가 옆 방향으로 미끄러지는 것을 방지한다.

152 조향핸들의 유격이 커지는 원인
① 피트먼 암의 헐거움
② 조향바퀴 베어링 마모
③ 타이로드 엔드 볼 조인트 마모
💡 **조향핸들의 조작이 무거운 원인** : 유압유 부족 시, 앞바퀴 휠 얼라이먼트 조절 불량 시, 유압 계통 내의 공기 혼입 시

153 리코일 스프링의 역할 : 주행 중 트랙 전면에서 오는 충격을 완화하여 차체 파손을 방지하고 운전을 원활하게 해 주는 것

154 앞바퀴 정렬의 역할
① 방향 안정성을 준다.
② 타이어 마모를 최소로 한다.
③ 조향핸들의 조작을 작은 힘으로 쉽게 할 수 있다.

155 무한궤도식 건설기계에서 트랙이 벗겨지는 주 원인
① 트랙이 너무 이완되었을 때
② 유격(긴도)이 규정보다 클 때
③ 트랙의 중심 정열이 맞지 않았을 때

④ 트랙의 상·하부 롤러가 마모되었을 때
💡 **무한궤도식 건설기계에서 트랙의 구성품** : 핀, 부싱, 링크, 슈

156 트랙 장력
① 하부 롤러, 링크 등 트랙 부품이 조기 마모되는 원인 : 트랙 장력이 너무 팽팽했을 때
② 무한궤도식 주행장치에서 스프로킷의 이상 마모를 방지하기 위해 트랙의 장력을 조정한다.

157 지게차의 조향방식 : 뒷바퀴 조향방식
💡 **지게차의 조향장치 원리** : 애커먼 장토식

158 지게차 조종레버

전후진레버	전진(앞으로 밂), 후진(뒤로 당김)
리프트레버	포크의 하강(앞으로 밂), 상승(당김)
틸트레버	마스트 앞으로 기울임(앞으로 밂) 마스트 뒤로 기울어짐(당김)
주차레버	포크 하강(밂), 주차(당김)
변속레버	기어의 변속을 위한 레버

💡 **지게차 포크를 하강시키는 방법** : 가속페달을 밟지 않고 리프트레버를 앞으로 민다.

159 지게차 체인장력 조정법
① 좌우 체인이 동시에 평행한지를 확인한다.
② 포크를 지상에 조금 올린 후 조정한다.
③ 체인을 눌러보아 양쪽이 다르면 조정너트로 조정한다.
④ 체인 장력을 조정한 후, 반드시 로크 너트를 고정한다.

160 카운터 웨이트(평형추) : 작업할 때 안정성 및 균형을 잡아주기 위해 지게차 장비 뒤쪽에 설치

161 지게차 동력전달순서
① 엔진 → 토크컨버터 → 변속기 → 종감속 기어 및 차동장치 → 앞구동축 → 최종감속기 → 차륜
② 클러치식 지게차 : 엔진 → 클러치 → 변속기 → 종감속기어 및 차동장치 → 앞구동축 → 차륜
③ 전동식 지게차 : 축전지 → 컨트롤러 → 구동모터 → 변속기 → 종감속 기어 및 차동장치 → 앞구동축 → 차륜

162 압력
① 압력을 표현한 식 : 압력 = 힘 ÷ 면적
② 단위 : kgf/cm^2, N/m^2, PSI, kPa, mmHg, bar, atm 등

163 유압 작동유(유압유)의 구비조건
① 비압축성일 것　　② 내열성이 클 것
③ 점도지수가 높을 것　④ 화학적 안정성이 클 것
⑤ 밀도가 작을 것　　⑥ 열팽창계수가 작을 것
⑦ 발화점이 높을 것　⑧ 윤활성, 방청성이 있을 것
⑨ 적정한 유동성과 점성을 갖고 있을 것
⑩ 넓은 온도범위에서 점도변화가 적을 것

164 파스칼의 원리 : 밀폐된 용기 속의 유체 일부에 가해진 압력은 각부의 모든 부분에 같은 세기로 전달된다.

165 유압유의 점도
① 온도가 상승하면 점도는 저하된다.
② 점성의 점도를 나타내는 척도이다.
③ 온도가 내려가면 점도는 높아진다.

166 유압유의 점도가 지나치게 높았을 때 나타나는 현상
① 유동저항이 커져 압력손실이 증가한다.
② 내부마찰이 증가하고 압력이 상승한다.
③ 동력손실이 증가하여 기계효율이 감소한다.

167 유압작동유의 점도가 지나치게 낮을 때 나타나는 현상
유압실린더의 속도가 늦어진다.
💡 **유압장치에서 사용되는 오일의 점도가 너무 낮을 경우 나타날 수 있는 현상** : 펌프 효율 저하, 오일 누설, 계통(회로) 내의 압력 저하, 실린더 및 컨트롤 밸브에서 누출 현상

168 유압유 온도가 과도하게 상승했을 때 나타날 수 있는 현상
① 작동 불량 현상이 발생한다.
② 유압유의 산화작용을 촉진한다.
③ 기계적인 마모가 발생할 수 있다.
💡 **유압오일의 온도가 상승할 때 나타날 수 있는 결과** : 점도 저하, 펌프 효율 저하, 밸브류의 기능 저하

169 유압유가 과열되는 원인
① 유압유가 부족할 때
② 오일냉각기의 냉각핀이 오손되었을 때
③ 릴리프 밸브가 닫힌 상태로 고장일 때

170 작동유 온도가 과열되었을 때 유압계통에 미치는 영향
① 열화를 촉진한다.
② 점도의 저하에 의해 누유되기 쉽다.
③ 온도변화에 의해 유압기기가 열변형되기 쉽다.

171 펌프의 공동현상으로 생기는 결과
펌프에서 진동과 소음이 발생하고 양정과 효율이 급격히 저하되며 날개차 등에 부식을 일으키는 등 펌프의 수명을 단축시킨다.

172 유압유의 압력이 상승하지 않을 때의 원인 점검
① 펌프의 토출량 점검
② 유압회로의 누유상태 점검
③ 릴리프 밸브의 작동상태 점검

173 오일의 압력이 낮아지는 원인
① 오일의 점도가 낮아졌을 때
② 계통 내에서 누설이 있을 때
③ 유압펌프의 성능이 불량할 때(오일펌프 성능이 노후되었을 때)

174 유압 라인에서 압력에 영향을 주는 요소
유체의 흐름 양, 유체의 점도, 관로 직경의 크기

175 유압오일 내에 기포(거품)가 형성되는 이유
오일에 공기 혼합

176 유압장치의 장점
① 과부하 방지가 용이하다.
② 운동방향을 쉽게 변경할 수 있다.
③ 작은 동력원으로 큰 힘을 낼 수 있다.

177 유압장치의 기본적인 구성요소
① 유압발생장치 : 작동유 탱크, 유압펌프, 오일필터, 압력계, 오일펌프 구동용 전동기(유압모터) 등
② 유압제어장치 : 압력제어밸브, 유량제어밸브, 방향제어밸브 등
③ 유압구동장치 : 유압실린더, 유압전동기 등

178 유압장치에서 유압조절밸브의 조정방법
조정 스크루를 조이면 유압이 높아진다.

179 유압 작동부에서 오일이 누유되고 있을 때 가장 먼저 점검해야 할 곳 : 실(seal)

180 유압펌프의 기능
원동기의 기계적 에너지를 유압에너지로 전환한다.
💡 **유압펌프의 토출량을 나타내는 단위** : LPM, GPM

181 유압펌프의 종류

기어펌프	• 소형이며 구조가 간단하다. • 플런저펌프에 비해 효율이 낮다. • 초고압에는 사용이 곤란하다. • 정용량 펌프이다.
플런저펌프 (피스톤펌프)	• 유압펌프에서 경사판의 각을 조정하여 토출유량을 변화시키는 펌프 • 축은 회전 또는 왕복운동을 한다. • 가변용량이 가능하다. • 효율이 가장 높다. • 발생압력이 고압이다. • 토출량의 범위가 넓다
베인펌프	• 안쪽 날개가 편심된 회전축에 끼워져 회전하는 유압펌프 • 날개로 펌핑동작을 한다. • 토크(torque)가 안정되어 소음이 작고, 맥동이 적다. • 싱글형과 더블형이 있다. • 소형, 경량이다. • 간단하고 성능이 좋다.

182 유압펌프의 소음 발생원인
① 흡입오일 속에 기포가 있다.
② 펌프의 회전이 너무 빠르다.
③ 펌프 축의 편심 오차가 크다.
④ 펌프흡입관 접합부로부터 공기가 유입된다.
⑤ 스트레이너가 막혀 흡입용량이 너무 작아졌다.

183 유압조정 밸브에서 조정 스프링의 장력이 클 때 나타나는 현상 : 유압이 높아진다.

184 유량제어 밸브
① 유압장치에서 작동체의 속도를 바꿔 주는 밸브
② 종류 : 속도제어 밸브, 교축 밸브, 급속배기 밸브, 분류 밸브, 유량조정 밸브

185 압력제어 밸브
① 유압회로 내에서 유압을 일정하게 조절하여 일의 크기를 결정하는 밸브
② 종류 : 시퀀스 밸브, 언로드 밸브, 카운터 밸런스 밸브, 릴리프 밸브, 압력조절 밸브, 리듀싱 밸브(감압 밸브)

186 방향제어 밸브
① 회로 내 유체의 흐르는 방향을 조절하는 데 쓰이는 밸브
② 방향제어 밸브에서 내부 누유에 영향을 미치는 요소 : 밸브 간극의 크기, 밸브 양단의 압력차, 유압유의 점도
③ 종류 : 셔틀 밸브, 체크 밸브, 방향변환 밸브

187 시퀀스 밸브
① 유압회로의 압력에 의해 유압 액추에이터의 작동순서를 제어하는 밸브
② 2개 이상의 분기회로를 갖는 회로 내에서 작동 순서를 회로의 압력 등에 의하여 제어하는 밸브
③ 순차작동 밸브라고도 하며 각 유압실린더를 일정한 순서로 순차작동시키고자 할 때 사용하는 것

188 릴리프 밸브
① 유압회로 내의 유압을 설정압력으로 일정하게 유지하기 위한 압력제어 밸브(유압계통 내의 최대 압력을 제어하는 밸브)
② 직동형, 평형 피스톤형 등의 종류가 있음
💡 **릴리프 밸브가 설치되는 위치** : 펌프와 제어 밸브 사이

189 체크 밸브
① 유압유의 흐름을 한쪽으로만 허용하고 반대방향의 흐름을 제어하는 밸브
② 유압회로에서 역류를 방지하고 회로 내의 잔류 압력을 유지하는 밸브

190 유압모터
① 유압에너지를 공급받아 회전운동을 하는 유압기기
② 유체의 에너지를 이용하여 기계적인 일로 변환하는 기기
③ 유압모터의 용량 : 입구 압력(kgf/cm²)당 토크

특징	• 무단변속이 용이하다. • 자동 원격조작이 가능하다. • 속도나 방향의 제어가 용이하다. • 소형, 경량으로서 큰 출력을 낼 수 있다.
단점	• 작동유가 누출되면 작업 성능에 지장이 있다. • 작동유의 점도변화에 의해 유압모터의 사용에 제약이 있다. • 작동유에 먼지나 공기가 침입하지 않도록 특히 보수에 주의해야 한다.

💡 **유압모터와 유압실린더** : 모터 – 회전운동, 실린더 – 직선운동

191 유압모터의 회전속도가 규정속도보다 느릴 경우의 원인
유압유의 유입량 부족, 각 작동부의 마모 또는 파손, 오일의 내부 누설

192 유압모터에서 소음과 진동이 발생할 때의 원인
내부 부품의 파손, 작동유 속에 공기의 혼입, 체결 볼트의 이완

193 채터링 현상 : 유압계통에서 릴리프 밸브의 스프링 장력이 약화될 때 발생할 수 있는 현상

194 유압 실린더
① 유압실린더의 종류 : 단동 실린더 피스톤(piston)형, 단동 실린더 램(ram)형, 복동 실린더 양로드(double rod)형, 복동 실린더 싱글로드형, 복동 실린더 더블로드형, 단동 실린더 램형
② 실린더의 과도한 자연낙하 현상이 발생될 수 있는 원인 : 실린더 내의 피스톤 실링의 마모, 컨트롤 밸브 스풀의 마모, 릴리프 밸브의 조정 불량
③ 유압실린더의 작동속도가 느릴 경우의 원인 : 유압회로 내에 유량이 부족할 때

195 액추에이터 : 유압유의 압력에너지(힘)를 기계적 에너지(일)로 변환시키는 작용을 하는 것

196 축압기(Accumulator, 어큐뮬레이터)
유압펌프에서 발생한 유압을 저장하고 맥동을 제거시키는 것

축압기의 용도	유압에너지의 저장, 충격 흡수, 압력 보상
축압기의 사용 목적	압력 보상, 유체의 맥동 감쇠, 보조 동력원으로 사용

197 스트레이너 : 유압기기 속에 혼입되어 있는 불순물을 제거하기 위해 사용

198 유압탱크

유압탱크의 구비조건	• 드레인(배출밸브) 및 유면계를 설치한다. • 적당한 크기의 주유구 및 스트레이너를 설치한다. • 오일에 이물질이 혼입되지 않도록 밀폐되어야 한다.
유압장치에서 유압탱크의 기능	• 계통 내의 필요한 유량 확보 • 베플에 의해 기포 발생 방지 및 소멸 • 탱크 외벽의 방열에 의해 적정온도 유지
작동유 탱크 역할	• 작동유를 저장한다. • 오일 내 이물질의 침전작용을 한다. • 유온을 적정하게 유지하는 역할을 한다.

💡 **드레인 플러그** : 오일탱크 내의 오일을 전부 배출시킬 때 사용

199 유압회로에서 유량제어를 통하여 작업속도를 조절하는 방식 : 미터 인 방식, 미터 아웃 방식, 블리드 오프 방식

200 캐비테이션(Cavitation)
작동유 속에 혼입되어 있던 공기가 기포로 발전함으로써 유압장치 내에 국부적인 높은 압력과 소음, 진동을 발생시키는 현상

결과	• 오일 순환 불량 • 유온 상승 • 용적 효율 저하 • 체적 감소 • 소음 · 진동 · 부식 등 발생 • 액추에이터 효율 감소
방지방법	• 적당한 점도의 작동유 선택 • 흡입구멍의 양정 1m 이하 • 수분 등의 이물질 유입 방지 • 정기적인 오일필터 점검 및 교환

도로명 안내 표지

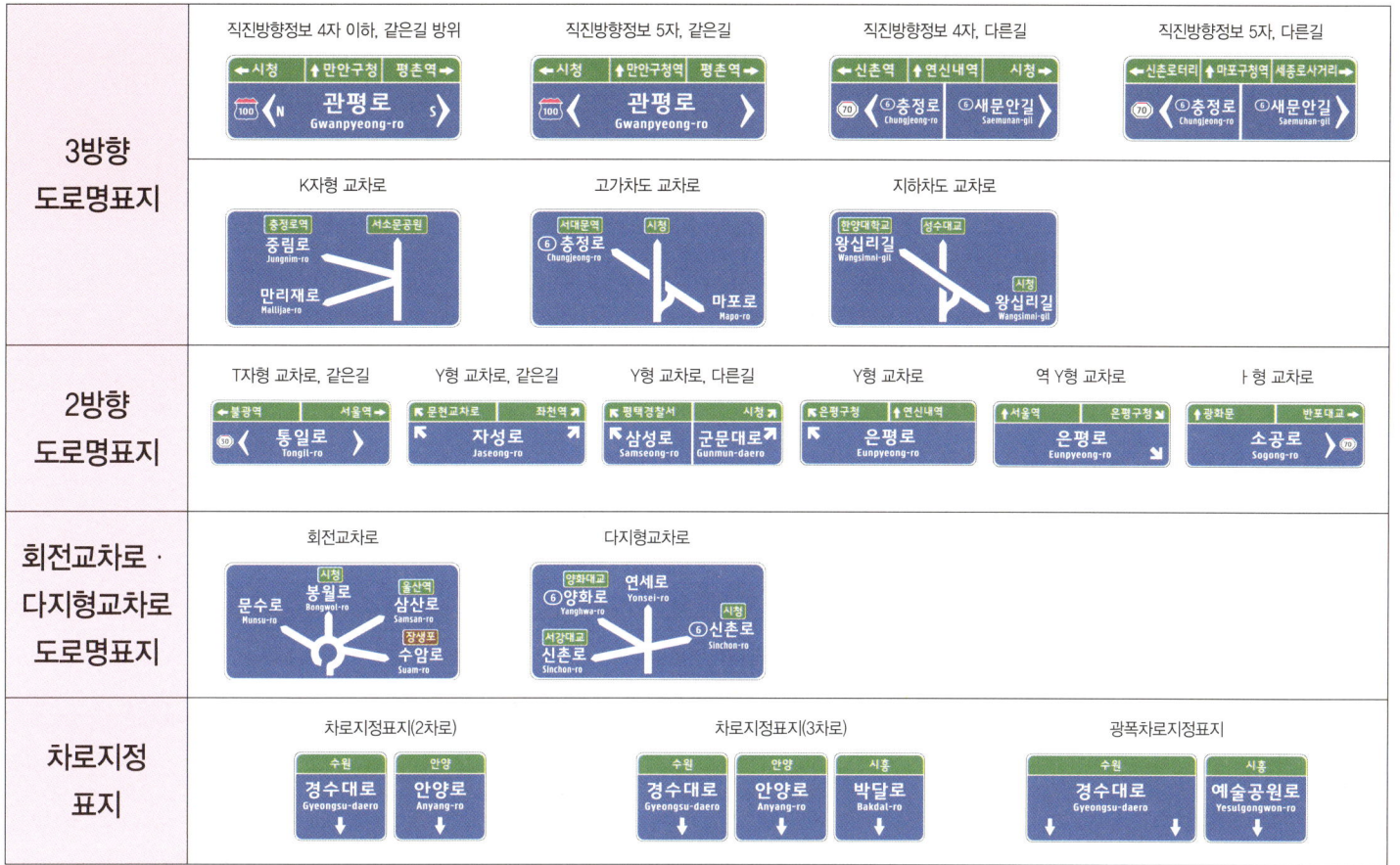

도로명주소 안내시설

도로명판	왼쪽 또는 오른쪽 한 방향용 도로명판 강남대로 1→699 (시작 지점) 1←65 대정로23번길 (끝 지점)	양방향용 도로명판 56 방배길 60	앞쪽 방향용 도로명판 방배길 9999↑1	예고용 도로명판 종로 200m	기초번호판 종로 2345
건물번호판	일반용 사각형 건물번호판 여의대로 234	일반용 오각형 건물번호판 중앙로 437	문화재·관광용 건물번호판 34 세종로	관공서용 건물번호판 445 강남대로		

도로명주소

① 도로명주소 도입의 필요성
(1) 물류기반 주소정보 인프라(Infra) → 물류비용 절감
(2) 전자상거래의 확대에 따른 주소 정보화
(3) 국제적으로 보편화된 주소제도 사용 → 국가경쟁력 및 위상 제고
(4) 행정적 측면 : 소방·방범·재난 등 국민의 생명과 재산 관련 업무 긴급출동 시 시간 단축

② 도로명주소 표기 방법

행정구역명 + 도로명 + 건물번호 + " , " + 상세주소 + 참고항목
(시·도/시·군·구/읍·면)　　　　　　　　　　　　(동·호수 등)　(법정동, 아파트단지 명칭 등)

(1) 도로명은 모두 붙여 쓴다. 예) 국회대로62길, 용호로21번길
(2) 도로명과 건물번호는 띄어 쓴다. 예) 국회대로62길 25, 용호로21번길 15
(3) 건물번호와 상세주소(동·층·호) 사이에는 쉼표(" , ")를 찍는다.

　단 독 주 택 : 경기도 파주시 문산읍 문향로85번길 6
　업무용빌딩 : 서울특별시 종로구 세종대로 209, 000호(세종로)
　공 동 주 택 : 인천광역시 부평구 체육관로 27, 000동 000호(삼산동, 00아파트)

③ 도로명주소 안내시설

(1) 도로명판

왼쪽 또는 오른쪽 한 방향용(시작지점)
넓은 길, 시작지점을 의미

강남대로는 6.99km(699×10m)
1→ 현 위치는 도로 시작점

왼쪽 또는 오른쪽 한 방향용(끝지점)
'대정로' 시작지점에서부터 약 230m 지점에서 왼쪽으로 분기된 도로

이 도로는 650m(65×10m)
←65 현 위치는 도로 끝지점

양방향용(중간지점)
전방 교차도로는 중앙로

좌측으로 92번 이하 건물 위치　우측 96번 이상 건물 위치

앞쪽 방향용(중간지점)
중간지점을 의미
사임당로 250↑92
남은 거리는 1.5km
92→ 현 위치는 도로상의 92번

예고용 도로명판
현 위치에서 다음에 나타날 도로는 '종로'
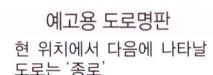
현 위치로부터 전방 200m에 예고한 도로가 있음

기초번호판
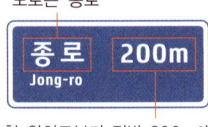
→ 도로명
→ 기초번호

다음 도로명판에 대한 설명으로 옳지 않은 것은?

☑ 대정로 시작점 부근에 설치된다.
② 대정로 종료지점에 설치된다.
③ 대정로는 총 650m이다.
④ 대정로 시작점에서 230m에 분기된 도로이다.

해설 제시된 도로명판은 대정로 종료지점에 설치된다.

(2) 건물번호판

→ 도로명
→ 건물번호

※ 지게차·굴착기 등 운전기능사시험에서 도로명주소·도로명표지에 관한 내용이 출제되고 있습니다. 〈도로명안내표지〉도 함께 보시면 좋습니다.
　도로명주소 안내시스템(http://www.juso.go.kr), 주소정보시설규칙(법제처 http://www.law.go.kr)에서 자세한 내용을 확인할 수 있습니다.

▶ 자료출처 : 도로명주소 안내시스템(http://www.juso.go.kr)

교통안전표지 일람표

주의표지

+자형 교차로	T자형 교차로	Y자형 교차로	ㅏ자형 교차로	ㅓ자형 교차로	우선도로	우합류도로	좌합류도로	회전형 교차로	철길건널목	우로굽은도로	좌로굽은도로
우로이중굽은도로	좌로이중굽은도로	2방향통행	오르막경사	내리막경사	도로폭이좁아짐	우측차로없어짐	좌측차로없어짐	우측방통행	양측방통행	중앙분리대시작	중앙분리대끝남	신호기
미끄러운도로	강변도로	노면고르지못함	과속방지턱	낙석도로	횡단보도	어린이보호	자전거	도로공사중	비행기	횡풍	터널	교량
야생동물보호	위험	상습정체구간										

규제표지

	통행금지	자동차통행금지	화물자동차 통행금지	승합자동차 통행금지	이륜자동차및원동기 장치자전거통행금지	자동차·이륜자동차및 원동기장치자전거통행금지	경운기·트랙터및 손수레통행금지	자전거통행금지	진입금지
직진금지	우회전금지	좌회전금지	유턴금지	앞지르기금지	정차·주차금지	주차금지	차중량제한	차높이제한	차폭제한	차간거리확보	최고속도제한	최저속도제한
서행	일시정지	양보	보행자보행금지	위험물적재차량 통행금지		자동차전용도로	자전거전용도로	자전거및보행자 겸용도로	회전교차로	직진	우회전	좌회전

지시표지

| 직진 및 우회전 | 직진 및 좌회전 | 좌회전 및 유턴 | 좌우회전 | 유턴 | 양측방통행 | 우측면통행 | 좌측면통행 | 진행방향별통행구분 | 우회로 | 자전거 및 보행자 통행구분 | 자전거전용차로 | 주차장 |
| 자전거주차장 | 보행자전용도로 | 횡단보도 | 노인보호(노인보호구역안) | 어린이보호(어린이보호구역안) | 장애인보호(장애인보호구역) | 자전거횡단도 | 일방통행 | 일방통행 | 일방통행 | 비보호좌회전 | 버스전용차로 | 다인승차량전용차로 |

보조표지

통행우선	자전거나란히 통행허용		거리 100m 앞 부터	거리 여기부터 500m	구역 시 내 전 역	일자 일요일·공휴일 제외	시간 08:00~20:00	시간 1시간 이내 차둘 수 있음	신호등화 상태 적신호시	전방우선도로 앞에 우선도로	안전속도 30	기상상태 안개지역
노면상태	교통규제 차로엄수	통행규제 건너가지 마시오	차량한정 승용차에 한함	통행주의 속도를줄이시오	충돌주의 충 돌 주 의	표지설명 터널길이 258m	구간시작 ←200m	구간내 ←400m→	구간끝 600m→	우방향 →	좌방향 ←	전방 ↑ 전방 50M
중량 3.5t	노폭 3.5m	거리 100m	해제	견인지역 견 인 지 역	표지판 종류	주의		규제		지시		보조

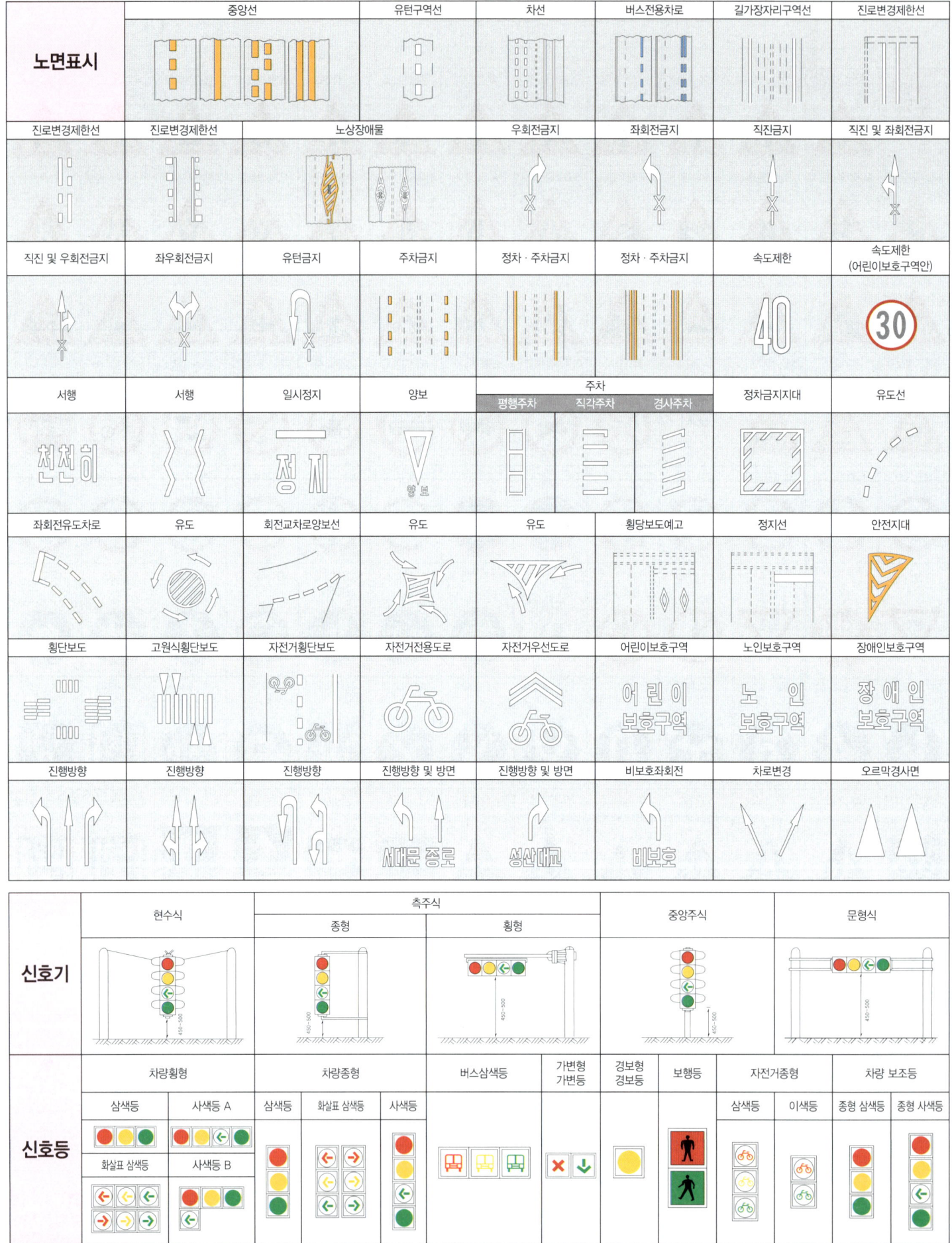

제1편
안전관리

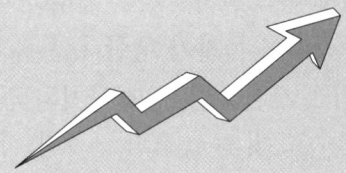

안전관리란 안전에 대한 이해와 안전수칙에 따른 안전장비를 착용하고 안전장치와 위험요소 등을 확인하여 안전사고를 예방·관리함으로써 안전한 작업을 할 수 있도록 하는 것이다.

제1장 산업안전 일반
제2장 안전보호구 및 안전표지
제3장 기계·기기·공구 및
　　　화재의 안전

제1장 산업안전 일반

1 산업안전 일반

(1) 산업안전
사업장의 생산 활동에서 발생되는 모든 위험으로부터 근로자의 신체와 건강을 보호하고 산업시설을 안전하게 유지하는 것

(2) 산업재해의 발생원리

① 산업재해의 정의

산업안전 보건법상의 정의	노무를 제공하는 사람이 업무에 관계되는 건설물·설비·원재료·가스·증기·분진 등에 의하거나 작업 또는 그 밖의 업무로 인하여 사망 또는 부상하거나 질병에 걸리는 것
국제노동기구 (ILO)의 정의	근로자가 물체나 물질, 타인과 접촉에 의해서 또는 물체나 작업 조건, 근로자의 작업동작 때문에 사람에게 상해를 주는 사건이 일어나는 것

② 산업재해의 통상적인 분류 중 통계적 분류

사망	업무로 인해서 목숨을 잃게 되는 경우
중경상	부상으로 8일 이상의 노동 상실을 가져온 상해 정도
경상해	부상으로 1일 이상 7일 이하의 노동 상실을 가져온 상해 정도
무상해 사고	응급처치 이하의 상처로 작업에 종사하면서 치료를 받는 상해 정도

※ 연천인율 : 근로자 1,000명당 1년간에 발생하는 재해자 수를 나타낸 것

③ 재해의 발생 이론(도미노 이론)★ : 사고 연쇄의 5가지 요인들이 표시된 도미노 골패가 한쪽에서 쓰러지면 연속적으로 모두 쓰러지는 것과 같이 연쇄성을 이루고 있다는 것이다. 이들 요인 중 하나만 제거하면 재해는 발생하지 않으며, 특히 불안전한 행동과 불안전한 상태를 제거하는 것이 재해 예방을 위해 가장 바람직하다.

④ 사고의 요인★

가정 및 사회적 환경(유전적)의 결함	빈부의 차나 감정의 영향, 주변 환경의 질적 요소 등은 인간의 성장 과정에서 성격 구성에 커다란 영향을 끼치며, 교육적인 효과에도 좌우되고 유전이나 가정환경은 인간 결함의 주 원인이 되기도 함
개인적인 결함	유전이나 후천적인 결함 또는 무모, 신경질, 흥분성, 무분별, 격렬한 기질 등은 불안전 행동을 범하게 되고 기계적·물리적인 위험 존재의 원인이 됨
불안전 행동 또는 불안전 상태	사고 발생의 직접 원인
사고 (Accident)	인간이 추락, 비래물에 의한 타격 등으로 돌발적으로 발생한 사건
재해(Injury)	골절, 열상 등 사고로 인한 결과 피해를 가져온 상태

(3) 재해 발생 시의 조치

① 긴급처리
재해 발생시 우선적으로 조치해야 할 사항으로 현장의 관리 감독자가 행한다.
※우선순위 : 기계장치, 운전장치의 전원 차단 → 피해자 구조 및 응급조치 → 2차 피해자 및 재해 방지 활동

② 재해조사
안전관리자가 실시하며 육하원칙에 의거하여 철저하게 조사한다. (5W1H)

③ 원인강구
재해조사에서 얻은 자료를 토대로 원인을 규명한다. 이때 중점적으로 분석할 대상은 사람, 물체, 관리이다.

④ 대책수립
동종 재해의 방지, 유사 재해의 방지

⑤ 대책 실시 계획

⑥ 실시

⑦ 평가

01 | 산업안전 일반

01 산업안전에서 안전의 3요소와 가장 거리가 먼 것은?

① 관리적 요소 ② 자본적 요소
③ 기술적 요소 ④ 교육적 요소

해설 안전의 3요소 : 기술적 요소, 교육적 요소, 관리적 요소

02 사고의 결과로 인하여 인간이 입는 인명 피해와 재산상의 손실을 무엇이라 하는가?

① 재해 ② 안전
③ 사고 ④ 부상

03 산업재해의 통상적인 분류 중 통계적 분류에 대한 설명으로 틀린 것은?

① 사망 – 업무로 인해서 목숨을 잃게 되는 경우
② 중경상 – 부상으로 인하여 30일 이상의 노동 상실을 가져온 상해 정도
③ 경상해 – 부상으로 1일 이상 7일 이하의 노동 상실을 가져온 상해 정도
④ 무상해 사고 – 응급처치 이하의 상처로 작업에 종사하면서 치료를 받는 상해 정도

해설 중경상 : 부상으로 8일 이상의 노동 상실을 가져온 상해 정도

04 다음 중 산업재해의 원인이 다른 것은?

① 작업현장의 조명상태
② 기계의 배치상태
③ 기계 운전 미숙
④ 복장의 불량

05 산업재해 중 중대재해가 아닌 것은?

① 사망자가 1명 이상 발생한 재해
② 부상자 또는 직업성 질병자가 동시에 10명 이상 발생한 재해
③ 3개월 이상의 요양을 요하는 부상자가 동시에 2명 이상 발생한 재해
④ 4일 이상의 요양을 요하는 부상을 입은 자가 5명 발생한 재해

해설 중대재해
- 사망자가 1명 이상 발생한 재해
- 3개월 이상의 요양이 필요한 부상자가 동시에 2명 이상 발생한 재해
- 부상자 또는 직업성 질병자가 동시에 10명 이상 발생한 재해

06 사고의 직접 원인으로 가장 적합한 것은?

① 유전적인 요소
② 성격 결함
③ 사회적 환경 요인
④ 불안전한 행동 및 상태

해설 하인리히의 5가지 사고 요인
- 사회적 환경
- 인간의 결함
- 불안전한 행동과 불안전한 상태(사고의 직접 원인)
- 사고
- 산업재해(상해)

07 산업재해 방지 대책을 수립하기 위하여 위험 요인을 발견하는 방법으로 가장 적합한 것은?

① 안전점검
② 재해 사후 조치
③ 경영층 참여와 안전조직 진단
④ 안전대책회의

정답 01.② 02.① 03.② 04.③ 05.④ 06.④ 07.①

08 산업재해를 예방하기 위한 재해예방 4원칙으로 틀린 것은?

① 대량 생산의 원칙
② 예방 가능의 원칙
③ 원인 계기의 원칙
④ 대책 선정의 원칙

해설 재해예방 4원칙
- 손실 우연의 법칙 : 사고의 결과 발생한 손실의 유무 또는 대소는 사고당시의 조건에 따라 우연적으로 발생한다.
- 원인 계기의 원칙 : 사고에는 반드시 원인이 있고 원인은 대부분 복합적으로 연계되어 있다.
- 예방 가능의 원칙 : 천재지변을 제외한 모든 인재는 예방이 가능하다.
- 대책 선정의 원칙 : 사고의 원인이나 불안전한 요소가 발견되면 반드시 대책이 선정되고 실시되어야 한다.

09 사고의 원인 중 가장 많은 부분을 차지하는 것은?

① 불가항력
② 불안전한 환경
③ 불안전한 행동
④ 불안전한 지시

해설 미국안전협회의 사고원인 발생분석에 따르면 안전사고 발생의 원인은 개인의 불안전한 행위 88%, 불안전한 환경 10%, 불가항력 2%이다.

10 사고 원인으로서 작업자의 불안전한 행위는?

① 안전조치의 불이행
② 고용자의 능력 한계
③ 물적 위험 상태
④ 기계의 결함 상태

11 재해조사 목적을 가장 확실하게 설명한 것은?

① 재해를 발생케 한 자의 책임을 추궁하기 위하여
② 재해 발생상태와 그 동기에 대한 통계를 작성하기 위하여
③ 작업능률 향상과 근로기강 확립을 위하여
④ 적절한 예방대책을 수립하기 위하여

12 불안전한 조명, 불안전한 환경, 방호장치의 결함으로 인하여 오는 산업재해 요인은?

① 지적 요인
② 물적 요인
③ 신체적 요인
④ 정신적 요인

해설 물적 요인에는 환경 불량, 기계시설의 위험, 구조의 불안전, 계획의 불량, 보호구의 부적합, 기기의 결함 등이 있다.

13 재해의 원인 중 생리적인 원인은?

① 안전수칙의 미준수
② 작업복의 부적당
③ 안정장치의 불량
④ 작업자의 피로

14 기계, 기구 및 설비의 신설, 변경, 고장 수리 시에 실시하는 안전 점검은?

① 일시점검
② 일상점검
③ 특별점검
④ 정기점검

해설 특별점검은 기계나 기구 또는 설비를 신설 및 변경하거나 고장에 의한 수리 등을 할 경우에 행하는 부정기적 점검을 말하며 일정 규모 이상의 강풍, 폭우, 지진 등의 기상이변이 있은 후에 실시하는 점검도 해당된다.

정답 08.① 09.③ 10.① 11.④ 12.② 13.④ 14.③

제2장 안전보호구 및 안전표지

1 안전보호구

(1) 보호구

① 정의 : 외부의 유해한 자극물을 차단하거나 또는 그 영향을 감소시킬 목적을 가지고 작업자의 신체 일부 또는 전부에 장착하는 보조기구

② 구비조건 및 보관

구비조건	• 착용이 간편하고 작업에 방해를 주지 않을 것 • 구조 및 표면 가공이 우수할 것 • 보호장구의 원재료의 품질이 우수할 것 • 유해·위험 요소에 대한 방호 성능이 완전할 것
보관	• 청결하고 습기가 없는 곳에 보관 • 세척 후 그늘에서 완전히 건조시켜 보관 • 부식성 액체, 유기용제, 기름, 화장품, 산 등과 혼합하여 보관하지 않음 • 개인 보호구는 관리자 등에 일괄 보관하지 않음

③ 보호구의 종류별 특성★

㉠ 안전모 : 건설작업, 보수작업, 조선작업 등에서 물체의 낙하, 비래, 붕괴 등의 우려가 있는 작업이나 하물 적재 및 하역작업 등에서 추락, 전락, 전도 등의 우려가 있는 작업에서 작업원의 안전을 위해 착용

선택 방법	• 작업성질에 따라 머리에 가해지는 각종 위험으로부터 보호할 수 있는 종류의 안전모 선택 • 규격에 알맞고 성능 검사 합격품 • 가볍고 성능이 우수하며 충격 흡수성이 좋아야 함
착용 대상 사업장	• 2m 이상 고소 작업 • 낙하 위험 작업 • 비계의 해체 조립 작업 • 차량계 운반 하역작업

㉡ 안전대 : 추락에 의한 위험을 방지하기 위해 로프, 고리, 급정지 기구와 근로자의 몸에 묶는 띠 및 그 부속품

착용 대상 사업장	• 2m 이상의 고소 작업 • 분쇄기 또는 혼합기의 개구부 • 슬레이트 지붕 위의 작업 • 비계의 조립, 해체 작업

안전대용 로프의 구비조건	• 내마모성이 높을 것 • 내열성이 높을 것 • 충격 및 인장 강도에 강할 것

㉢ 안전장갑 : 용접용 가죽제 보호장갑(불꽃, 용융금속 등으로부터 상해 방지), 전기용 고무장갑(7,000V 이하 전기회로 작업에서의 감전 방지), 내열(방열)장갑(로 작업 등에서 복사열로부터 보호), 산업위생 보호장갑(산, 알칼리 및 화학약품 등으로부터 피부장해 또는 피부 침투가 우려되는 물질을 취급하는 작업으로부터 보호), 방진장갑(진동공구 사용 시 진동장해가 발생되므로 착용)

㉣ 안전화

기능	물체의 낙하, 충격, 날카로운 물체로 인한 위험으로부터 발 또는 발등을 보호하거나 감전이나 정전기의 대전을 방지하기 위한 것
구비조건	• 앞발가락 끝 부분에 선심을 넣어 압박 및 충격에 착용자의 발가락을 보호할 수 있는 구조 • 선심의 내측은 헝겊, 가죽, 고무 또는 플라스틱 등으로 감쌀 것 • 착용감이 좋고 작업에 편리할 것 • 견고하게 제작하여 부분품의 마무리가 확실하고 형상은 균형 있을 것
종류	가죽제 안전화, 고무제 안전화, 정전화, 절연화 및 절연장화
분류	경 작업용, 보통 작업용, 중 작업용

㉤ 보안경, 보안면

구분	기능	구비조건
보안경	유해 약물의 침입을 막기 위해, 비산되는 칩에 의한 부상을 막기 위해, 유해 광선으로부터 눈을 보호하기 위하여 사용함	• 착용 시 편안하고 세척이 쉬울 것 • 내구성 있고 충분히 소독되어 있을 것 • 특정한 위험에 대해서 적절한 보호를 할 수 있을 것 • 견고하게 고정되어 착용자가 움직이더라도 쉽게 탈락 또는 움직이지 않을 것

보안면	유해광선으로부터 눈을 보호하고 용접 시 불꽃 또는 날카로운 물체에 의한 위험으로부터 안면을 보호하는 보호구	• 충분한 강도가 있고 가벼울 것 • 착용 시 피부에 해가 없고, 수시로 세탁·소독이 가능할 것 • 금속은 방청 처리를 하고 플라스틱은 난연성일 것 • 투시부의 플라스틱은 광학적 성능을 가질 것

ⓑ 호흡용 보호구 ★

방진 마스크의 구비조건	• 여과 효율(분집·포집 효율)이 좋고 흡배기 저항이 낮을 것 • 사용적(유효공간)이 적을 것(180cm² 이하) • 중량이 가볍고 시야가 넓을 것 • 안면 밀착성이 좋고 피부 접촉 부위의 고무질이 좋을 것
방독 마스크 사용 시 유의사항	• 수명이 지난 것은 절대로 사용하지 말 것 • 산소 결핍(일반적으로 16% 기준) 장소에서는 사용하지 말 것 • 가스 종류에 따라 용도 이외의 것을 사용하지 말 것
호스 마스크	작업장 또는 작업 공간 내 공기가 유해·유독 물질의 오염이나 산소 결핍 등으로 방진 마스크 또는 방독 마스크를 사용할 수 없는 불량한 작업 환경에서 주로 사용

④ 작업장 안전

안전 수칙	• 작업복과 안전장구는 반드시 착용 • 수공구는 사용 후 면걸레로 깨끗이 닦아 보관 • 각종기계 불필요하게 회전시키지 않음 • 좌·우측 통행 규칙을 엄수 • 중량물 이동에는 체인블록이나 호이스트를 사용

📝 **참고**

작업장에서의 안전 작업 복장
• 작업의 종류에 따라 규정된 복장, 안전모, 안전화 및 보호구를 착용한다.
• 작업복은 몸에 맞고 동작이 편해야 한다.
• 장갑은 작업용도에 따라 적합한 것을 착용하고, 수건을 허리에 차거나 어깨·목 등에 걸지 않는다.
• 작업복의 소매와 바지의 단추를 풀면 안 되고 상의의 옷자락이 밖으로 나오지 않도록 한다.
• 오손되거나 지나치게 기름이 많은 작업복은 착용하지 않는다.
• 신발은 안전화를 착용하여 물체가 떨어져 부상당하거나 예리한 못이나 쇠붙이에 찔리지 않도록 한다.

2 안전보건표지

(1) 종류와 형태 ★

① **금지표지** : 특정의 행위 등을 하지 못하도록 하는 표지이다.

출입금지   보행금지   차량통행금지   사용금지

탑승금지   금연   화기금지   물체이동금지

② **경고표지** : 위험 장소 및 상태, 위험물에 대한 주의를 환기시키는 표지이다.

인화성물질 경고   산화성물질 경고   폭발성물질 경고   급성독성물질 경고

부식성물질 경고   방사성물질 경고   고압전기 경고   매달린 물체 경고

낙하물 경고   고온 경고   저온 경고   몸균형 상실 경고

레이저광선 경고   발암성·변이원성 생식독성·전신독성 호흡기 과민성 물질 경고   위험장소 경고

③ **지시표지** : 보호구 착용을 지시하는 등의 표지이다.

보안경 착용   방독마스크 착용   방진마스크 착용

제2장 안전보호구 및 안전표지

보안면 착용 　　안전모 착용 　　귀마개 착용

안전화 착용 　　안전장갑 착용 　　안전복 착용

④ 안내표지

녹십자 표지 　응급구호 표지 　들것 　세안장치

비상용 기구 　비상구 　좌측비상구 　우측비상구

　　ⓒ 지게차 운행구간별 제한속도 지정 및 표지판 부착
　　ⓒ 사각지대에 반사경 설치
　　ⓔ 불안전한 화물 적재 금지
　　ⓜ 경사진 노면에 지게차 방치 금지
　　ⓗ 적재 후 시야 확보 확인

③ 지게차 전도 재해 예방
　　㉠ 급선회, 급제동, 오작동 금지
　　ⓒ 지게차의 용량을 무시한 무리한 작업 지양
　　ⓒ 연약지반에서의 작업 시 편하중에 주의
　　ⓔ 연약지반에서의 작업 시 받침판 사용
　　ⓜ 지게차보다 화물의 적재중량이 크지 않을 것

④ 추락 재해 예방
　　㉠ 운전석 이외에 작업자 탑승 금지
　　ⓒ 난폭운전 금지
　　ⓒ 작업 전 안전벨트 착용
　　ⓔ 지게차를 이용한 고소작업 금지
　　ⓜ (유도자가 있으면) 유도자의 신호에 따라 작업

(2) 안전보건표지의 색채 및 용도

색채	용도	사용 예
빨간색	금지	정지신호, 소화설비 및 그 장소, 유해행위의 금지
	경고	화학물질 취급장소에서의 유해·위험 경고
노란색	경고	화학물질 취급장소에서의 유해·위험경고 이외의 위험경고, 주의표지 또는 기계방호물
파란색	지시	특정 행위의 지시 및 사실의 고지
녹색	안내	비상구 및 피난소, 사람 또는 차량의 통행표지
흰색		파란색 또는 녹색에 대한 보조색
검정색		문자 및 빨간색 또는 노란색에 대한 보조색

(3) 지게차 작업 시 주의할 위험요소

① 화물의 낙하 재해 예방
　　㉠ 무자격자 운전 금지
　　ⓒ 작업장 바닥 요철 확인
　　ⓒ 마모가 심한 타이어 교체
　　ⓔ 화물의 적재 상태 확인
　　ⓜ 하중 초과 적재 금지

② 협착 및 충돌 재해 예방
　　㉠ 지게차 전용 통로 확보

02 안전보호구 및 안전표지

01 높은 곳에 출입할 때는 안전장구를 착용하여야 하는데 안전대용 로프의 구비조건에 해당되지 않는 것은?

① 충격 및 인장 강도에 강할 것
② 내마모성이 높을 것
③ 내열성이 높을 것
④ 완충성이 적고, 매끄러울 것

해설 안전대용 로프가 갖추어야 할 가장 큰 요건은 잘 끊어지지 않아야 한다는 것이다.

02 전기아크용접에서 눈을 보호하기 위한 보안경 선택으로 맞는 것은?

① 도수 안경   ② 방진 안경
③ 차광용 안경   ④ 실험실용 안경

해설 아크용접 시에는 강한 빛이 발생하므로 이를 차단할 수 있는 차광용 안경을 사용한다.

03 ★★★★★ 안전관리상 보안경을 사용해야 하는 작업과 가장 거리가 먼 것은?

① 장비 밑에서 정비 작업을 할 때
② 산소 결핍 발생이 쉬운 장소에서 작업을 할 때
③ 철분 또는 모래 등이 날리는 작업을 할 때
④ 전기용접 및 가스용접 작업을 할 때

04 연삭작업 시 반드시 착용해야 하는 보호구는?

① 방독면   ② 장갑
③ 보안경   ④ 마스크

해설 연삭작업 중에는 날카로운 금속 파편이 튀어 오르므로 반드시 보안경을 착용해야 한다.

05 ★★ 일반적인 작업장에서 작업안전을 위한 복장으로 적합하지 않은 것은?

① 작업복의 착용   ② 안전모의 착용
③ 안전화의 착용   ④ 선글라스 착용

06 작업장에서 안전모를 쓰는 이유는?

① 작업원의 사기 진작을 위해
② 작업원의 안전을 위해
③ 작업원의 멋을 위해
④ 작업원의 합심을 위해

해설 안전모는 작업자의 안전을 보호하기 위한 필수적인 기구이다.

07 다음 중 작업복의 조건으로 가장 알맞은 것은?

① 작업자의 편안함을 위하여 자율적인 것이 좋다.
② 도면, 공구 등을 넣어야 하므로 주머니가 많아야 한다.
③ 작업에 지장이 없는 한 손발이 노출되는 것이 간편하고 좋다.
④ 주머니가 적고 팔이나 발이 노출되지 않는 것이 좋다.

08 감전의 위험이 많은 작업현장에서 보호구로 가장 적절한 것은?

① 보안경   ② 구급용품
③ 구명구   ④ 보호장갑

해설 감전을 방지하기 위해서 절연체로 만들어진 보호장갑을 착용한다.

정답 01.④ 02.③ 03.② 04.③ 05.④ 06.② 07.④ 08.④

09 분진이 발생하는 작업장소에서 착용하는 일반적인 보호구는?

① 방진마스크
② 방독마스크
③ 귀덮개
④ 산소호흡기

해설 방진마스크 : 분진, 미스트, 미세먼지 등이 호흡기를 통하여 체내에 유입되는 것을 방지하기 위한 보호구

10 올바른 보호구 선택 시 적합하지 않은 것은?

① 사용 목적에 적합하여야 한다.
② 사용방법이 간편하고 손질이 쉬워야 한다.
③ 잘 맞는지 확인하여야 한다.
④ 품질은 떨어져도 식별하기가 쉬워야 한다.

해설 보호구의 구비조건
- 착용이 간편할 것
- 작업에 방해를 주지 않을 것
- 유해·위험 요소에 대한 방호 성능이 완전할 것
- 보호 장구의 원재료의 품질이 우수할 것
- 구조 및 표면 가공이 우수할 것
- 외관상 보기가 좋을 것

11 작업과 안전 보호구의 연결이 잘못된 것은?

① 산소 결핍 장소 – 공기마스크 착용
② 그라인딩 작업 – 보안경 착용
③ 10m 높이에서 작업 – 안전벨트 착용
④ 아크용접 – 도수 렌즈 안경 착용

해설 아크용접 – 차광용 안경 착용

12 추락에 의한 위험을 방지하기 위해 로프, 고리 등으로 작업자의 몸에 부착하는 안전보호구는?

① 안전대
② 보안면
③ 카운터 웨이트
④ 보호대

13 산업안전보건표지에서 그림이 나타내는 것으로 맞는 것은?

① 비상구 없음 표지
② 방사선 위험 표지
③ 탑승금지 표지
④ 보행금지 표지

14 안전보건표지의 종류와 형태에서 그림의 안전표시판이 나타내는 것은?

① 응급구호 표지
② 비상구 표지
③ 위험장소 경고 표지
④ 환경지역 표지

15 다음 그림과 같은 안전표지판이 나타내는 것은?

① 비상구
② 출입금지
③ 인화성 물질 경고
④ 보안경 착용

해설 출입을 금지하는 표지판이다.

16 다음 그림은 안전표지의 어떠한 내용을 나타내는가?

① 지시표지
② 금지표지
③ 경고표지
④ 안내표지

해설 보안경 착용을 지시하는 안전표지이다.

17 작업현장에서 사용되는 안전표지 색으로 잘못 짝지어진 것은?

① 빨간색 – 방화 표시
② 노란색 – 충돌, 추락 주의 표시
③ 녹색 – 비상구 표시
④ 보라색 – 안전지도 표시

 안전지도·지시를 표현하기 위해서는 파란색을 이용한다.

18 사고 발생이 많이 일어날 수 있는 원인에 대한 순서로 맞는 것은?

① 불안전조건 > 불안전행위 > 불가항력
② 불가항력 > 불안전조건 > 불안전행위
③ 불안전행위 > 불가항력 > 불안전조건
④ 불안전행위 > 불안전조건 > 불가항력

19 응급구호표지의 바탕색으로 맞는 것은?

① 흰색
② 노랑
③ 주황
④ 녹색

 응급구호표지의 바탕은 녹색, 관련 부호 및 그림은 흰색을 사용한다.

20 안전관리상 인력운반으로 중량물을 들어 올리거나 운반 시 발생할 수 있는 재해와 가장 거리가 먼 것은?

① 충돌
② 낙하
③ 단전(정전)
④ 협착(압상)

21 적색 원형으로 만들어지는 안전표지판은?

① 경고표지   ② 안내표지
③ 지시표지   ④ 금지표지

해설 적색 원형을 바탕으로 그려진 표지판은 금지를 표시한다.

22 작업장의 안전수칙 중 틀린 것은?

① 공구는 오래 사용하기 위하여 기름을 묻혀서 사용한다.
② 작업복과 안전장구는 반드시 착용한다.
③ 각종기계를 불필요하게 공회전 시키지 않는다.
④ 기계의 청소나 손질은 운전을 정지시킨 후 실시한다.

해설 수공구는 사용 후 미끄럼 방지를 위해 기름 성분을 면 걸레로 깨끗이 닦아 두어야 하며 수분을 피해 녹슬지 않도록 해야 한다.

23 작업자가 작업을 할 때 반드시 알아두어야 할 사항이 아닌 것은?

① 안전수칙
② 작업량
③ 경영관리
④ 기계·기구의 사용법

24 일반 작업환경에서 지켜야 할 안전사항으로 맞지 않는 것은?

① 안전모를 착용한다.
② 해머는 반드시 장갑을 끼고 작업한다.
③ 주유 시는 시동을 끈다.
④ 고압전기에는 적색 표지판을 부착한다.

 해머 작업 시 장갑을 끼거나 기름 묻은 손으로 자루를 잡으면 미끄러지기 쉽다.

정답 17.④ 18.④ 19.④ 20.③ 21.④ 22.① 23.③ 24.②

제3장 기계·기기·공구 및 화재의 안전

1 기계·기기 및 공구의 안전

(1) 기계의 위험 및 안전 조건

① 기계 사고의 일반적 원인

인적 원인	교육적 결함	안전 교육 부족, 교육 미비, 표준화 및 통제 부족 등
	작업자의 능력 부족	무경험, 미숙련, 무지, 판단력 부족 등
	규율 부족	규칙, 작업 기준 불이행 등
	불안전 동작	서두름, 날림 동작 등
	정신적 결함	피로, 스트레스 등
	육체적 결함	체력 부족, 피로 등
물적 원인	환경 불량	조명, 청소, 청결, 정리, 정돈, 작업 조건 불량 등
	기계시설의 위험	가드(guard)의 불충분, 설계 불량 등
	구조의 불안전	방화 대책의 미비, 비상 출구의 불안전 등
	계획의 불량	작업 계획의 불량, 기계 배치 계획의 불량 등
	보호구의 부적합	안전 보호구, 보호의 결함 등
	기기의 결함	불량 기기·기구 등

② 기계안전 일반

작업 복장★	• 작업 종류에 따라 규정된 복장, 안전모, 안전화 및 보호구 착용 • 장갑은 작업 용도에 따라 적합한 것을 착용하고 수건을 허리에 차거나 어깨·목 등에 걸지 않음 • 작업복의 소매와 바지의 단추를 풀면 안 되고 상의의 옷자락이 밖으로 나오지 않도록 함 • 오손되거나 지나치게 기름이 많은 작업복은 착용하지 않음 • 신발은 안전화를 착용하여 물체가 떨어져 부상당하거나 예리한 못이나 쇠붙이에 찔리지 않도록 함
통로의 안전	• 중요한 통로에는 통로표시를 하고 근로자가 안전하게 통행할 수 있게 할 것 • 옥내 통로를 설치 시 걸려 넘어지거나 미끄러지는 위험이 없을 것 • 통로 폭은 지게차 폭에 더해 최소 60cm를 확보한다. 지난 것 사용하지 말 것 • 통로면으로부터 높이 2m 이내에는 장애물이 없도록 할 것 • 정상적인 통행을 방해하지 않는 정도의 채광·조명시설을 할 것
계단의 안전	• 계단 및 계단참을 설치할 때는 매 m²당 500kg 이상의 하중에 견딜 수 있는 강도를 가진 구조로 설치할 것 • 계단의 폭은 1m 이상으로 하고, 계단참은 높이가 3.7m를 초과하지 않도록 설치할 것

(2) 기계의 방호

① 방호장치 : 기계·기구 및 설비 또는 시설을 사용하는 작업자에게 상해를 입힐 우려가 있는 부분에 작업자를 보호하기 위해 일시적 또는 영구적으로 설치하는 기계적·물리적 안전장치

종류	• 위치제한형 방호장치 • 접근반응형 방호장치 • 포집형 방호장치 • 격리형 방호장치

② 동력기계의 안전장치

종류	인터록 시스템(interlock system), 리미트 스위치(limit switch)
선정 시 고려 사항	• 안전장치의 사용에 따라 방호가 완전할 것 • 강도면·기능면에서 신뢰도가 클 것 • 현저한 작업에 지장을 가져오지 않을 것 • 소모 부품 등의 교환이 용이한 구조 • 정기 점검 시 이외는 사람의 손으로 조정할 필요가 없을 것 • 안전장치를 제거하거나 기능의 정지를 용이하게 할 수 없을 것

③ 기계설비의 방호장치★

동력전달장치의 안전대책	샤프트	세트 볼트, 귀, 머리 등의 돌출 부분은 회전 시 위험성이 높아서 노출되면 근로자의 몸, 복장이 말려들어 중대한 재해 발생
	벨트	• 벨트를 걸 때나 벗길 때는 기계를 정지한 상태에서 행함 • 운전 중인 벨트에는 접근하지 않도록 하고 벨트의 이음쇠는 풀리가 없는 구조로 하고 풀리에 감겨 돌아갈 때는 커버나 울로 덮개 설치
	기어	• 기어가 맞물리는 부분에 완전히 덮개를 함 • 원판형인 때에는 치차의 주위를 완전히 덮도록 기어 케이싱을 만들어야 하며 플랜지가 붙은 밴드형의 덮개를 해야 함
	풀리	상면 또는 작업대로부터 2.6m 이내에 있는 풀리는 방책 또는 덮개로 방호
	스프로킷 및 체인	동력으로 회전하는 스프로킷 및 체인은 그 위치에 따라 방호가 필요 없는 것을 제외하고는 완전히 덮어야 함

방호덮개	• 가공물, 공구 등의 낙하 비래에 의한 위험을 방지하고, 위험 부위에 인체의 접촉·접근을 방지하기 위한 것 • 기계의 주위를 청소 또는 수리하는 데 방해되지 않는 한 작업상으로부터 15cm 띄어놓고 완전히 에워싸서 노출시키지 말 것
방호망	동력으로 작동되는 기계·기구의 돌기 부분, 동력 전달 및 속도 조절 부분에 설치

📝 참고

드릴 작업 시 주의사항
- 작업 시 면장갑의 착용 금지
- 작업 중 칩 제거 금지 ⇒ 칩 제거 시 회전을 정지 시키고 솔로 제거함
- 균열이 있는 드릴 사용 금지
- 칩을 털어낼 때 칩 털이를 사용
- 작업이 끝나면 드릴을 척에서 빼놓음
- 재료는 힘껏 조이거나 정지구로 고정

(3) 공작기계의 안전대책 ★

밀링 머신	• 작업 전에 기계의 이상 유무를 확인하고 동력스위치를 넣을 때 두세 번 반복할 것 • 절삭 중 절대로 장갑을 끼지 말 것 • 가공물, 커터 및 부속장치 등을 제거할 때 시동 레버를 건드리지 말 것 • 강력 절삭 시에는 일감을 바이스에 깊게 물릴 것
플레이너	• 일감을 견고하게 장치하고 볼트는 일감에 가깝게 하여 쥠 • 바이트는 되도록 짧게 나오도록 설치하고 일감 고정 작업 중에는 반드시 동력스위치 끌 것
세이퍼	• 바이트는 되도록 짧게 고정, 보호안경 착용, 평형대 사용 • 알맞은 렌치나 핸들을 사용, 시동하기 전에 행정 조정용 핸들을 빼놓을 것
드릴링머신	• 장갑을 끼고 작업하지 말 것 • 드릴을 끼운 뒤에 척 렌치를 반드시 빼고 전기 드릴 사용 시에는 반드시 접지할 것 • 드릴은 좋은 것을 골라 바르게 연마하여 사용하고 플레임 상처가 있거나 균열이 생긴 것은 사용하지 말 것
연삭기	• 치수 및 형상이 구조 규격에 적합한 숫돌 사용 • 작업 시작 전 1분 이상, 숫돌 교체 시 3분 이상 시운전 • 숫돌 측면 사용제한, 숫돌덮개 설치 후 작업 • 보안경과 방진마스크 착용 • 탁상용 연삭기에는 작업받침대(연삭숫돌과 3mm 이하 간격)와 조정편 설치 • 연삭기 사용 작업 시 발생할 수 있는 사고 : 회전하는 연삭 숫돌의 파손, 작업자 발의 협착, 손이 말려 들어감 • 연삭기에서 연삭칩의 비산을 막기 위한 안전방호장치 : 안전덮개
프레스	• 장갑을 사용하지 않을 것 • 작업 전 공회전하여 클러치 상태 점검 • 작업대 교환한 후 반드시 시운전할 것 • 연속작업이 아닐 경우 스위치 끌 것 • 손질, 급유 작업 및 조정 시 기계를 멈추고 작업할 것 • 2명 이상 작업 시 서로 정확한 신호와 안전한 동작 할 것

(4) 각종 위험 기계·기구의 안전대책

	롤러기 (Roller)	• 롤러기 주위 바닥은 평탄하고 돌출물이나 제거물이 있으면 안 되며 기름이 묻어 있으면 제거 • 상면 또는 작업상으로부터 2.6m 이내에 있는 기계의 벨트, 커플링, 플라이휠, 치차, 피니언, 샤프트, 스프로킷, 기타 회전운동 또는 왕복운동을 하는 부분은 표준 방호덮개를 할 것
★ 가 스 용 접 작 업	아세틸렌 용접장치의 관리	발생기에서 5m 이내 또는 발생기실에서 3m 이내의 장소에서 흡연, 화기의 사용 또는 불꽃이 발생할 위험한 행위를 금지시킬 것
	가스 집합 용접장치의 관리	• 사용하는 가스의 명칭 및 최대 가스저장량을 가스장치실의 보기 쉬운 장소에 게시할 것 • 가스용기를 교환은 안전담당자의 참여 하에 할 것 • 가스집합장치의 설치 장소에는 적당한 소화설비를 설치할 것 ※ 이동식 아세틸렌 용접장치의 발생기와 이동식 가스집합용접장치의 가스집합장치는 고온 장소, 통풍이나 환기가 불충분한 장소, 진동이 많은 장소에 설치하지 않도록 할 것
	보일러	압력방출장치, 압력제한 스위치의 정상 작동 여부를 점검하고, 고저 수위 조절장치와 급수 펌프와의 상호 기능상태를 점검할 것
	압력용기	과압으로 인한 폭발을 방지하기 위해 압력방출장치를 설치할 것
	공기압축기	• 점검 및 청소는 반드시 전원을 차단한 후에 실시할 것 • 운전 중에 어떠한 부품도 건드려서는 안 됨 • 최대공기압력을 초과한 공기압력으로는 절대 운전해서는 안 됨

📝 참고

가스용접의 안전사항
- 산소누설 시험에는 비눗물 사용
- 용접가스를 들이마시지 않도록 함
- 토치 끝으로 용접물의 위치를 바꾸거나 재를 제거하면 안 됨
- 산소 봄베와 아세틸렌 봄베 가까이에서는 불꽃조정을 피해야 함
- 가스용접 시 산소용 호스는 녹색, 아세틸렌용 호스는 적색

(5) 수공구의 안전수칙

① 일반 작업장의 안전수칙
  ㉠ 작업장은 항상 청결하게 유지한다.
  ㉡ 흡연장소로 정해진 곳에서 흡연한다.
  ㉢ 작업복, 안전장구를 반드시 착용한다.
  ㉣ 밀폐된 실내에서 시동 걸지 않는다.
  ㉤ 연소하기 쉬운 물질은 특히 주의를 요한다.
  ㉥ 각종 기계를 불필요하게 공회전시키지 않는다.
  ㉦ 기계의 청소나 손질은 운전을 정지시킨 후 실시한다.
  ㉧ 위험한 작업장에는 안전수칙을 부착하여 사고예방을 한다.
  ㉨ 무거운 구조물은 인력으로 무리하게 이동하지 않는 것이 좋다.
  ㉩ 작업대 사이 또는 기계 사이의 통로는 안전을 위한 일정한 너비가 필요하다.
  ㉪ 전원 콘센트 및 스위치 등에 물을 뿌리지 않는다.
  ㉫ 작업 중 입은 부상은 즉시 응급조치하고 보고한다.
  ㉬ 통로나 마룻바닥에 공구나 부품을 방치하지 않는다.
  ㉭ 기름 묻은 걸레는 정해진 용기에 보관한다. 작업이 끝나면 사용공구는 정 위치에 정리·정돈한다.

② 통상적인 수공구의 안전수칙
  ㉠ 공구는 작업에 적합한 것을 사용하여야 하며 규정된 작업 용도 이외에는 사용하여서는 안 됨
  ㉡ 공구는 일정한 장소에 비치하여 사용하고 손이나 공구에 기름이 묻어 있을 때에는 완전히 제거하여 사용
  ㉢ 공구는 확실히 손에서 손으로 전하고 작업 종료 시에는 반드시 공구 수량이나 파손 유무를 점검·정비하여 보관
  ㉣ 전기 및 전기식 공구는 유자격자 및 감독자로부터 허가된 자만 사용
  ㉤ 사용 후 기름이나 먼지를 깨끗이 닦아 공구실에 반납

③ 각종 수공구의 안전수칙★

펀치·정	• 문드러진 펀치 날은 연마하여 사용 • 정 작업 시에는 작업복 및 보호안경 착용 • 정의 머리는 항상 잘 다듬어져 있어야 함
스패너·렌치	• 사용 목적 외에 다른 용도에 절대 사용하지 않기 • 힘을 주기적으로 가하여 회전시키고 앞으로 당겨서 사용 • 파이프를 끼우거나 망치로 때려서 사용하지 말 것 • 스패너는 볼트 및 너트 두부에 잘 맞는 것을 사용 • 너트 크기에 알맞은 렌치를 사용하고, 렌치는 몸 쪽으로 당기면서 볼트·너트를 조일 것
줄	• 균열의 유무를 충분히 점검할 것 • 줄의 손잡이가 줄 자루에 정확하고 단순하게 끼워져 있는지 확인 • 줄 작업으로 생긴 쇳밥은 반드시 솔로 제거하고 줄의 손잡이가 일감에 부딪치지 않도록 할 것
해머	• 해머 자루는 단단히 박혀 있어야 함 • 해머의 고정상태 및 자루의 파손상태, 해머 면에 홈이 변형된 것은 없는지 사용 전에 점검 • 기름이 묻은 해머는 즉시 닦은 후 작업하고 장갑을 착용하면 안 됨 • 좁은 장소나 발판이 불량한 곳에서의 해머작업은 반동에 주의 • 공동으로 해머작업 시 호흡을 맞출 것
드라이버	• 공작물을 바이스(vise)에 고정할 것 • (−)드라이버 날 끝은 편평한 것이어야 함 • 전기작업 시에는 절연된 손잡이(자루)를 사용할 것 • 날 끝이 홈의 폭과 길이에 맞는 것을 사용할 것 • 자루가 쪼개졌거나 허술한 드라이버는 사용하지 않음 • 날 끝이 수평이어야 하며, 둥글거나 이가 빠진 것은 사용하지 않음 • 드라이버의 끝을 항상 양호하게 관리하여야 함

(6) 지게차의 대표적 방호장치

① 헤드가드

지게차 운적석 상부에 있는 지붕을 말하며 상부에서 낙하물이 떨어지더라도 충분히 견딜 수 있도록 견고하여야 한다.

상부틀의 각 개구의 폭 또는 길이가 16cm 미만일 것이며 높이는 좌식은 0.903m, 입식은 1.88cm 이상일 것을 요구하고 있다.

② 백레스트

포크 적재 화물이 마스트 뒤쪽으로 떨어지는 것을 방지해 주는 장치이며, 최대하중을 적재한 상태에서 마스트가 뒤쪽으로 기울더라도 파손되거나 변형되지 않아야 한다.

③ 전조등

한 개의 등은 1만 5천 칸델라 이상 11만 2천 5백 칸델라 이하의 광도를 지녀야 하며 좌우에

1개씩 설치한다.

④ 후미등

지게차 뒷면 양쪽에 설치하고 등광색은 적색으로 하며 지게차 중심선에 대하여 좌우대칭이 되도록 설치한다.

2 화재안전

(1) 화재의 분류 및 소화 방법★

분류	의미	소화방법
A급 화재 (일반화재)	목재, 종이 등 재를 남기는 일반 가연물 화재	포말소화기 사용
B급 화재 (유류화재)	가연성 액체, 유류 등 연소 후에 재가 거의 없는 화재(유류화재)	• 분말소화기 사용 • 모래를 뿌린다. • ABC소화기 사용
C급 화재 (전기화재)	통전 중인 전기기기 등에서 발생한 전기화재	이산화탄소소화기 사용
D급 화재 (금속화재)	마그네슘, 티타늄, 나트륨 등 가연성 금속화재	건조사를 이용한 질식효과로 소화

(2) 소화 방법

① 가연물질을 제거한다.
② 화재가 일어나면 화재 경보를 한다.
③ 배선 부근에 물을 뿌릴 때에는 전기가 통하는지 여부를 확인 후에 한다.
④ 가스밸브를 잠그고 전기스위치 끈다.
⑤ 산소의 공급을 차단한다.
⑥ 점화원을 발화점 이하 온도로 낮춘다.

03 기계·기기·공구 및 화재의 안전

01 기계운전 및 작업 시 안전사항으로 맞는 것은?

① 작업의 속도를 높이기 위해 레버 조작을 빨리 한다.
② 장비의 무게는 무시해도 된다.
③ 작업도구나 적재물이 장애물에 걸려도 동력에 무리가 없으므로 그냥 작업한다.
④ 장비 승·하차 시에는 장비에 장착된 손잡이 및 발판을 사용한다.

02 공장안에서 중량물을 이동하려고 할 때 가장 좋은 방법은?

① 여러 사람이 협동해서 옮긴다.
② 로프를 묶고 살며시 잡아당긴다.
③ 지렛대를 이용한다.
④ 호이스트나 체인 블록을 사용한다.

03 물건을 여러 사람이 공동으로 운반하는 경우에 지켜야 할 안전사항과 거리가 먼 것은?

① 한 사람에 의해서 지시와 명령이 이루어져야 한다.
② 한 손으로는 물건을 받치도록 한다.
③ 뒤쪽에 있는 사람에게 부하가 적게 걸리도록 한다.
④ 긴 물건은 같은 쪽의 어깨에 올려서 운반한다.

해설 운반에 참여하는 모든 사람에게 동등한 부하가 걸리게 함으로써 힘의 균형을 유지하며 이동해야 한다.

04 재해 발생이 가장 빈번하게 일어나는 동력전달장치는?

① 기어   ② 차축
③ 벨트   ④ 커플링

05 사용한 공구를 정비 보관할 때 가장 옳은 것은?

① 사용 시 기름이 묻은 공구는 물로 깨끗이 씻어서 보관한다.
② 사용한 공구는 면 걸레로 깨끗이 닦아서 공구상자 또는 공구보관으로 지정된 곳에 보관한다.
③ 사용한 공구는 종류별로 묶어서 보관한다.
④ 사용한 공구는 녹슬지 않게 기름칠을 잘해서 작업대 위에 진열해 놓는다.

해설 공구는 대부분 쇠붙이로 만들기 때문에 습기를 피해야 한다. 습기에 의해 녹이 슨 공구는 안전사고의 원인이 될 수 있다.

06 스패너 및 렌치 사용 시 유의사항이 아닌 것은?

① 스패너의 입이 너트 폭과 잘 맞는 것을 사용한다.
② 스패너를 너트에 단단히 끼워서 앞으로 당겨 사용한다.
③ 멍키 렌치는 웜과 랙의 마모 상태를 확인한다.
④ 멍키 렌치는 위턱 방향으로 돌려서 사용한다.

해설 멍키 렌치는 반드시 아래턱 방향으로 회전시켜 사용한다.

정답 01.④ 02.④ 03.③ 04.③ 05.② 06.④

07 해머 작업 시 안전수칙 설명으로 틀린 것은?

① 열처리된 재료는 해머로 때리지 않도록 주의한다.
② 녹이 있는 재료를 작업할 때는 보호안경을 착용하여야 한다.
③ 자루가 불안정한 것(쐐기가 없는 것 등)은 사용하지 않는다.
④ 손에 장갑을 끼고 한다.

해설 해머를 사용할 때는 손에 장갑을 끼지 않는다.

08 일반 수공구 사용 시 주의사항으로 틀린 것은?

① 용도 이외에는 사용하지 않는다.
② 사용 후에는 정해진 장소에 보관한다.
③ 수공구는 손에 잘 잡고 떨어지지 않게 작업한다.
④ 볼트 및 너트의 조임에 파이프 렌치를 사용한다.

해설 파이프 렌치는 파이프 배관 작업 시 연결구를 돌려 빼거나 결속시키는 도구로 육각의 볼트나 너트를 조이는 데에는 부적합한 도구이다.

09 해머 사용 중 사용법이 틀린 것은?

① 타격면이 마모되어 경사진 것은 사용하지 않는다.
② 담금질한 것은 단단하므로 한 번에 정확하게 강타한다.
③ 기름 묻은 손으로 자루를 잡지 않는다.
④ 물건에 해머를 대고 몸의 위치를 정한다.

해설 주위 상황을 살펴 안전을 확인한 후 목적물을 한두 번 가볍게 친 다음 본격적으로 두드린다. 처음부터 크게 휘두르지 말고 목적물에 잘 맞기 시작한 후부터 차차 힘차게 두드린다.

10 정 작업 시 주의사항이 아닌 것은?

① 담금질된 철은 정 작업을 하지 않는다.
② 금속 표면에 기름이 있어도 정 작업을 하는 데 지장이 없다.
③ 정의 머리는 항상 잘 다듬어져 있어야 한다.
④ 작업복 및 보호안경을 착용한다.

해설 금속 표면에 기름이 있으면 닦고 정 작업을 해야 한다.

11 각종 기계장치 및 동력전달장치 계통에서의 안전수칙 중 틀린 것은?

① 벨트를 빨리 걸기 위해서 회전하는 풀리에 걸어서는 안 된다.
② 기어가 회전하고 있는 곳은 커버를 잘 덮어서 위험을 방지한다.
③ 천천히 회전하고 있을 때 벨트를 손으로 잡고 풀리에 걸어야 한다.
④ 동력 전단기를 사용할 때는 안전방호장치를 장착하고 작업을 수행하여야 한다.

해설 벨트를 풀리에 걸 때에는 완전히 정지시킨 후에 걸어야 한다.

12 벨트를 풀리에 걸 때 가장 올바른 방법은?

① 회전을 정지시킨 때
② 저속으로 회전할 때
③ 중속으로 회전할 때
④ 고속으로 회전할 때

정답 07.④ 08.④ 09.② 10.② 11.③ 12.①

13 벨트 취급에 대한 안전사항 중 틀린 것은?

① 벨트 교환 시 회전을 완전히 멈춘 상태에서 한다.
② 벨트의 회전을 정지시킬 때 손으로 잡는다.
③ 벨트에는 적당한 장력을 유지하도록 한다.
④ 고무벨트에는 기름이 묻지 않도록 한다.

해설 벨트의 회전을 정지할 때 손을 사용하는 것은 매우 위험한 일로서 벨트의 마찰에 의한 화상이나 벨트 가드에 손이 끼게 되어 상해를 입을 수 있다.

14 사고로 인한 재해가 가장 많이 발생할 수 있는 것은?

① 캠 ② 벨트, 풀리
③ 기관 ④ 래크

해설 풀리에 걸려 있는 벨트는 진동·작동하고 고무 재질로 되어 있으며 노출되어 있기 때문에 작업자의 소매나 옷의 일부, 장갑 등에 의해 끌려 들어가는 안전사고가 빈번히 일어나고 있다.

15 수공구 중 드라이버의 사용상 안전하지 않은 것은?

① 날 끝이 수평이어야 한다.
② 전기 작업 시 절연된 자루를 사용한다.
③ 날 끝이 홈의 폭과 길이가 같은 것을 사용한다.
④ 전기 작업 시 금속 부분이 자루 밖으로 나와 있어야 한다.

해설 전기 작업을 할 때는 절연손잡이로 된 드라이버를 사용한다.

16 가스용접의 안전작업으로 적합하지 않은 것은?

① 산소 누설 시험은 비눗물을 사용한다.
② 토치 끝으로 용접물의 위치를 바꾸거나 재를 제거하면 안 된다.
③ 토치에 점화할 때 성냥불과 담뱃불로 사용하여도 된다.
④ 산소 봄베와 아세틸렌 봄베 가까이에서 불꽃 조정을 피한다.

해설 가스용접 시 토치에 점화할 때는 전용 점화기를 사용해야 안전하다.

17 가스장치의 누출 여부 및 위치를 정확하게 확인하는 방법으로 맞는 것은?

① 분말소화기 사용 ② 소리로 감지
③ 비눗물 사용 ④ 냄새로 감지

해설 비눗물을 가스 누설 위험 부위에 칠하면 거품이 발생한다. 이 방법은 가스 누설을 가장 정확하게 알아낼 수 있는 방법이다.

18 기계 및 기계장치를 불안전하게 취급할 때 사고가 발생하는 원인으로 틀린 것은?

① 안전장치 및 보호장치가 잘 되어 있지 않을 때
② 적합한 공구를 사용하지 않을 때
③ 정리 정돈 및 조명장치가 잘 되어 있지 않을 때
④ 기계 및 기계장치가 너무 넓은 장소에 설치되어 있을 때

해설 장소가 좁은 공간에 기계장치를 설치할 경우 작업자의 이동공간이나 동작공간이 좁아져서 사고가 발생할 확률이 높아진다.

정답 13.② 14.② 15.④ 16.③ 17.③ 18.④

19 안전하게 공구를 취급하는 방법으로 적합하지 않은 것은?

① 공구를 사용한 후 제자리에 정리하여 둔다.
② 끝부분이 예리한 공구 등을 주머니에 넣고 작업을 하여서는 안 된다.
③ 공구를 사용하기 전에 손잡이에 묻은 기름 등은 닦아내야 한다.
④ 숙달이 되면 옆 작업자에게 공구를 던져서 전달하여 작업능률을 올리는 것이 좋다.

해설 공구는 확실히 손에서 손으로 전해야 한다.

20 방호장치의 일반원칙으로 옳지 않은 것은?

① 작업점의 방호
② 작업방해의 제거
③ 외관상의 안전화
④ 기계 특성에의 부적합성

해설 방호장치의 일반원칙 : 작업방해의 제거, 작업점의 방호, 외관상의 안전화, 기계 특성에의 적합성

21 안전장치 선정 시의 고려사항에 해당되지 않는 것은?

① 위험 부분에는 안전방호장치가 설치되어 있을 것
② 강도나 기능면에서 신뢰도가 클 것
③ 작업하기에 불편하지 않은 구조일 것
④ 안전장치 기능 제거를 용이하게 할 것

해설 안전장치는 사람의 생명과 직결되어 있는 장치이기에 강도나 기능면에서 신뢰도를 줄 수 있어야 하며 쉽게 그 기능을 제거하도록 두어서는 안 된다.

22 드릴 작업 시 주의사항으로 틀린 것은?

① 칩을 털어낼 때는 칩털이를 사용한다.
② 작업이 끝나면 드릴을 척에서 빼놓는다.
③ 드릴이 움직일 때는 칩을 손으로 치운다.
④ 재료는 힘껏 조이든가 정지구로 고정한다.

해설 드릴이 움직일 때 함부로 칩을 손으로 치울 경우 안전사고를 당할 수 있다.

23 연삭기 사용 작업 시 발생할 수 있는 사고와 가장 거리가 먼 것은?

① 회전하는 연삭숫돌의 파손
② 비산하는 입자
③ 작업자 발의 협착
④ 작업자의 손이 말려들어감

해설 연삭기는 회전하는 숫돌이 파손되어 날아가거나 연삭된 입자들이 비산될 수 있고 작업자의 손이 말려들어가는 사고가 날 수 있다.

24 볼트 등을 조일 때 조이는 힘을 측정하기 위하여 쓰는 렌치는?

① 복스렌치　　② 오픈엔드렌치
③ 소켓렌치　　④ 토크렌치

해설 토크렌치는 볼트를 조이는 데 있어서 규정 토크를 준수할 수 있도록 해 주는 공구이다. 규정 토크를 미리 맞춘 후 렌치를 사용하게 되며 규정 토크 이상으로 올라가기 직전에 조임을 그만두는 방법으로 사용한다.

25 연삭기에서 연삭 칩의 비산을 막기 위한 안전 방호장치는?

① 안전 덮개
② 광전식 안전 방호장치
③ 급정지 장치
④ 양수 조작식 방호장치

해설 연삭기에 부착해야 하는 안전 방호장치는 안전 덮개이다.

정답　19.④　20.④　21.④　22.③　23.③　24.④　25.①

대단원 스피드 확인문제

제1편 안전관리

		정답
01	산업안전의 3요소는 관리적 요소, 기술적 요소, _____를 말한다.	교육적 요소
02	재해예방 4원칙은 예방 가능의 원칙, 원인 계기의 원칙, 대책 선정의 원칙, _____을 말한다.	손실 우연의 원칙
03	사고의 직접적인 원인 두 가지?	불안전한 행동, 불안정한 상태
04	부상으로 8일 이상의 노동 상실을 가져온 상해 정도를 무엇이라 하는가?	중경상
05	추락에 의한 위험을 방지하기 위해 로프, 고리, 급정지 기구와 근로자의 몸에 묶는 띠 및 그 부속품을 지칭하는 용어?	안전대
06	분진이 많은 작업장에서 사용하는 마스크는?	방진 마스크
07	유해 광선으로부터 눈을 보호하고 용접 시 불꽃 또는 날카로운 물체에 의한 위험으로부터 안면을 보호하는 보호구는?	보안면
08	지게차의 수리 및 점검 시 포크의 급강하를 예방하기 위해 사용하는 안전장치는?	포크 받침대
09	지게차 운전석 상부에 있는 지붕을 말하며 상부에서 낙하물이 떨어질 때 운전자를 보호하기 위해 설치된 방호장치는?	헤드가드
10	포크 적재 화물이 마스트 뒤쪽으로 떨어지는 것을 방지해 주는 장치는?	백레스트

대단원 스피드 확인문제

11 적색원형으로 만들어지는 안전표지판은? _____   　　정답: 금지표지

12 안전표시 중 안내표지의 바탕색은? _____   　　녹색

13 지게차를 안전하게 사용하기 위한 방법을 수록하여 사용자에게 주요 기능을 안내하는 책자는? _____   　　장비사용설명서

14 화물 적재상태에서 경사면을 내려갈 때 주행 방법은? _____   　　후진주행

15 산업재해의 분류에서 사람이 평면상으로 넘어졌을 때 무엇이라 하는가? _____   　　전도

16 유해 광선이 있는 작업장의 보호구로 가장 적절한 것은? _____   　　보안경

17 세척작업 중 알칼리 또는 산성 세척유가 눈에 들어갔을 경우의 응급조치는? _____   　　먼저 수돗물로 씻어낸다.

18 드릴 작업이나 해머 작업 등을 할 때 착용을 금지하는 것은? _____   　　장갑

19 다른 물질이 타는 것을 도와주는 성질을 무엇이라고 하는가? _____   　　조연성

20 동력전달장치에서 가장 재해가 많이 발생하는 곳은? _____   　　벨트

제2편 도로주행

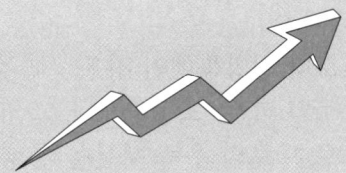

도로주행이란 도로교통법과 건설기계관리법규를 준수하여 안전하게 운전하는 것을 말한다.
※ 법령의 경우, 최근 개정된 사항은 개정 전후 내용을 알아두어야 합니다.

제1장 도로교통법
제2장 건설기계관리법

지게차 운전기능사

제1장 도로교통법

1 목적

도로에서 일어나는 교통상의 모든 위험과 장해를 방지하고 제거하여 안전하고 원활한 교통을 확보함을 목적으로 한다.

2 도로통행방법에 관한 사항

(1) 차량신호등의 종류 및 의미

① 원형등화

종류	신호의 의미
녹색의 등화	• 차마는 직진 또는 우회전 가능 • 비보호좌회전표지, 비보호좌회전표시가 있는 곳에서 좌회전 가능
황색의 등화	• 차마는 정지선이 있거나 횡단보도가 있을 때 직전, 교차로의 직전에 정지. 이미 교차로에 차마의 일부라도 진입한 경우 신속히 교차로 밖으로 진행 • 차마는 우회전하는 경우에는 보행자의 횡단을 방해하지 못함
적색의 등화	차마는 정지선, 횡단보도 및 교차로의 직전에서 정지해야 하고, 신호에 따라 진행하는 다른 차마의 교통을 방해하지 않고 우회전할 수 있음
황색등화의 점멸	차마는 다른 교통 또는 안전표지의 표시에 주의하면서 진행할 수 있음
적색등화의 점멸	차마는 정지선이나 횡단보도가 있을 때에는 그 직전이나 교차로의 직전에 일시정지한 후 다른 교통에 주의하면서 진행할 수 있음

② 화살표 등화

종류	신호의 의미
녹색 화살표의 등화	차마는 화살표시 방향으로 진행할 수 있음
황색 화살표의 등화	• 화살표시 방향으로 진행하려는 차마는 정지선이 있거나 횡단보도가 있을 때에는 그 직전이나 교차로의 직전에 정지하여야 함 • 이미 교차로에 차마의 일부라도 진입한 경우에는 신속히 교차로 밖으로 진행하여야 함
적색화살표 등화의 점멸	차마는 다른 교통 또는 안전표지의 표시에 주의하면서 화살표시 방향으로 진행할 수 있음

(2) 차마의 통행방법

① 차마의 통행

㉠ 보도와 차도가 구분된 도로
- 보도와 차도가 구분된 도로에서는 차도 통행
- 도로 외의 곳에 출입 시 보도를 횡단하는 경우 차마의 운전자는 보도를 횡단하기 직전에 일시정지하여 좌측과 우측 부분 등을 살핀 후 보행자의 통행을 방해하지 않도록 횡단
- 도로의 중앙 우측 부분 통행

㉡ 도로의 중앙이나 좌측 부분을 통행할 수 있는 경우
- 도로가 일방통행인 경우
- 도로의 파손, 도로공사나 그 밖의 장애 등으로 도로의 우측 부분을 통행할 수 없는 경우
- 도로 우측 부분의 폭이 6m가 되지 않는 도로에서 다른 차를 앞지르려는 경우

※ 예외 : 도로의 좌측 부분을 확인할 수 없는 경우, 반대 방향의 교통을 방해할 우려가 있는 경우, 안전표지 등으로 앞지르기를 금지하거나 제한하고 있는 경우

- 도로 우측 부분의 폭이 차마의 통행에 충분하지 않은 경우
- 가파른 비탈길의 구부러진 곳에서 교통의 위험을 방지하기 위해 시·도경찰청장이 필요하다고 인정하여 구간 및 통행방법을 지정하고 있는 경우에 그 지정에 따라 통행하는 경우

② 악천후 시의 감속 운행★

도로의 상태	감속운행속도
• 비가 내려 노면이 젖어 있는 경우 • 눈이 20mm 미만 쌓인 경우	최고속도 20/100 감속

제1장 도로교통법

	최고속도
• 폭우, 폭설, 안개 등으로 가시거리가 100m 이내인 경우 • 노면이 얼어붙은 경우 • 눈이 20mm 이상 쌓인 경우	50/100 감속

③ **차로에 따른 통행차의 기준** : 모든 차는 다음의 표에서 지정된 차로보다 오른쪽에 있는 차로로 통행할 수 있다.

㉠ 고속도로 외의 도로

차로 구분	통행할 수 있는 차종
왼쪽 차로	승용자동차 및 경형·소형·중형 승합자동차
오른쪽 차로	대형승합·화물·특수자동차, 건설기계, 이륜자동차, 원동기장치자전거

㉡ 고속도로

도로	차로 구분	통행할 수 있는 차종
편도 2차로	1차로	• 앞지르기를 하려는 모든 자동차 • 도로상황으로 시속 80km 미만으로 통행할 수밖에 없는 경우에는 앞지르기를 하는 경우가 아니라도 통행할 수 있음
	2차로	모든 자동차
편도 3차로 이상	1차로	• 앞지르기를 하려는 승용자동차 및 앞지르기를 하려는 경형·소형·중형 승합자동차 • 도로 상황으로 시속 80km 미만으로 통행할 수밖에 없는 경우에는 앞지르기를 하는 경우가 아니라도 통행할 수 있음
	왼쪽 차로	승용자동차 및 경형·소형·중형 승합자동차
	오른쪽 차로	대형 승합·화물·특수자동차, 건설기계

📝 **참고**

왼쪽 차로와 오른쪽 차로

• 고속도로 외의 도로

왼쪽 차로	• 차로를 반으로 나눠 1차로에 가까운 부분의 차로 • 차로수가 홀수인 경우 가운데 차로 제외
오른쪽 차로	왼쪽 차로를 제외한 나머지 차로

• 고속도로

왼쪽 차로	• 1차로를 제외한 차로를 반으로 나눠 그중 1차로에 가까운 부분의 차로 • 1차로를 제외한 차로의 수가 홀수인 경우 그중 가운데 차로 제외
오른쪽 차로	1차로와 왼쪽 차로를 제외한 나머지 차로

④ **진로양보의 의무** : 모든 차(긴급자동차 제외)의 운전자는 뒤에서 따라오는 차보다 느린 속도로 가려는 경우에는 도로의 우측 가장자리로 피하여 진로를 양보(다만 통행 구분이 설치된 도로의 경우에는 그러하지 아니함)

⑤ **교통정리가 없는 교차로에서의 양보**

㉠ 교통정리를 하고 있지 않는 교차로에 들어가려고 하는 차의 운전자는 이미 교차로에 들어가 있는 다른 차가 있을 때에는 그 차에 진로양보

㉡ 교통정리를 하고 있지 않는 교차로에 들어가려고 하는 차의 운전자는 그 차가 통행하고 있는 도로의 폭보다 교차하는 도로의 폭이 넓은 경우에는 서행, 폭이 넓은 도로로부터 교차로에 들어가려고 하는 다른 차가 있을 때에는 그 차에 진로양보

㉢ 교통정리를 하고 있지 않는 교차로에 동시에 들어가려고 하는 차의 운전자는 우측도로의 차에 진로양보

㉣ 교통정리를 하고 있지 않는 교차로에서 좌회전하려고 하는 차의 운전자는 그 교차로에서 직진하거나 우회전하려는 다른 차가 있을 때에는 그 차에 진로양보

⑥ **횡단금지 및 안전거리 확보**

횡단 금지	• 보행자나 다른 차마의 정상적인 통행을 방해할 우려가 있는 경우 차마를 운전하여 도로를 횡단하거나 유턴 또는 후진하면 안 됨 • 시·도경찰청장은 도로에서의 위험을 방지하고 교통의 안전과 원활한 소통을 확보하기 위해 특히 필요하다고 인정하는 경우에는 도로의 구간을 지정하여 차마의 횡단이나 유턴 또는 후진을 금지할 수 있음 • 길가의 건물이나 주차장 등에서 도로에 들어갈 때에는 일단 정지한 후에 안전한지 확인하면서 서행
안전 거리 확보	• 같은 방향으로 가고 있는 앞차의 뒤를 따르는 경우에는 앞차가 갑자기 정지하게 되는 경우 그 앞차와의 충돌을 피할 수 있는 필요한 거리 확보 • 차의 진로를 변경하려는 경우에 그 변경하려는 방향으로 오고 있는 다른 차의 정상적인 통행에 장애를 줄 우려가 있을 때에는 진로를 변경하면 안 됨 • 위험방지를 위한 경우와 그 밖의 부득이한 경우가 아니면 운전하는 차를 갑자기 정지시키거나 속도를 줄이는 등의 급제동을 하면 안 됨

⑦ 앞지르기 및 끼어들기★

㉠ 앞지르기

방법	• 다른 차를 앞지르려면 앞차의 좌측으로 통행 • 앞지르려고 하는 모든 차의 운전자는 반대방향의 교통과 앞차 앞쪽의 교통에도 주의를 충분히 기울여야 하며, 앞차의 속도·진로와 그 밖의 도로 상황에 따라 방향지시기·등화 또는 경음기를 사용하는 등 안전한 속도와 방법으로 앞지르기 해야 함 • 앞지르기를 하는 차가 있을 때에는 속도를 높여 경쟁하거나 그 차의 앞을 가로막는 등의 방법으로 앞지르기를 방해하면 안 됨
금지 시기	• 앞차의 좌측에 다른 차가 앞차와 나란히 가고 있는 경우 • 앞차가 다른 차를 앞지르고 있거나 앞지르려고 하는 경우 • 도로교통법이나 도로교통법에 따른 명령에 따라 정지하거나 서행하고 있는 차 • 경찰공무원의 지시에 따라 정지하거나 서행하고 있는 차 • 위험을 방지하기 위하여 정지하거나 서행하고 있는 차
금지 장소	• 교차로 • 터널 안 • 다리 위 • 도로의 구부러진 곳, 비탈길의 고갯마루 부근 또는 가파른 비탈길의 내리막 등 시·도경찰청장이 안전표지로 지정한 곳

㉡ 끼어들기 금지 : 도로교통법이나 도로교통법에 따른 명령 또는 경찰공무원의 지시에 따르거나 위험방지를 위해 정지 또는 서행하고 있는 다른 차 앞으로 끼어들지 못함

⑧ 철길건널목 및 교차로★

철길 건널목의 통과	• 건널목 앞에서 일시정지하여 안전한지 확인한 후에 통과(단, 신호기 등이 표시하는 신호에 따르는 경우에는 정지하지 않고 통과 가능) • 건널목의 차단기가 내려져 있거나 내려지려고 하는 경우 또는 건널목의 경보기가 울리고 있는 동안에는 그 건널목으로 들어가서는 안 됨 • 건널목을 통과하다가 고장 등의 사유로 건널목 안에서 차를 운행할 수 없게 된 경우에는 즉시 승객을 대피시키고 비상신호기 등을 사용하거나 그 밖의 방법으로 철도공무원이나 경찰공무원에게 그 사실을 알려야 함
교차로 통행 방법	• 교차로에서 우회전 : 미리 도로의 우측 가장자리를 서행하면서 우회전 • 교차로에서 좌회전 : 미리 도로의 중앙선을 따라 서행하면서 교차로의 중심 안쪽을 이용하여 좌회전(단, 시·도경찰청장이 교차로의 상황에 따라 특히 필요하다고 인정하여 지정한 곳에서는 교차로의 중심 바깥쪽 통과 가능)
교차로 통행 방법	• 우회전 또는 좌회전을 하기 위해 손이나 방향지시기 또는 등화로써 신호를 하는 차가 있는 경우에 그 뒤차의 운전자는 신호를 한 앞차의 진행을 방해하면 안 됨 • 신호기로 교통정리를 하고 있는 교차로에 들어가려는 경우에는 진행하려는 진로의 앞쪽에 있는 차의 상황에 따라 교차로(정지선이 설치되어 있는 경우에는 그 정지선을 넘은 부분)에 정지하게 되어 다른 차의 통행에 방해가 될 우려가 있는 경우에는 그 교차로에 들어가서는 안 됨 • 교통정리를 하고 있지 않고 일시정지나 양보를 표시하는 안전표지가 설치되어 있는 교차로에 들어가려고 할 때에는 다른 차의 진행을 방해하지 않도록 일시정지하거나 양보하여야 함

⑨ 서행 또는 일시정지할 장소★

서행할 장소	• 도로가 구부러진 부근 • 교통정리를 하고 있지 않는 교차로 • 비탈길의 고갯마루 부근 • 가파른 비탈길의 내리막 • 시·도경찰청장이 안전표지로 지정한 곳
일시 정지할 장소	• 교통정리를 하고 있지 않고 좌우를 확인할 수 없거나 교통이 빈번한 교차로 • 시·도경찰청장이 안전표지로 지정한 곳

⑩ 정차 및 주차금지★

㉠ 정차 및 주차금지 장소

- 교차로·횡단보도·건널목이나 보도와 차도가 구분된 도로의 보도
- 교차로의 가장자리나 도로의 모퉁이로부터 5m 이내인 곳
- 안전지대가 설치된 도로에서는 그 안전지대 사방으로부터 각각 10m 이내인 곳
- 버스여객자동차의 정류지임을 표시하는 기둥이나 표지판 또는 선이 설치된 곳으로부터 10m 이내인 곳(단, 버스여객자동차의 운전자가 그 버스여객자동차의 운행시간 중에 운행노선에 따르는 정류장에서 승객을 태우거나 내리기 위해 차를 정차하거나 주차하는 경우 제외)
- 건널목의 가장자리 또는 횡단보도로부터 10m 이내인 곳
- 소방용수시설 또는 비상소화장치가 설치된 곳으로부터 5m 이내인 곳
- 소방시설로서 대통령령으로 정하는 시설이 설치된 곳으로부터 5m 이내인 곳
- 시·도경찰청장이 도로에서의 위험을 방

제1장 도로교통법

지하고 교통의 안전과 원활한 소통을 확보하기 위해 필요하다고 인정, 지정한 곳
- 시장 등이 지정한 어린이 보호구역

ⓒ 주차금지의 장소
- 터널 안 및 다리 위
- 도로공사를 하고 있는 경우에는 그 공사 구역의 양쪽 가장자리로부터 5m 이내인 곳
- 다중이용업소의 영업장이 속한 건축물로 소방본부장의 요청에 의하여 시·도경찰청장이 지정한 곳으로부터 5m 이내인 곳
- 시·도경찰청장이 도로에서의 위험을 방지하고 교통의 안전과 원활한 소통을 확보하기 위해 필요하다고 인정하여 지정한 곳

⑪ 차의 등화
ⓐ 전조등·차폭등·미등과 그밖의 등화를 켜야 하는 경우
- 밤에 도로에서 차를 운행하거나 고장이나 그 밖의 부득이한 사유로 도로에서 차를 정차 또는 주차하는 경우
- 안개가 끼거나 비 또는 눈이 올 때에 도로에서 차를 운행하거나 고장이나 그 밖의 부득이한 사유로 도로에서 차를 정차 또는 주차하는 경우

ⓑ 밤에 차가 서로 마주보고 진행하거나 앞차의 바로 뒤를 따라가는 경우에는 등화의 밝기를 줄이거나 잠시 등화를 끄는 등의 필요한 조작을 할 것

⑫ 승차 또는 적재의 방법과 제한
ⓐ 승차인원, 적재중량 및 적재용량에 관하여 운행상의 안전기준을 넘어서 승차시키거나 적재한 상태로 운전하여서는 안 됨(다만 출발지를 관할하는 경찰서장의 허가를 받은 경우에는 예외)
ⓑ 시·도경찰청장은 도로에서의 위험을 방지하고 교통의 안전과 원활한 소통을 확보하기 위하여 필요하다고 인정하는 경우에는 차의 운전자에 대하여 승차인원, 적재중량 또는 적재용량을 제한할 수 있음

ⓒ 안전기준을 넘는 화물의 적재허가를 받은 사람은 그 길이 또는 폭의 양 끝에 너비 30cm, 길이 50cm 이상의 빨간 헝겊으로 된 표지를 달아야 함(단, 밤에 운행하는 경우에는 반사체로 된 표지)

📝 참고

교통사고처리특례법상 12개 항목
- 신호·지시위반
- 중앙선 침범
- 속도위반(20km/h 초과)
- 앞지르기 방법 위반
- 철길건널목 통과방법 위반
- 보행자 보호의무 위반(횡단보도사고)
- 무면허운전
- 주취운전·약물복용 운전(음주운전)
- 보도침범·보도횡단방법 위반
- 승객추락방지의무 위반
- 어린이보호구역 내 안전운전의무 위반
- 화물고정조치 위반

(경찰청 배포 포스터)

01 도로교통법

01 도로교통법상 건설기계를 운전하여 도로를 주행할 때 서행에 대한 정의로 옳은 것은?

① 운전자가 차를 즉시 정지시킬 수 있는 느린 속도로 진행하는 것을 말한다.
② 매시 60km 미만의 속도로 주행하는 것을 말한다.
③ 정지거리 2m 이내에서 정지할 수 있는 경우를 말한다.
④ 매시 20km 이내로 주행하는 것을 말한다.

02 출발지 관할경찰서장이 안전기준을 초과하여 운행할 수 있도록 허가하는 사항에 해당하지 않는 것은?

① 적재중량   ② 운행속도
③ 승차인원   ④ 적재용량

해설 모든 차의 운전자는 승차인원, 적재중량 및 적재용량에 관하여 대통령령으로 정하는 운행상의 안전기준을 넘어서 승차시키거나 적재한 상태로 운전하여서는 아니 된다

03 도로교통법상 차마의 통행을 구분하기 위한 중앙선에 대한 설명으로 옳은 것은?

① 백색 실선 또는 황색 점선으로 되어 있다.
② 백색 실선 또는 백색 점선으로 되어 있다.
③ 황색 실선 또는 황색 점선으로 되어 있다.
④ 황색 실선 또는 백색 점선으로 되어 있다.

해설 중앙선이란 차마의 통행 방향을 명확하게 구분하기 위하여 도로에 황색 실선이나 황색 점선 등의 안전표지로 표시한 선 또는 중앙분리대나 울타리 등으로 설치한 시설물을 말한다. 다만, 가변차로가 설치된 경우에는 신호기가 지시하는 진행방향의 가장 왼쪽에 있는 황색 점선을 말한다.

04 다음 교통안전표지에 대한 설명으로 맞는 것은?

① 최고 중량 제한표지
② 최고시속 30km 속도 제한표지
③ 최저시속 30km 속도 제한표지
④ 차간거리 최저 30m 제한표지

해설 표지판에 표시한 속도로 자동차 등의 최저속도를 지정하는 최저속도 제한표지이다.

05 교차로 또는 그 부근에서 긴급자동차가 접근하였을 때 피양방법으로써 옳은 것은?

① 교차로의 우측단에 일시정지하여 진로를 피양한다.
② 교차로를 피하여 일시정지한다.
③ 서행하면서 앞지르기를 하라는 신호를 한다.
④ 그대로 진행방향으로 진행을 계속한다.

06 자동차전용 편도 4차로 도로에서 굴착기와 지게차의 주행차로는?

① 1차로   ② 2차로
③ 1차로, 3차로 ④ 3차로, 4차로

07 도로교통법상 가장 우선하는 신호는?

① 신호기의 신호
② 경찰공무원의 수신호
③ 운전자의 수신호
④ 안전표지의 지시

정답 01.① 02.② 03.③ 04.③ 05.② 06.④ 07.②

08 정지선이나 횡단보도 및 교차로 직전에서 정지하여야 할 신호는?

① 녹색 및 적색등화
② 적색 및 황색등화의 점멸
③ 녹색 및 황색등화
④ 황색 및 적색등화

황색의 등화	차마는 정지선이 있거나 횡단보도가 있을 때에는 그 직전이나 교차로의 직전에 정지하여야 한다.
적색의 등화	차마는 정지선, 횡단보도 및 교차로의 직전에서 정지하여야 한다.

09 좌회전을 하기 위하여 교차로에 진입되어 있을 때 황색등화로 바뀌면 어떻게 하여야 하는가?

① 그 자리에 정지한다.
② 정지하여 정지선으로 후진한다.
③ 좌회전을 중단하고 되돌아와야 한다.
④ 신속히 좌회전하여 교차로 밖으로 진행한다.

해설 황색의 등화 : 이미 교차로에 차마의 일부라도 진입한 경우에는 신속히 교차로 밖으로 진행하여야 한다.

10 주·정차를 할 수 있는 곳은?

① 도로의 우측 가장자리
② 도로의 모퉁이
③ 교차로의 가장자리
④ 횡단보도 옆

해설 교차로의 가장자리나 도로의 모퉁이로부터 5m 이내인 곳, 횡단보도는 주·정차 금지구역이다.

11 앞지르기 금지장소가 아닌 것은?

① 교차로, 도로의 구부러진 곳
② 버스 정류장 부근, 주차금지 구역
③ 터널 안, 앞지르기 금지표지 설치장소
④ 경사로의 정상 부근, 급경사로의 내리막

해설 앞지르기 금지장소
• 교차로, 터널 안, 다리 위
• 도로의 구부러진 곳, 비탈길의 고갯마루 부근 또는 가파른 비탈길의 내리막 등 시·도경찰청장이 도로에서의 위험을 방지하고 교통의 안전과 원활한 소통을 확보하기 위하여 필요하다고 인정하는 곳으로서 안전표지로 지정한 곳

12 교차로의 가장자리 또는 도로의 모퉁이로부터 관련법상 몇 m 이내의 장소에 주차 및 정차를 해서는 안 되는가?

① 4m ② 5m
③ 6m ④ 10m

해설 교차로의 가장자리나 도로의 모퉁이로부터 5m 이내인 곳에서는 차를 정차하거나 주차하여서는 아니 된다.

13 차량이 고속도로가 아닌 도로에서 방향을 바꾸고자 할 때에는 반드시 진행방향을 바꾼다는 신호를 하여야 한다. 그 신호는 진행방향을 바꾸고자 하는 지점에 이르기 전 몇 m의 지점에서 해야 하는가?

① 10m 이상의 지점에 이르렀을 때
② 30m 이상의 지점에 이르렀을 때
③ 50m 이상의 지점에 이르렀을 때
④ 100m 이상의 지점에 이르렀을 때

해설 모든 차의 운전자는 좌회전·우회전·횡단·유턴을 하거나 같은 방향으로 진행하면서 진로를 바꾸려고 하는 경우에는 그 행위를 하려는 지점에 이르기 전 30m 이상의 지점에 이르렀을 때, 서행·정지 또는 후진할 경우에는 그 행위를 하려는 때에 손이나 방향지시기 또는 등화로써 그 행위가 끝날 때까지 신호를 하여야 한다.

정답 08.④ 09.④ 10.① 11.② 12.② 13.②

14 앞지르기를 할 수 없는 경우에 해당되는 것은?

① 앞차의 좌측에 다른 차가 나란히 진행하고 있을 때
② 앞차가 우측으로 진로를 변경하고 있을 때
③ 앞차가 그 앞차와의 안전거리를 확보하고 있을 때
④ 앞차가 양보 신호를 할 때

해설 앞차의 좌측에 다른 차가 앞차와 나란히 가고 있는 경우에는 앞차를 앞지르지 못한다.

15 승차인원·적재중량에 관하여 안전기준을 넘어서 운행하고자 하는 경우 누구에게 허가를 받아야 하는가?

① 출발지를 관할하는 경찰서장
② 시·도지사
③ 절대 운행불가
④ 국토교통부장관

해설 출발지를 관할하는 경찰서장의 허가를 받은 경우에는 승차인원, 적재중량 및 적재용량에 관하여 대통령령으로 정하는 운행상의 안전기준을 넘어서 승차시키거나 적재한 상태로 운전하여도 된다.

16 노면이 얼어붙은 경우 또는 폭설로 가시거리가 100m 이내인 경우 최고속도의 얼마를 감속운행 하여야 하는가?

① 50/100
② 30/100
③ 40/100
④ 20/100

해설 폭우·폭설·안개 등으로 가시거리가 100m 이내인 경우, 노면이 얼어붙은 경우, 눈이 20mm 이상 쌓인 경우에는 최고속도 100분의 50을 줄인 속도로 운행하여야 한다.

17 도로교통법령에 따라 뒤차에게 앞지르기를 시키려는 때 적절한 신호방법은?

① 오른팔 또는 왼팔을 차체의 왼쪽 또는 오른쪽 밖으로 수평으로 펴서 손을 앞뒤로 흔들 것
② 팔을 차체의 밖으로 내어 45° 밑으로 펴서 손바닥을 뒤로 향하게 하여 그 팔을 앞뒤로 흔들거나 후진등을 켤 것
③ 팔을 차체의 밖으로 내어 45° 밑으로 펴거나 제동등을 켤 것
④ 양팔을 모두 차체의 밖으로 내어 크게 흔들 것

해설 뒤차에게 앞지르기를 시키려는 때 : 그 행위를 시키려는 때 오른팔 또는 왼팔을 차체의 왼쪽 또는 오른쪽 밖으로 수평으로 펴서 손을 앞뒤로 흔들 것

18 교차로 통행방법 중 틀린 것은?

① 교차로에서는 다른 차를 앞지르지 못한다.
② 교차로에서는 정차하지 못한다.
③ 좌·우회전 시에는 방향지시기 등으로 신호를 하여야 한다.
④ 교차로에서는 반드시 경음기를 울려야 한다.

19 최고속도의 100분의 20을 줄인 속도로 운행하여야 할 경우는?

① 노면이 얼어붙은 때
② 폭우, 폭설, 안개 등으로 가시거리가 100m 이내일 때
③ 눈이 20mm 이상 쌓인 때
④ 비가 내려 노면이 젖어 있을 때

해설 ①, ②, ③은 최고속도의 100분의 50을 줄인 속도로 운행하여야 하는 경우이다.

정답 14.① 15.① 16.① 17.① 18.④ 19.④

20 도로교통법상 3색 등화로 표시되는 신호등의 신호 순서로 맞는 것은?

① 녹색(적색 및 녹색 화살표)등화, 황색등화, 적색등화의 순서이다.
② 적색(적색 및 녹색 화살표)등화, 황색등화, 녹색등화의 순서이다.
③ 녹색(적색 및 녹색 화살표)등화, 적색등화, 황색등화의 순서이다.
④ 적색점멸등화, 황색등화, 녹색(적색 및 녹색 화살표)등화의 순서이다.

21 ★★★★★ 다음 중 도로교통법상 술에 취한 상태의 기준은?

① 혈중 알코올 농도가 0.03% 이상
② 혈중 알코올 농도가 0.08% 이상
③ 혈중 알코올 농도가 0.15% 이상
④ 혈중 알코올 농도가 0.2% 이상

22 ★★★★ 신호등이 없는 교차로에 좌회전하려는 버스와 그 교차로에 진입하여 직진하고 있는 건설기계가 있을 때 어느 차가 우선권이 있는가?

① 건설기계
② 그때의 형편에 따라서 우선순위가 정해짐
③ 사람이 많이 탄 차 우선
④ 좌회전 차가 우선

해설 교통정리를 하고 있지 아니하는 교차로에서 좌회전하려고 하는 차의 운전자는 그 교차로에서 직진하거나 우회전하려는 다른 차가 있을 때에는 그 차에 진로를 양보하여야 한다.

23 ★ 밤에 도로에서 차를 운행하는 경우 등의 등화로 틀린 것은?

① 견인되는 차 - 미등·차폭등 및 번호등
② 원동기장치자전거 - 전조등 및 미등
③ 자동차 - 자동차안전기준에서 정하는 전조등, 차폭등, 미등
④ 자동차 등 외의 모든 차 - 시·도경찰청장이 정하여 고시하는 등화

해설 밤에 도로에서 차를 운행하는 경우 등의 등화
• 자동차 : 자동차안전기준에서 정하는 전조등, 차폭등, 미등, 번호등과 실내조명등(실내조명등은 승합자동차와 여객자동차 운수사업법에 따른 여객자동차운송사업용 승용자동차만 해당)
• 원동기장치자전거 : 전조등 및 미등
• 견인되는 차 : 미등·차폭등 및 번호등
• 위의 규정 외의 차 : 시·도경찰청장이 정하여 고시하는 등화

24 차마가 주차장 등에서 나올 때 보도를 통과하는 경우 가장 올바른 통행방법은?

① 일시정지 후 안전을 확인하면서 통과한다.
② 경음기를 사용하면서 통과한다.
③ 서행하면서 진행한다.
④ 보행자가 있는 경우는 빨리 통과한다.

해설 차마의 운전자는 길가의 건물이나 주차장 등에서 도로에 들어갈 때에는 일단 정지한 후에 안전한지 확인하면서 서행하여야 한다.

25 교통사고로서 중상의 기준에 해당하는 것은?

① 2주 이상의 치료를 요하는 부상
② 1주 이상의 치료를 요하는 부상
③ 3주 이상의 치료를 요하는 부상
④ 4주 이상의 치료를 요하는 부상

해설 중상 : 3주 이상의 치료를 요하는 의사의 진단이 있는 사고

26 차마가 도로 이외의 장소에 출입하기 위하여 보도를 횡단하려고 할 때 가장 적절한 통행 방법은?

① 보행자가 없으면 서행한다.
② 보도 직전에서 일시정지하여 보행자의 통행을 방해하지 말아야 한다.
③ 보행자 유무에 구애받지 않는다.
④ 보행자가 있어도 차마가 우선 출입한다.

해설 차마의 운전자는 도로 외의 곳으로 출입할 때에는 보도를 횡단하기 직전에 일시정지하여 좌측과 우측 부분 등을 살핀 후 보행자의 통행을 방해하지 아니하도록 횡단하여야 한다.

27 다음 중 긴급자동차가 아닌 것은?

① 소방차
② 구급차
③ 그 밖에 대통령령으로 정하는 자동차
④ 긴급배달 우편물 운송차 뒤를 따라가는 자동차

해설 긴급자동차란 소방차, 구급차, 혈액 공급차량, 그 밖에 대통령령으로 정하는 자동차로서 그 본래의 긴급한 용도로 사용되고 있는 자동차를 말한다.

28 도로교통법상 모든 차의 운전자는 같은 방향으로 가고 있는 앞차가 갑자기 정지하게 되는 경우에 그 앞차와의 충돌을 피할 수 있는 필요한 거리를 확보하도록 되어 있는 거리는?

① 급제동 금지거리   ② 안전거리
③ 제동거리   ④ 진로양보 거리

해설 모든 차의 운전자는 같은 방향으로 가고 있는 앞차의 뒤를 따르는 경우에는 앞차가 갑자기 정지하게 되는 경우 그 앞차와의 충돌을 피할 수 있는 필요한 거리(안전거리)를 확보하여야 한다.

29 제1종 운전면허를 받을 수 없는 사람은?

① 양쪽 눈의 시력이 각각 0.5 이상인 사람
② 두 눈을 동시에 뜨고 잰 시력이 0.8 이상인 사람
③ 한쪽 눈을 보지 못하는 사람
④ 적색, 황색, 녹색의 색채 식별이 가능한 사람

해설 제1종 운전면허
두 눈을 동시에 뜨고 잰 시력이 0.8 이상이고 두 눈의 시력이 각각 0.5 이상일 것

30 도로교통법상 안전표지의 종류가 아닌 것은?

① 주의표지   ② 규제표지
③ 안심표지   ④ 보조표지

해설 교통안전표지는 주의표지, 규제표지, 지시표지, 보조표지, 노면표시로 되어 있다.

31 철길건널목 통과방법에 대한 설명으로 옳지 않은 것은?

① 철길건널목에서는 앞지르기를 하여서는 안 된다.
② 철길건널목 부근에서는 주·정차를 하여서는 안 된다.
③ 철길건널목에 일시정지표지가 없을 때에는 서행하면서 통과한다.
④ 철길건널목에서는 반드시 일시정지 후 안전함을 확인한 후에 통과한다.

해설 모든 차의 운전자는 철길건널목을 통과하려는 경우에는 건널목 앞에서 일시정지하여 안전한지 확인한 후에 통과하여야 한다. 다만, 신호기 등이 표시하는 신호에 따르는 경우에는 정지하지 아니하고 통과할 수 있다.

정답 26.② 27.④ 28.② 29.③ 30.③ 31.③

32 도로교통법상 주차금지의 장소로 틀린 것은?

① 터널 안 및 다리 위
② 화재경보기로부터 7m 이내인 곳
③ 도로공사를 하고 있는 경우 그 공사 구역의 양쪽 가장자리로부터 5미터 이내인 곳
④ 시·도경찰청장이 도로에서의 위험을 방지하고 인정하여 지정한 곳

해설 주차금지의 장소
- 터널 안 및 다리 위
- 도로공사를 하고 있는 경우에는 그 공사 구역의 양쪽 가장자리로부터 5m 이내인 곳
- 다중이용업소의 영업장이 속한 건축물로 소방본부장의 요청에 의하여 시·도경찰청장이 지정한 곳으로부터 5m 이내인 곳
- 시·도경찰청장이 도로에서의 위험을 방지하고 교통의 안전과 원활한 소통을 확보하기 위하여 필요하다고 인정하여 지정한 곳

33 승차 또는 적재의 방법과 제한에서 운행상의 안전기준을 넘어서 승차 및 적재가 가능한 경우는?

① 동·읍 면장의 허가를 받은 때
② 관할 시·군수의 허가를 받은 때
③ 출발지를 관할하는 경찰서장의 허가를 받은 때
④ 도착지를 관할하는 경찰서장의 허가를 받은 때

해설 모든 차의 운전자는 승차인원, 적재중량 및 적재용량에 관하여 대통령령으로 정하는 운행상의 안전기준을 넘어서 승차시키거나 적재한 상태로 운전하여서는 아니 된다. 다만, 출발지를 관할하는 경찰서장의 허가를 받은 경우에는 그러하지 아니하다.

34 야간에 자동차를 도로에 정차 또는 주차하였을 때 켜야 하는 등화로 가장 적절한 것은?

① 전조등을 켜야 한다.
② 방향지시등을 켜야 한다.
③ 실내등을 켜야 한다.
④ 미등 및 차폭등을 켜야 한다.

해설 차의 운전자가 도로에서 정차하거나 주차할 때 자동차안전기준에서 정하는 미등 및 차폭등을 켜야 한다.

35 다음 중 도로명판이 아닌 것은?

①
②
③
④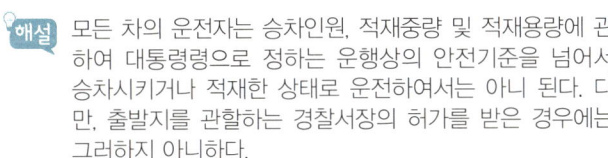

해설 ③은 일반용 건물번호판이다.

36 1년간 누산점수가 몇 점 이상이면 면허가 취소되는가?

① 271 ② 201
③ 121 ④ 190

해설 1회의 위반·사고로 인한 벌점 또는 연간 누산점수가 1년간 121점 이상, 2년간 201점 이상, 3년간 271점 이상에 도달한 때에는 그 운전면허를 취소한다.

37 횡단보도에서의 보행자 보호 의무 위반 시 받는 처분으로 옳은 것은?

① 면허취소 ② 즉심회부
③ 통고처분 ④ 형사입건

해설 횡단보도 보행자 횡단 방해(신호 또는 지시에 따라 도로를 횡단하는 보행자의 통행 방해를 포함) 시 통고처분을 받는다

제2장 건설기계관리법

1 목적 및 용어

(1) 목 적

건설기계의 등록·검사·형식승인 및 건설기계사업과 건설기계조종사 면허 등에 관한 사항을 정하여 건설기계를 효율적으로 관리하고 건설기계의 안전도를 확보하여 건설공사의 기계화를 촉진한다.

(2) 용 어 ★

건설기계		건설공사에 사용할 수 있는 기계
건설기계사업	건설기계대여업	건설기계의 대여를 업으로 하는 것
	건설기계정비업	건설기계를 분해·조립 또는 수리하고 그 부분품을 가공제작·교체하는 등 건설기계를 원활하게 사용하기 위한 모든 행위를 업으로 하는 것
	건설기계매매업	중고건설기계의 매매 또는 그 매매의 알선과 그에 따른 등록사항에 관한 변경신고의 대행을 업으로 하는 것
	건설기계해체재활용업	폐기 요청된 건설기계의 인수, 재사용 가능한 부품의 회수, 폐기 및 그 등록말소 신청의 대행을 업으로 하는 것
중고건설기계		건설기계를 제작·조립 또는 수입한 자로부터 법률행위 또는 법률의 규정에 따라 취득한 때부터 사실상 그 성능을 유지할 수 없을 때까지의 건설기계
건설기계형식		건설기계의 구조·규격 및 성능 등에 관해 일정하게 정한 것

2 건설기계 등록·등록번호

(1) 건설기계의 등록

등록의 신청	건설기계 소유자의 주소지 또는 건설기계의 사용본거지를 관할하는 특별시장·광역시장·특별자치시장·도지사 또는 특별자치도지사에게 제출
등록 시 첨부서류	• 건설기계의 출처를 증명하는 서류 : 건설기계제작증(국내에서 제작한 건설기계), 수입면장 등 수입사실을 증명하는 서류(수입한 건설기계), 매수증서(행정기관으로부터 매수한 건설기계) • 건설기계 소유자임을 증명하는 서류 • 건설기계제원표 • 보험 또는 공제 가입을 증명하는 서류
등록신청 기간	• 건설기계를 취득한 날부터 2월 이내 • 판매를 목적으로 수입된 건설기계 : 판매한 날부터 2월 이내 • 전시·사변 기타 이에 준하는 국가비상사태 : 5일 이내

(2) 미등록 건설기계의 사용 금지

임시운행 사유	기간
• 등록신청을 하기 위하여 건설기계를 등록지로 운행하는 경우 • 신규등록검사 및 확인검사를 받기 위하여 건설기계를 검사장소로 운행하는 경우 • 수출을 하기 위하여 건설기계를 선적지로 운행하는 경우 • 수출을 하기 위하여 등록말소한 건설기계를 점검·정비의 목적으로 운행하는 경우 • 판매 또는 전시를 위하여 건설기계를 일시적으로 운행하는 경우	15일 이내
신개발 건설기계를 시험·연구의 목적으로 운행하는 경우	3년 이내

(3) 등록사항의 변경신고 및 이전

변경신고자	• 건설기계의 소유자 또는 점유자 • 건설기계매매업자(매수인이 직접 변경신고하는 경우 제외)
변경신고기간	• 건설기계 등록사항에 변경이 있은 날부터 30일 이내(상속의 경우에는 상속개시일부터 6개월) • 전시·사변 기타 이에 준하는 국가비상사태 : 5일 이내
변경신고 시 첨부서류	변경내용을 증명하는 서류, 건설기계등록증, 건설기계검사증(건설기계등록증, 건설기계검사증은 자가용 건설기계 소유자의 주소지 또는 사용본거지가 변경된 경우는 제외)
변경 신고 및 서류 제출 기관	시·도지사
등록 이전	• 등록한 주소지 또는 사용본거지가 변경된 경우(시·도 간의 변경이 있는 경우에 한함) • 그 변경이 있는 날부터 30일 이내(상속의 경우에는 상속개시일부터 6개월) • 새로운 등록지를 관할하는 시·도지사에게 제출 • 첨부서류 : 건설기계 등록이전 신고서, 소유자의 주소 또는 건설기계의 사용본거지의 변경사실을 증명하는 서류, 건설기계등록증 및 건설기계검사증

(4) 등록말소 사유

구분	사유	기한
시·도지사의 직권으로 등록말소	• 거짓이나 그 밖의 부정한 방법으로 등록을 한 경우 • 정기검사 명령, 수시검사 명령 또는 정비 명령에 따르지 아니한 경우 • 내구연한을 초과한 건설기계(정밀진단을 받아 연장된 경우는 그 연장기간을 초과한 건설기계)	–
그 소유자의 신청이나 시·도지사의 직권으로 등록말소 할 수 있는 경우	건설기계를 폐기한 경우	
	• 건설기계가 천재지변 또는 이에 준하는 사고 등으로 사용할 수 없게 되거나 멸실된 경우 • 건설기계해체재활용업을 등록한 자에게 폐기를 요청한 경우 • 구조적 제작 결함 등으로 건설기계를 제작·판매자에게 반품한 경우 • 건설기계를 교육·연구 목적으로 사용하는 경우	사유가 발생한 날부터 30일 이내
	건설기계를 수출하는 경우	수출 전까지
	건설기계를 도난당한 경우	2개월 이내
	• 건설기계의 차대가 등록 시의 차대와 다른 경우 • 건설기계가 건설기계 안전기준에 적합하지 않게 된 경우 • 건설기계를 횡령 또는 편취당한 경우	–

(5) 등록의 표식 및 등록번호표

① 등록의 표식
  ㉠ 등록된 건설기계에는 등록번호표를 부착 및 봉인하고 등록번호를 새겨야 함
  ㉡ 건설기계 소유자는 등록번호표 또는 그 봉인이 떨어지거나 알아보기 어렵게 된 경우에는 시·도지사에게 등록번호표의 부착 및 봉인을 신청하여야 함

② 등록번호표의 색칠 및 등록번호 ★
  (2022.05.25.개정/2022.11.26.시행)

구분		색상	일련번호
비사업용	관용	흰색 바탕에 검은색 문자	0001~0999
	자가용		1000~5999
대여사업용		주황색 바탕에 검은색 문자	6000~9999

> 📝 **참고**
> 등록번호표에 표시되는 모든 문자 및 외각선은 1.5mm 튀어 나와야 한다.

제2장 건설기계관리법

③ 특별표지판 부착 대상 대형 건설기계 ★
  ㉠ 길이가 16.7m를 초과하는 건설기계
  ㉡ 너비가 2.5m를 초과하는 건설기계
  ㉢ 높이가 4.0m를 초과하는 건설기계
  ㉣ 최소 회전반경이 12m를 초과하는 건설기계
  ㉤ 총중량이 40톤을 초과하는 건설기계(굴착기, 로더 및 지게차는 운전중량이 40톤을 초과하는 경우)
  ㉥ 총중량 상태에서 축하중이 10톤을 초과하는 건설기계(굴착기, 로더 및 지게차는 운전중량 상태에서 축하중이 10톤을 초과하는 경우)

> 📝 **참고**
> **건설기계의 안전기준 용어**
> • 자체중량 : 연료, 냉각수 및 윤활유 등을 가득 채우고 휴대공구, 작업 용구 및 예비 타이어를 싣거나 부착하고, 즉시 작업할 수 있는 상태에 있는 건설기계의 중량
> • 최대 적재중량 : 적재가 허용되는 물질을 허용된 장소에 최대로 적재하였을 때 적재된 물질의 중량
> • 총중량 : 자체중량에 최대 적재중량과 조종사를 포함한 승차인원의 체중(1인당 65kg)을 합한 것

3 건설기계의 검사

(1) 검사의 종류 ★

신규등록 검사	건설기계를 신규로 등록할 때 실시하는 검사
구조변경 검사	건설기계의 주요 구조를 변경하거나 개조한 경우 실시하는 검사
정기검사	건설공사용 건설기계로서 3년의 범위에서 검사유효기간이 끝난 후에 계속하여 운행하려는 경우에 실시하는 검사와 운행차의 정기검사
수시검사	성능이 불량하거나 사고가 자주 발생하는 건설기계의 안전성 등을 점검하기 위해 수시로 실시하는 검사와 건설기계 소유자의 신청을 받아 실시하는 검사
검사의 명령	시·도지사는 정기검사, 수시검사, 정비의 명령을 함

(2) 검사의 연장·대행

검사연장	• 천재지변, 건설기계의 도난, 사고발생, 압류, 31일 이상에 걸친 정비 그 밖의 부득이한 사유로 검사신청기간 내에 검사를 신청할 수 없는 경우에는 그 기간을 연장할 수 있음 • 검사신청기간 만료일까지 검사연장신청서에 연장사유를 증명할 수 있는 서류를 첨부하여 시·도지사에게 제출하여야 함(검사대행자를 지정한 경우에는 검사대행자에게 제출함) • 검사를 연장하는 경우에는 그 연장기간을 6개월 이내로 함
검사대행	국토교통부장관은 건설기계의 검사에 관한 시설 및 기술능력을 갖춘 자를 지정하여 검사의 전부 또는 일부를 대행하게 할 수 있음

> 📝 참고

검사대행자 지정 취소 및 정지 사유, 정비 명령

지정 취소 및 사업 정지를 명할 수 있는 경우	• 국토교통부령으로 정하는 기준에 적합하지 아니하게 된 경우 • 검사대행자 또는 그 소속 기술인력이 준수사항을 위반한 경우 • 검사업무의 확인·점검을 위해 검사대행자에게 필요한 자료를 제출하지 않거나 거짓으로 제출한 경우 • 경영부실 등의 사유로 검사대행 업무를 계속하게 하는 것이 적합하지 않다고 인정될 경우 • 건설기계관리법을 위반하여 벌금 이상의 형을 선고받은 경우
지정 취소	• 거짓이나 그 밖의 부정한 방법으로 지정을 받은 경우 • 사업정지명령을 위반하여 사업정지기간 중에 검사를 한 경우
정비 명령	시·도지사는 검사에 불합격한 건설기계에 대해 31일 이내의 기간을 정하여 소유자에게 검사를 완료한 날(대행의 경우 검사결과를 보고받은 날)로부터 10일 이내에 정비 명령을 해야 함

> 📝 참고

정기검사 유효기간 ★

기종	연식	검사유효기간
타워크레인	–	6개월
• 굴착기(타이어식) • 기중기 • 아스팔트살포기 • 천공기 • 항타 및 항발기 • 터널용 고소작업차	–	1년

• 덤프트럭 • 콘크리트 믹서트럭 • 콘크리트펌프(트럭적재식) • 도로보수트럭(타이어식) • 트럭지게차(타이어식)	20년 이하	1년
	20년 초과	6개월
• 로더(타이어식) • 지게차(1톤 이상) • 모터그레이더 • 노면파쇄기(타이어식) • 노면측정장비(타이어식) • 수목이식기(타이어식)	20년 이하	2년
	20년 초과	1년
• 그 밖의 특수건설기계 • 그 밖의 건설기계	20년 이하	3년
	20년 초과	1년

> 📝 참고

건설기계 기종의 명칭 및 기종번호

01 : 불도저 02 : 굴착기
03 : 로더 04 : 지게차
05 : 스크레이퍼 06 : 덤프트럭
07 : 기중기 08 : 모터그레이더
09 : 롤러 10 : 노상안정기
11 : 콘크리트뱃칭플랜트 12 : 콘크리트피니셔
13 : 콘크리트살포기 14 : 콘크리트믹서트럭
15 : 콘크리트펌프 16 : 아스팔트믹싱플랜트
17 : 아스팔트피니셔 18 : 아스팔트살포기
19 : 골재살포기 20 : 쇄석기
21 : 공기압축기 22 : 천공기
23 : 항타 및 항발기 24 : 자갈채취기
25 : 준설선 26 : 특수건설기계
27 : 타워크레인

4 건설기계사업

(1) 등록

건설기계 사업	건설기계사업을 하려는 자는 사업의 종류별로 시장·군수 또는 구청장에게 등록
건설기계 정비업	건설기계정비업의 등록을 하려는 자는 사무소의 소재지를 관할하는 시장·군수 또는 구청장에게 건설기계정비업 등록신청서를 제출 : 종합건설기계정비업, 부분건설기계정비업, 전문건설기계정비업
건설기계 대여업	건설기계대여업을 등록하려는 자는 건설기계대여업을 영위하는 사무소의 소재지를 관할하는 시장·군수 또는 구청장에게 건설기계대여업 등록신청서를 제출
건설기계 매매업	건설기계매매업을 등록하려는 자는 사무소의 소재지를 관할하는 시장·군수 또는 구청장에게 건설기계매매업등록신청서를 제출
건설기계 해체 재활용업	건설기계해체재활용업의 등록을 하려는 자는 시장·군수 또는 구청장에게 건설기계해체재활용업 등록신청서를 제출

(2) 건설기계사업자의 변경신고 등

건설기계 사업자의 변경신고	• 변경신고 사유가 발생한 날부터 30일 이내에 건설기계사업자 변경신고서에 변경사실을 증명하는 서류와 등록증을 첨부하여 건설기계사업의 등록을 한 시장·군수 또는 구청장에게 제출 • 신고를 받은 시장·군수 또는 구청장은 그 신고내용에 따라 등록증의 기재사항을 변경하여 교부하거나 보관 또는 폐기할 것
건설기계 사업의 휴업·폐업 등의 신고	건설기계사업자가 그 사업의 전부 또는 일부를 휴업 또는 폐업하려는 때에는 건설기계사업휴업(폐업)신고서를 시장·군수 또는 구청장에게 제출

5 건설기계조종사 면허

(1) 건설기계조종사 면허의 취득★

건설기계를 조종하려는 사람은 시장·군수 또는 구청장에게 건설기계조종사 면허를 받아야 함

도로교통법에 따른 제1종 대형 운전면허를 받아야 하는 건설기계	• 덤프트럭 • 아스팔트살포기 • 노상안정기 • 콘크리트믹서트럭 • 콘크리트펌프 • 천공기(트럭적재식) • 특수건설기계 중 국토교통부장관이 지정하는 건설기계
소형건설기계의 조종에 관한 교육과정의 이수로 기술자격의 취득을 대신할 수 있는 건설기계	• 5톤 미만의 불도저 • 5톤 미만의 로더 • 5톤 미만의 천공기(트럭적재식 제외) • 3톤 미만의 지게차 • 3톤 미만의 굴착기 • 3톤 미만의 타워크레인 • 공기압축기 • 콘크리트펌프(이동식에 한정) • 쇄석기 • 준설선

(2) 건설기계조종사 면허의 결격사유

① 18세 미만인 사람
② 건설기계조종상의 위험과 장해를 일으킬 수 있는 정신질환자 또는 뇌전증환자로서 국토교통부령으로 정하는 사람
③ 앞을 보지 못하는 사람, 듣지 못하는 사람, 그 밖에 국토교통부령으로 정하는 장애인
④ 건설기계조종상의 위험과 장해를 일으킬 수 있는 마약·대마·향정신성의약품 또는 알코올 중독자로서 국토교통부령으로 정하는 사람
⑤ 건설기계조종사 면허가 취소된 날부터 1년이 지나지 않았거나 건설기계조종사 면허의 효력정지 처분기간 중에 있는 사람(거짓 그 밖의 부정한 방법으로 건설기계조종사 면허를 받았거나 건설기계조종사 면허의 효력정지기간 중 건설기계를 조종하여 취소된 경우에는 2년)

(3) 건설기계조종사 면허의 종류

면허의 종류	조종할 수 있는 건설기계
불도저	불도저
5톤 미만의 불도저	5톤 미만의 불도저
굴착기	굴착기
3톤 미만의 굴착기	3톤 미만의 굴착기
로더	로더
3톤 미만의 로더	3톤 미만의 로더
5톤 미만의 로더	5톤 미만의 로더
지게차	지게차
3톤 미만의 지게차	3톤 미만의 지게차
기중기	기중기
롤러	롤러, 모터그레이더, 스크레이퍼, 아스팔트피니셔, 콘크리트피니셔, 콘크리트살포기 및 골재살포기
이동식 콘크리트펌프	이동식 콘크리트펌프
쇄석기	쇄석기, 아스팔트믹싱플랜트 및 콘크리트 뱃칭플랜트
공기압축기	공기압축기
천공기	천공기(타이어식, 무한궤도식 및 굴진식을 포함한다. 다만, 트럭적재식은 제외), 항타 및 항발기
5톤 미만의 천공기	5톤 미만의 천공기(트럭적재식 제외)
준설선	준설선 및 자갈채취기
타워크레인	타워크레인
3톤 미만의 타워크레인	3톤 미만의 타워크레인 중 세부 규격에 적합한 타워크레인

(4) 건설기계조종사 면허의 취소·정지★

① 면허취소 사유
  ㉠ 거짓이나 그 밖의 부정한 방법으로 건설기계조종사 면허를 받은 경우
  ㉡ 건설기계조종사 면허의 효력정지기간 중 건설기계를 조종한 경우
  ㉢ 정기적성검사를 받지 아니하고 1년이 지난 경우

㉣ 정기적성검사 또는 수시적성검사에서 불합격한 경우
② 면허취소 또는 1년 이내의 면허효력을 정지시킬 수 있는 사유
　㉠ 정신질환자 또는 뇌전증환자, 앞을 보지 못하는 사람 · 듣지 못하는 사람 및 그 밖에 국토교통부령으로 정하는 장애인, 마약 · 대마 · 향정신성의약품 또는 알코올중독자
　㉡ 건설기계의 조종 중 고의 또는 과실로 중대한 사고를 일으킨 경우
　㉢ 국가기술자격법에 따른 해당 분야의 기술자격이 취소되거나 정지된 경우
　㉣ 건설기계조종사 면허증을 다른 사람에게 빌려 준 경우
　㉤ 술에 취하거나 마약 등 약물을 투여한 상태 또는 과로 · 질병의 영향이나 그 밖의 사유로 정상적으로 조종하지 못할 우려가 있는 상태에서 건설기계를 조종한 경우
③ 건설기계조종사 면허증 반납
　면허가 취소 · 정지된 때에는 그 사유가 발생한 날부터 10일 이내에 시장 · 군수 또는 구청장에게 그 면허증을 반납해야 함
④ 건설기계의 조종 중 고의 또는 과실로 중대한 사고를 일으킨 경우의 처분기준

위반사항		처분기준
인명피해	고의로 인명피해(사망, 중상, 경상 등을 말함)를 입힌 경우	취소
	과실로 중대재해가 발생한 경우	
	사망 1명마다	면허효력정지 45일
	중상 1명마다	면허효력정지 15일
	경상 1명마다	면허효력정지 5일
재산피해	피해금액 50만 원마다	면허효력정지 1일 (90일을 넘지 못함)
건설기계의 조종 중 고의 또는 과실로 가스공급시설을 손괴하거나 기능에 장애를 입혀 가스의 공급을 방해한 경우		면허효력정지 180일

6 벌 칙 ★

(1) 2년 이하의 징역 또는 2천만 원 이하의 벌금
① 등록되지 않았거나 말소된 건설기계를 사용하거나 운행한 자
② 시 · 도지사의 지정을 받지 않고 등록번호표를 제작하거나 등록번호를 새긴 자
③ 등록을 하지 않고 건설기계사업을 하거나 거짓으로 등록을 한 자
④ 건설기계의 주요 구조나 원동기, 동력전달장치, 제동장치 등 주요 장치를 변경 또는 개조한 자
⑤ 무단 해체한 건설기계를 사용 · 운행하거나 타인에게 유상 · 무상으로 양도한 자
⑥ 등록이 취소되거나 사업의 전부 또는 일부가 정지된 건설기계업자로서 건설기계사업을 한 자

(2) 1년 이하의 징역 또는 1천만 원 이하의 벌금
① 거짓이나 그 밖의 부정한 방법으로 등록을 한 자
② 등록번호를 지워 없애거나 그 식별을 곤란하게 한 자
③ 구조변경검사 또는 수시검사를 받지 아니한 자
④ 정비명령을 이행하지 않은 자
⑤ 형식승인, 형식변경승인 또는 확인검사를 받지 아니하고 건설기계의 제작 등을 한 자
⑥ 사후관리에 관한 명령을 이행하지 아니한 자
⑦ 매매용 건설기계를 운행하거나 사용한 자
⑧ 폐기인수 사실을 증명하는 서류의 발급을 거부하거나 거짓으로 발급한 자
⑨ 폐기요청을 받은 건설기계를 폐기하지 아니하거나 등록번호표를 폐기하지 아니한 자
⑩ 건설기계조종사 면허를 받지 아니하고 건설기계를 조종한 자
⑪ 건설기계조종사 면허를 거짓이나 그 밖의 부정한 방법으로 받은 자
⑫ 소형건설기계의 조종에 관한 교육과정의 이수에 관한 증빙서류를 거짓으로 발급한 자
⑬ 건설기계조종사 면허가 취소되거나 건설기계조종사 면허의 효력정지처분을 받은 후에도 건설기계를 계속하여 조종한 자
⑭ 건설기계를 도로나 타인의 토지에 버려둔 자

(3) 300만 원 이하의 과태료

① 정기적성검사 또는 수시적성검사를 받지 아니한 자
② 시설 또는 업무에 관한 보고를 하지 아니하거나 거짓으로 보고한 자
③ 소속 공무원의 검사·질문을 거부·방해·기피한 자

(4) 100만 원 이하의 과태료

① 등록번호표를 부착·봉인하지 않거나 등록번호를 새기지 않은 자
② 등록번호표를 가리거나 훼손하여 알아보기 곤란하게 한 자 또는 그러한 건설기계를 운행한 자

(5) 50만 원 이하의 과태료

① 임시번호표를 붙이지 않고 운행한 자
② 변경신고를 하지 않거나 거짓으로 변경신고한 자
③ 등록번호표를 반납하지 않은 자
④ 등록의 말소를 신청하지 않은 자

(6) 과징금·과태료의 부과기준

① **과징금의 부과기준**(영 별표2의2, 2022. 8. 2 신설)

㉠ 건설기계 등록번호표 제작자에 대한 부과기준

위반행위	과징금 금액(만 원)		
	1차 위반	2차 위반	3차 위반
거짓이나 그 밖의 부정한 방법으로 등록번호표를 제작하거나 등록번호를 새긴 경우	300	–	–
정당한 사유 없이 등록번호표의 제작 또는 등록번호의 새김을 거부한 경우	100	300	–

㉡ 검사대행자에 대한 부과기준

위반행위		과징금 금액(만 원)		
		1차 위반	2차 위반	3차 위반
검사대행 기준에 적합하지 않게 된 경우		200	600	–
검사대행자 또는 그 소속기술인력이 준수사항을 위반한 경우	검사를 실시하지 않고 거짓으로 검사를 실시한 것으로 하거나 검사 결과를 실제 검사 결과와 다르게 작성한 경우	1,200	2,400	–
	검사업무규정에 따라 검사업무를 수행하지 않은 경우	200	400	600

㉢ 건설기계사업자에 대한 부과기준

위반행위	과징금 금액(만 원)		
	1차 위반	2차 위반	3차 위반
건설기계안전기준에 적합하지 않은 건설기계를 대여하여 「산업안전보건법」에 따른 중대재해가 발생한 경우	300	900	–

② **과태료의 부과기준**(영 별표3, 2023. 4. 25 개정)

위반사항	과태료 금액(만 원)		
	1차 위반	2차 위반	3차위반
임시번호표를 부착하지 않고 운행한 경우	20	30	50
등록의 말소를 신청하지 않은 경우	20	30	50
등록번호표를 부착하지 않거나 봉인하지 않은 건설기계를 운행한 경우	100	200	300
정기검사를 받지 않은 경우	10만 원(신청기간 만료일부터 30일을 초과하는 경우 3일 초과 시마다 10만 원을 가산한다)		
건설기계임대차 등에 관한 계약서를 작성하지 않은 경우	200	250	300
정기적성검사를 받지 않은 경우	5만 원(검사기간 만료일부터 30일을 초과하는 경우 3일 초과 시마다 5만 원을 가산한다)		
수시적성검사를 받지 않은 경우	2 3일 초과 시마다 1만 원을 가산	3 3일 초과 시마다 2만 원을 가산	5 3일 초과 시마다 5만 원을 가산
안전교육 등을 받지 않고 건설기계를 조종한 경우	50	70	100
건설기계를 주택가 주변의 도로·공터 등에 세워 두어 생활환경을 침해한 경우	5	10	30

02 건설기계관리법

01 건설기계관리법의 목적으로 가장 적합한 것은?

① 건설기계의 동산 신용 증진
② 건설기계 사업의 질서 확립
③ 공로 운행상의 원활 기여
④ 건설기계의 효율적인 관리

해설 건설기계관리법은 건설기계의 등록·검사·형식승인 및 건설기계사업과 건설기계 조종사 면허 등에 관한 사항을 정하여 건설기계를 효율적으로 관리하고 건설기계의 안전도를 확보하여 건설공사의 기계화를 촉진함을 목적으로 한다.

02 ★ 건설기계를 등록할 때 필요한 서류가 아닌 것은?

① 건설기계제작증
② 수입면장
③ 매수증서
④ 건설기계검사증 등본원부

해설 건설기계를 등록할 때 필요한 서류
- 건설기계의 출처를 증명하는 서류(건설기계제작증, 수입면장 등 수입 사실을 증명하는 서류, 매수증서)
- 건설기계의 소유자임을 증명하는 서류
- 건설기계제원표
- 보험 또는 공제의 가입을 증명하는 서류

03 ★★★ 건설기계 등록번호표 중 관용에 해당하는 것은?

① 5001~8999
② 6001~8999
③ 1001~4999
④ 9001~9999

해설 등록번호
- 자가용 1001~4999
- 영업용 5001~8999
- 관용 9001~9999

※ 일련번호(2022.05.25.개정/2022.11.26.시행)

구분		일련번호
비사업용	관용	0001~0999
	자가용	1000~5999
대여사업용		6000~9999

개정 전후 내용을 알아두세요!!

04 ★★★★★ 건설기계의 등록신청은 누구에게 하는가?

① 건설기계 작업현장 관할 시·도지사
② 국토교통부장관
③ 건설기계 소유자의 주소지 또는 사용본거지 관할 시·도지사
④ 국무총리실

해설 건설기계를 등록하려는 건설기계의 소유자는 건설기계 등록신청서에 서류를 첨부하여 건설기계 소유자의 주소지 또는 건설기계의 사용본거지를 관할하는 특별시장·광역시장·도지사 또는 특별자치도지사(시·도지사)에게 제출하여야 한다.

05 건설기계 등록지를 변경한 때는 등록번호표를 시·도지사에게 며칠 이내에 반납하여야 하는가?

① 10일
② 15일
③ 20일
④ 30일

해설 등록된 건설기계의 소유자는 등록된 건설기계의 소유자의 주소지 또는 사용본거지가 변경된 경우 10일 이내에 등록번호표의 봉인을 떼어낸 후 그 등록번호표를 국토교통부령으로 정하는 바에 따라 시·도지사에게 반납하여야 한다.

06 ★★★★★ 건설기계의 기종별 기호 표시방법으로 맞지 않는 것은?

① 07 : 기중기
② 01 : 아스팔트살포기
③ 03 : 로더
④ 13 : 콘크리트살포기

해설 01 : 불도저   18 : 아스팔트살포기

07 ★★★★★ 건설기계의 등록을 말소할 수 있는 사유에 해당하지 않는 것은?

① 건설기계를 폐기한 경우
② 건설기계를 수출하는 경우
③ 건설기계를 장기간 운행하지 않게 된 경우
④ 건설기계를 교육·연구 목적으로 사용하는 경우

정답 01.④ 02.④ 03.④ 04.③ 05.① 06.② 07.③

08 전시 상황에서 건설기계 등록신청 기한은 취득한 날로부터 언제까지인가?

① 5일 ② 10일
③ 2월 ④ 3월

해설 건설기계 등록신청은 전시·사변 기타 이에 준하는 국가 비상사태 하에 있어서는 5일 이내에 신청하여야 한다.

09 건설기계 등록번호표에 대한 사항 중 틀린 것은?

① 등록번효표의 규격은 520×110mm이다.
② 재질은 알루미늄 제판이 사용된다.
③ 지게차일 경우 기종별 기호표시는 02로 한다.
④ 외곽선은 1.5mm 튀어나와야 한다.

해설 건설기계 등록번호표의 규격은 덤프트럭·콘크리트믹서트럭·콘크리트펌프·타워크레인과 그밖의 건설기계에 따라 다르다. 지게차의 기종번호는 04이다.
※ 재질 : 알루미늄 제판(2022.05.25.개정/2022.11.26.시행)

10 건설기계 범위에 해당되지 않는 것은?

① 아스팔트믹싱플랜트
② 아스팔트살포기
③ 아스팔트피니셔
④ 아스팔트커터

11 대형건설기계 특별표지판 부착을 하지 않아도 되는 건설기계는?

① 너비 3m인 건설기계
② 길이 16m인 건설기계
③ 최소 회전반경 13m인 건설기계
④ 총중량 50톤인 건설기계

해설 ② 길이가 16.7m를 초과하는 건설기계가 특별표지판 부착 대상이다.

12 건설기계 형식승인은 누가 하는가?

① 국토교통부장관
② 시·도지사
③ 고용노동부장관
④ 시장·군수 또는 구청장

해설 건설기계를 제작·조립 또는 수입하려는 자는 해당 건설기계의 형식에 관하여 국토교통부령으로 정하는 바에 따라 국토교통부장관의 승인을 받아야 한다.

13 건설기계를 도난당한 때 등록말소 사유 확인 서류로 적당한 것은?

① 수출신용장
② 경찰서장이 발행한 도난신고 접수 확인원
③ 주민등록등본
④ 봉인 및 번호판

14 건설기계관련법상 건설기계는 특수건설기계를 포함하여 몇 기종으로 분류되어 있는가?

① 20기종 ② 23기종
③ 27기종 ④ 30기종

15 건설기계 등록번호표의 색칠 기준으로 틀린 것은?

① 자가용 – 흰색 바탕에 검은색 문자
② 영업용 – 주황색 바탕에 검은색 문자
③ 관용 – 흰색 바탕에 검은색 문자
④ 수입용 – 적색 바탕에 흰색 문자

해설 건설기계 등록번호표의 색칠 기준
건설기계 등록번호표 색상이 관용/자가용은 흰색 바탕에 검은색 문자, 대여사업용은 주황색 바탕에 검은색 문자로 변경되었습니다(2022.05.25.개정/2022.11.26.시행). 개정 전후 내용을 반드시 알아두세요!!!!

정답 08.① 09.③ 10.④ 11.② 12.① 13.② 14.③ 15.④

16 건설기계 등록번호표에 표시되지 않는 것은?

① 기종 ② 등록관청
③ 용도 ④ 연식

해설 건설기계 등록번호표에는 등록관청·용도·기종 및 등록번호를 표시하여야 한다.
※ 건설기계 등록번호표에는 용도, 기종 및 등록번호를 표시해야 한다(2022.05.25.개정/2022.11.26.시행). 개정 전후 내용을 알아두세요!!

17 시·도지사는 건설기계등록원부를 건설기계의 등록을 말소한 날부터 몇 년간 보존하여야 하는가?

① 1년 ② 2년
③ 4년 ④ 10년

해설 시·도지사는 건설기계등록원부를 건설기계의 등록을 말소한 날부터 10년간 보존하여야 한다.

18 건설기계관리법상 건설기계 소유자는 건설기계를 도난당한 날로부터 얼마 이내에 등록말소를 신청해야 하는가?

① 30일 이내 ② 2개월 이내
③ 3개월 이내 ④ 6개월 이내

해설 건설기계의 소유자는 건설기계를 도난당한 경우에는 2개월 이내에 시·도지사에게 등록말소를 신청하여야 한다.

19 건설기계 등록말소 신청 시 구비서류에 해당되는 것은?

① 건설기계등록증 ② 주민등록등본
③ 수입원장 ④ 제작증명서

해설 건설기계 등록의 말소를 신청하려는 건설기계 소유자는 건설기계 등록말소 신청서에 건설기계등록증, 건설기계검사증, 멸실·도난·수출·폐기·폐기요청·반품 및 교육·연구목적 사용 등 등록말소사유를 확인할 수 있는 서류를 첨부하여 등록지의 시·도지사에게 제출하여야 한다.

20 건설기계관리법령상 건설기계의 등록말소 사유에 해당하지 않은 것은?

① 건설기계를 도난당한 경우
② 건설기계를 변경할 목적으로 해체한 경우
③ 건설기계를 교육·연구 목적으로 사용한 경우
④ 건설기계의 차대가 등록 시의 차대와 다른 경우

21 건설기계 소유자는 건설기계 등록사항에 변경이 있을 때(전시 사변 기타 이에 준하는 비상사태 하의 경우는 제외)에는 등록사항의 변경신고를 변경이 있는 날부터 며칠 이내에 하는가?

① 10일 ② 15일
③ 20일 ④ 30일

해설 건설기계의 소유자는 건설기계 등록사항에 변경(주소지 또는 사용본거지가 변경된 경우 제외)이 있는 때에는 그 변경이 있는 날부터 30일(상속의 경우에는 상속개시일부터 6개월) 이내에 건설기계 등록사항 변경신고서에 서류를 첨부하여 등록을 한 시·도지사에게 제출하여야 한다. 전시·사변 기타 이에 준하는 국가비상사태 하에 있어서는 5일 이내에 하여야 한다.

22 건설기계 등록사항의 변경 또는 등록이전 신고 대상이 아닌 것은?

① 소유자 변경
② 소유자의 주소지 변경
③ 건설기계의 주기장 변경
④ 건설기계의 사용본거지 변경

정답 16.④ 17.④ 18.② 19.① 20.② 21.④ 22.③

23 소유자의 신청이나 시·도지사의 직권으로 건설기계의 등록을 말소할 수 있는 경우가 아닌 것은?

① 건설기계를 수출하는 경우
② 건설기계를 도난당한 경우
③ 건설기계 정기검사에 불합격된 경우
④ 건설기계의 차대가 등록 시의 차대와 다른 경우

24 건설기계 소유자가 관련법에 의하여 등록번호표를 반납하고자 하는 때에는 누구에게 하여야 하는가?

① 구청장
② 국토교통부장관
③ 시·도지사
④ 대통령

25 성능이 불량하거나 사고가 빈발하는 건설기계의 성능을 점검하기 위하여 국토교통부장관 또는 시·도지사의 명령에 따라 수시로 실시하는 검사는?

① 신규등록검사
② 정기검사
③ 수시검사
④ 구조변경검사

26 건설기계장비 검사가 연기되지 않는 경우?

① 천재지변
② 건설기계의 도난
③ 10일간의 정비
④ 사고발생

해설) 건설기계 소유자는 천재지변, 건설기계의 도난, 사고발생, 압류, 31일 이상에 걸친 정비 그 밖의 부득이한 사유로 검사신청기간 내에 검사를 신청할 수 없는 경우에는 검사신청기간 만료일까지 검사연기신청서에 연기사유를 증명할 수 있는 서류를 첨부하여 시·도지사에게 제출하여야 한다.

27 검사소 이외의 장소에서 출장검사를 받을 수 있는 경우가 아닌 것은?

① 도서지역에 있는 경우
② 자체중량이 40톤을 초과하거나 축중이 10톤을 초과하는 경우
③ 최고속도가 시간당 60km 미만인 경우
④ 너비가 2.5m를 초과하는 경우

해설) 덤프트럭 등 검사소에서 검사해야 하는 건설기계가 위치한 장소에서 검사할 수 있는 경우
• 도서지역에 있는 경우
• 자체중량이 40톤을 초과하거나 축중이 10톤을 초과하는 경우
• 너비가 2.5m를 초과하는 경우
• 최고속도가 시간당 35km 미만인 경우

28 건설기계 검사대행을 하게 한 경우에 구조변경검사는 누구에게 신청할 수 있는가?

① 건설기계 정비업소
② 자동차 검사소
③ 건설기계 검사대행자
④ 건설기계 폐기업소

해설) 검사대행자를 지정한 경우에는 검사대행자에게 건설기계 구조변경 검사신청서를 제출해야 한다.

29 우리나라에서 건설기계에 대한 정기검사를 실시하는 검사업무 대행기관은?

① 자동차 정비업협회
② 대한건설기계 안전관리원
③ 건설기계협회
④ 건설기계 정비업협회

정답) 23.③ 24.③ 25.③ 26.③ 27.③ 28.③ 29.②

30 정기검사 신청을 받은 검사대행자는 며칠 이내에 검사일시 및 장소를 신청인에게 통지하여야 하는가?

① 3일　　② 5일
③ 15일　　④ 20일

해설 정기검사 신청을 받은 시·도지사 또는 검사대행자는 신청을 받은 날부터 5일 이내에 검사일시와 검사장소를 지정하여 신청인에게 통지하여야 한다.

31 건설기계를 검사유효기간 끝난 후에 계속 운행하고자 할 때는 어느 검사를 받아야 하는가?

① 신규등록검사　　② 계속검사
③ 수시검사　　　　④ 정기검사

해설 건설공사용 건설기계로서 3년의 범위에서 검사유효기간이 끝난 후에 계속하여 운행하려는 경우에는 정기검사를 받아야 한다.

32 정기검사 연기신청을 하였으나 불허통지를 받은 자는 언제까지 정기검사를 신청하여야 하는가?

① 불허통지를 받은 날부터 5일 이내
② 불허통지를 받은 날부터 10일 이내
③ 정기검사신청기간 만료일부터 5일 이내
④ 정기검사신청기간 만료일부터 10일 이내

해설 검사연기 불허통지를 받은 자는 검사신청기간 만료일부터 10일 이내에 검사신청을 하여야 한다.

33 건설기계에서 구조변경 및 개조를 할 수 없는 항목은?

① 원동기의 형식변경
② 제동장치의 형식변경
③ 유압장치의 형식변경
④ 적재함의 용량증가를 위한 구조변경

34 건설기계검사의 종류가 아닌 것은?

① 신규등록검사　　② 정기검사
③ 구조변경검사　　④ 예비검사

해설 건설기계검사의 종류
신규등록검사, 정기검사, 구조변경검사, 수시검사

35 시·도지사는 수시검사를 명령하고자 하는 때에 수시검사를 받아야 할 날부터 며칠 이전에 건설기계 소유자에게 명령서를 교부하여야 하는가?

① 7일　　② 10일
③ 15일　　④ 1월

해설 시·도지사는 수시검사를 명령하려는 때에는 수시검사를 받아야 할 날부터 10일 이전에 건설기계 소유자에게 건설기계 수시검사 명령서를 교부하여야 한다.
※ 시·도지사는 수시검사를 명령하려는 때에는 수시검사 명령의 이행을 위한 검사의 신청기간을 31일 이내로 정하여 건설기계소유자에게 건설기계 수시검사명령서를 서면으로 통지해야 한다(2022.08.04.개정). 개정 전후 내용을 알아두세요!!

36 정기검사에 불합격한 건설기계의 정비명령 기간은?

① 1개월 이내　　② 2개월 이내
③ 3개월 이내　　④ 4개월 이내

해설 시·도지사는 검사에 불합격된 건설기계에 대해서는 31일(1개월) 이내의 기간을 정하여 해당 건설기계의 소유자에게 검사를 완료한 날(검사를 대행하게 한 경우에는 검사결과를 보고받은 날)부터 10일 이내에 정비명령을 해야 한다.

정답　30.② 31.④ 32.④ 33.④ 34.④ 35.② 36.①

제2장 건설기계관리법

37 건설기계 조종사 면허가 취소되었을 경우 그 사유가 발생한 날부터 며칠 이내에 면허증을 반납해야 하는가?

① 10일 이내　　② 30일 이내
③ 14일 이내　　④ 7일 이내

 건설기계 조종사 면허를 받은 사람은 반납사유가 발생하였을 경우 그 사유가 발생한 날부터 10일 이내에 시장·군수 또는 구청장에게 그 면허증을 반납하여야 한다.

38 건설기계정비업의 사업범위로 맞는 것은?

① 장기건설기계정비업, 부분건설기계정비업, 단기건설기계정비업
② 종합건설기계정비업, 단기건설기계정비업, 부분건설기계정비업
③ 임시건설기계정비업, 영구건설기계정비업, 전문건설기계정비업
④ 종합건설기계정비업, 부분건설기계정비업, 전문건설기계정비업

해설 건설기계정비업의 사업범위는 종합건설기계정비업, 부분건설기계정비업, 전문건설기계정비업으로 구분한다.

39 건설기계 조종사의 적성검사기준을 설명한 것으로 틀린 것은?

① 시각(視角)이 150° 이상일 것
② 언어분별력이 80% 이상일 것
③ 55dB의 소리를 들을 수 있을 것(단, 보청기 사용자는 40dB)
④ 두 눈을 동시에 뜨고 잰 시력(교정시력을 포함)이 0.3 이상일 것

해설 두 눈을 동시에 뜨고 잰 시력(교정시력 포함)이 0.7 이상이고 두 눈의 시력이 각각 0.3 이상일 것

40 건설기계 조종사 면허의 취소·정지 사유가 아닌 것은?

① 등록번호표 식별이 곤란한 건설기계를 조종한 때
② 건설기계 조종사 면허증을 다른 사람에게 빌려준 경우
③ 고의 또는 과실로 건설기계에 중대한 사고를 일으킨 경우
④ 부정한 방법으로 조종사 면허를 받은 경우

41 건설기계대여업을 하고자 하는 자는 누구에게 등록을 하여야 하는가?

① 고용노동부장관
② 행정안전부장관
③ 국토교통부장관
④ 시장·군수 또는 구청장

해설 건설기계대여업의 등록을 하려는 자는 건설기계대여업 등록신청서에 국토교통부령이 정하는 서류를 첨부하여 시장·군수 또는 구청장에게 제출하여야 한다.

42 소형건설기계 조종교육의 내용으로 틀린 것은?

① 건설기계관리법규 및 자동차관리법
② 건설기계기관, 전기 및 작업장치
③ 유압일반
④ 조종실습

해설 소형건설기계 조종교육의 내용
건설기계기관·전기 및 작업장치, 유압일반, 건설기계관리법규 및 도로통행방법, 조종실습 등

정답　37.① 38.④ 39.④ 40.① 41.④ 42.①

43 건설기계 조종사 면허를 받을 때의 결격사유에 해당하지 않는 것은?

① 앞을 보지 못하는 사람
② 건설기계 조종사 면허의 효력정지 처분기간 중에 있는 사람
③ 나이가 만 18세인 사람
④ 듣지 못하는 사람

 18세 미만은 건설기계 조종사 면허의 결격사유에 해당한다.

44 반드시 건설기계정비업체에서 정비해야 하는 것은?

① 오일의 보충
② 배터리의 교환
③ 창유리의 교환
④ 엔진 탈·부착 및 정비

45 건설기계 조종 중 고의로 인명피해를 입힌 때 면허처분기준으로 맞는 것은?

① 면허취소
② 면허효력정지 45일
③ 면허효력정지 30일
④ 면허효력정지 15일

 건설기계 조종 중 고의로 인명피해(사망·중상·경상 등)를 입힌 경우 : 면허취소

46 정비명령을 이행하지 아니한 자에 대한 벌칙은?

① 1년 이하의 징역 또는 100만 원 이하의 벌금
② 1년 이하의 징역 또는 1천만 원 이하의 벌금
③ 50만 원 이하의 벌금
④ 30만 원 이하의 벌금

 정비명령을 이행하지 아니한 자는 1년 이하의 징역 또는 1천만 원 이하의 벌금에 처한다.

47 건설기계 등록번호표를 가리거나 훼손하여 알아보기 곤란하게 한 자 또는 그러한 건설기계를 운행한 자에게 부과하는 과태료로 옳은 것은?

① 50만 원 이하
② 100만 원 이하
③ 300만 원 이하
④ 1000만 원 이하

 건설기계 등록번호표를 가리거나 훼손하여 알아보기 곤란하게 한 자 또는 그러한 건설기계를 운행한 자에게는 100만 원 이하의 과태료를 부과한다.

48 건설기계 조종사 면허를 받지 아니하고 건설기계를 조종한 자에 대한 처벌기준은?

① 1년 이하의 징역 또는 1천만 원 이하의 벌금
② 6개월 이하의 징역 또는 100만 원 이하의 벌금
③ 100만 원 이하의 벌금
④ 50만 원 이하의 과태료

 건설기계 조종사 면허를 받지 아니하고 건설기계를 조종한 자는 1년 이하의 징역 또는 1천만 원 이하의 벌금에 처한다.

49 건설기계의 소유자 또는 점유자가 건설기계를 방치한 자에 대한 벌칙은?

① 2년 이하의 징역 또는 1천만 원 이하의 벌금
② 1년 이하의 징역 또는 1천만 원 이하의 벌금
③ 100만 원 이하의 벌금
④ 50만 원 이하의 과태료

건설기계를 도로나 타인의 토지에 버려둔 자는 1년 이하의 징역 또는 1천만 원 이하의 벌금에 처한다.

정답 43.③ 44.④ 45.① 46.② 47.② 48.① 49.②

대단원 스피드 확인문제

제2편 도로주행

01 운전자가 차에서 떠나서 즉시 그 차를 운전할 수 없는 상태에 두는 것을 말하는 것은? _____

주차

02 운전자가 5분을 초과하지 아니하고 차를 정지시키는 것으로서 주차 외의 정지 상태를 말하는 것은? _____

정차

03 자동차, 건설기계, 원동기장치자전거, 자전거 등을 통틀어서 일컫는 말은?

차

04 비가 내려 노면이 젖어 있는 상태에서는 속도를 몇 % 감속해야 하는가?

20%

05 눈이 20mm 이상 쌓여 있는 경우의 감속비율은? _____

50%

06 정차 및 주차금지 장소의 범위
① 교차로의 가장자리나 도로의 모퉁이로부터 _____ 이내인 곳
② 버스정류장으로부터 _____ 이내인 곳
③ 건널목의 가장자리 또는 횡단보도로부터 _____ 이내인 곳
④ 소방용수시설 또는 비상소화장치가 설치된 곳으로부터 _____ 이내인 곳

① 5m
② 10m
③ 10m
④ 5m

07 술에 취한 상태의 혈중알코올농도 기준치는? _____

0.03% 이상

08 혈중알코올농도가 0.03% 이상 0.08% 미만인 사람이 자동차를 운전했을 경우 받을 수 있는 처벌은? _____

1년 이하의 징역이나 500만 원 이하의 벌금

09 자동차 등의 운전자가 난폭운전을 한 경우에 받을 수 있는 처벌은? _____

1년 이하의 징역이나 500만 원 이하의 벌금

대단원 스피드 확인문제

10 편도 1차로 고속도로에서의 승용자동차의 최고 제한속도는? — 80km/h

11 건설기계 등록신청은 누구에게 하는가? — 건설기계 소유자의 주소지 또는 건설기계의 사용본거지 관할 시·도지사

12 건설기계 등록신청은 취득한 날로부터 얼마 이내에 하여야 하는가? — 2개월 이내

13 건설기계 등록사항 변경신고는 누구에게 하는가? — 시·도지사

14 건설기계 등록사항 변경신고 중 상속을 받았을 경우의 변경신고 기간은 상속개시일부터 얼마 이내에 해야 하는가? — 6개월 이내

15 건설기계 조종사 면허가 취소되었을 경우 그 사유가 발생한 날부터 며칠 이내에 면허증을 반납하여야 하는가? — 10일 이내

16 성능이 불량하거나 사고가 빈발하는 건설기계의 성능을 점검하기 위하여 국토교통부장관 또는 시·도지사의 명령에 따라 수시로 실시하는 검사는? — 수시검사

17 1톤 지게차의 정기검사 유효기간은? — 20년 이하 2년 / 20년 초과 1년

18 건설기계 조종 중 고의로 인명피해를 입힌 때 면허처분기준은? — 면허취소

19 건설기계 조종사 면허가 취소된 상태로 건설기계를 계속하여 조종한 자에 대한 벌칙은? — 1년 이하의 징역 또는 1천만원 이하의 벌금

20 정비명령을 이행하지 아니한 자에 대한 벌칙은? — 1년 이하의 징역 또는 1천만원 이하의 벌금

제 3 편
장비구조

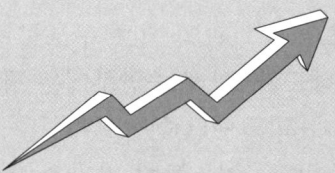

장비구조란 엔진구조, 전기장치, 전·후진 주행장치, 작업장치의 구조와 기능을 파악하는 것을 말한다.

제1장 엔진(기관)구조
제2장 전기장치
제3장 전·후진 주행장치
제4장 작업장치

제1장 엔진(기관)구조

1 엔진(기관) 본체

(1) 열기관
열에너지를 기계적인 에너지로 변환시키는 장치

(2) 열기관의 분류
① 외연기관 : 기관 외부에 설치된 연소장치에서 연료를 연소시켜 얻은 열에너지를 실린더 내부로 도입하여 피스톤에 압력을 가해 기계적인 에너지를 얻는 방식
② 내연기관 : 연료를 실린더 내에서 연소·폭발시켜 피스톤에 압력을 가함으로써 기계적인 에너지를 얻는 방식

(3) 내연기관의 분류

사용연료에 따른 분류	가솔린 기관	• 휘발유를 연료로 하는 기관 • 공기와 연료의 혼합기를 흡입, 압축하여 전기적인 불꽃으로 점화 • 소음이 적고 고속·경쾌하여 자동차 및 건설기계 일부에서 사용
	디젤 기관	• 경유를 연료로 하는 기관 • 공기만을 흡입, 압축한 후 연료를 분사시켜 압축열에 의해서 착화 • 열효율이 높고 출력이 커서 건설기계, 대형차량, 선박, 농기계의 기관으로 많이 사용
	LPG 기관	• LPG를 연료로 사용하는 기관 • 가솔린기관의 고압용기에 들어있는 LPG를 감압 기화장치를 통해 기화기로부터 기관에 흡입시켜 점화 • 연료비가 싸고 연소실이나 윤활유의 더러움이 적고 엔진 수명이 길며 배기가스 속의 유해가스도 적어 자동차나 일부 대형차량에서 사용 증가
작동방식★에 따른 분류		• 2행정 사이클기관 : 일부 소형엔진(이륜차), 저속운전 불가능 • 4행정 사이클기관 : 승용차, 화물차, 저속운전 가능
점화방식에 따른 분류		• 전기점화기관 : 가솔린·LPG·로터리기관 점화방식 • 자기착화기관(압축착화기관) : 디젤기관 점화방식
연소방식에 따른 분류		• 정적사이클(오토사이클) : 가솔린기관 기본 사이클 • 정압사이클(디젤사이클) : 저속·중속 디젤기관 기본 사이클 • 복합사이클(사바테사이클) : 고속 디젤기관 기본 사이클
실린더 배열에 따른 분류		직렬형, 수평대향형, V형, 방사선형
밸브 배치에 따른 분류		SV형, OHV형, OHC형

2 기관 본체

(1) 실린더와 크랭크 케이스
① 실린더블록 : 기관의 기초 구조물로, 위쪽에는 실린더헤드가, 아래 중앙부에는 평면 베어링을 사이에 두고 크랭크축이 설치
② 실린더(기통) : 피스톤이 기밀을 유지하면서 왕복운동을 하여 열에너지를 기계적 에너지로 바꿔 동력 발생

실린더 라이너	• 건식 : 라이너가 냉각수와 직접 접촉하지 않고 실린더블록을 거쳐 냉각 • 습식 : 라이너의 바깥 둘레가 냉각수와 직접 접촉
실린더★ 마멸 원인	• 가속 및 공회전 • 윤활유 사용의 부적절 • 피스톤링과 링홈 및 실린더와 피스톤 사이의 간극 불량 • 피스톤링 절개 부분의 간극이 매우 좁은 경우 • 피스톤핀의 끼워 맞춤이 너무 단단하거나 커넥팅 로드가 휜 경우 • 공기청정기 엘리먼트가 불량하거나 습식의 경우 오일의 양이 부족할 때

③ 크랭크 케이스
  ㉠ 크랭크축을 지지하는 기관의 일부로 윤활유의 저장소 역할과 윤활유 펌프와 필터를 지지함
  ㉡ 상부는 실린더블록의 일부로 주조되고, 하부는 오일팬으로 실린더블록에 고착됨

(2) 실린더 헤드

구성	• 개스킷을 사이에 두고 실린더블록에 볼트로 설치되며 피스톤, 실린더와 함께 연소실 형성 • 헤드 아래쪽에는 연소실과 밸브 시트가 있고, 위쪽에는 예열플러그 및 분사노즐 설치 구멍과 밸브개폐기구의 설치 부분이 있음
실린더 헤드 개스킷의 역할	• 실린더헤드와 블록의 접합면 사이에 끼워져 양면을 밀착시켜서 압축가스, 냉각수 및 기관오일의 누출을 방지하기 위해 사용하는 석면계열의 물질 • 실린더 헤드 개스킷에 대한 구비조건 : 강도가 적당할 것, 기밀 유지가 좋을 것, 내열성과 내압성이 있을 것
연소실의 구비 조건	• 연소실 체적이 최소가 되게 하고 가열되기 쉬운 돌출부가 없을 것 • 밸브면적을 크게 하여 흡·배기작용을 원활히 할 것 • 압축행정 끝에 와류가 일어날 것 • 화염 전파에 요하는 시간을 최소로 짧게 할 것

(3) 피스톤

① 구비조건 및 구조

구비조건 ★	• 가스 및 오일 누출 없을 것 • 폭발압력을 유효하게 이용할 것 • 마찰로 인한 기계적 손실 방지 • 기계적 강도 클 것 • 열전도율 좋고 열팽창률 적을 것 • 고온·고압가스에 잘 견딜 것
구조	피스톤 헤드	연소실의 일부로, 안쪽에 리브를 설치하여 피스톤 헤드의 열을 피스톤링이나 스커트부에 신속히 전달, 피스톤 보강
	링홈	피스톤링을 끼우기 위한 홈(압축링, 오일링 설치)
	랜드	피스톤링을 끼우기 위한 링홈과 홈 사이
	스커트부	피스톤의 아래쪽 끝부분으로 피스톤이 상하 왕복운동할 때 측압을 받는 부분
	보스	피스톤핀에 의해 피스톤과 커넥팅 로드의 소단부를 연결하는 부분
	히트 댐	피스톤 헤드와 제1링홈 사이에 가느다란 홈을 만들어 피스톤 헤드부의 열을 스커트부에 전달되지 않도록 함

② 피스톤 간극 ★

피스톤 간극이 작을 경우	• 오일 간극의 저하로 유막이 파괴되어 마찰·마멸 증대 • 마찰열에 의해 피스톤과 실린더가 눌어붙는 현상 발생
피스톤 간극이 클 경우	• 압축압력 저하 • 블로우 바이(실린더와 피스톤 사이에서 미연소가스가 크랭크 케이스로 누출되는 현상) 및 피스톤 슬랩 발생 • 연소실 기관오일 상승 • 기관 기동성 저하 • 기관 출력 감소 • 엔진오일의 소비 증가

제1장 엔진(기관)구조

> 📝 **참고**
>
> **피스톤 고착의 원인**
> • 냉각수의 양이 부족할 때
> • 기관오일이 부족할 때
> • 기관이 과열되었을 때
> • 피스톤의 간극이 적을 때

(4) 피스톤링과 피스톤핀

① 피스톤링 ★

3대 작용	기밀 유지작용(밀봉작용), 열전도작용(냉각작용), 오일 제어작용
구비조건	• 열팽창률이 적고 고온에서 탄성을 유지할 것 • 실린더 벽에 동일한 압력을 가하고, 실린더 벽보다 약한 재질일 것 • 오래 사용해도 링 자체나 실린더의 마멸이 적을 것
종류	압축링	블로우 바이 방지 및 폭발행정에서 연소가스 누출 방지
	오일링	압축링 밑의 링홈에 1~2개가 끼워져 실린더 벽을 윤활하고 남은 과잉의 기관오일을 긁어내려 실린더 벽의 유막 조절
피스톤링 이음부 간극 클 때	• 블로우 바이 발생 • 기관오일 소모 증가
피스톤링 이음부 간극 작을 때	• 링 이음부가 접촉하여 눌어붙음 • 실린더 벽을 긁음

② 피스톤핀

기능	• 피스톤 보스에 끼워져 피스톤과 커넥팅 로드 소단부 연결 • 피스톤이 받은 폭발력을 커넥팅 로드에 전달
구비조건	강도 크고, 가볍고, 내마멸성 우수할 것

> 📝 **참고**
>
> **6기통 기관이 4기통 기관보다 좋은 점**
> • 가속이 원활하고 신속함
> • 기관 진동이 적음
> • 저속회전이 용이하고 출력이 높음

(5) 크랭크축

기능	피스톤의 직선운동을 회전운동으로 바꿔 기관의 출력을 외부로 전달하고, 동시에 흡입·압축·배기행정에서 피스톤에 운동을 전달
형식	직렬 4기통기관, 직렬 6기통기관, 직렬 8기통기관, V-8기통기관
비틀림 진동 방지기	• 크랭크축 앞 끝에 크랭크축 풀리와 일체로 설치하여 진동 흡수 • 비틀림 진동은 회전력이 클수록, 속도가 빠를수록 큼

(6) 커넥팅 로드

기능	피스톤 왕복운동을 크랭크축에 전달
구조	피스톤을 연결하는 소단부, 크랭크핀에 연결되는 대단부
커넥팅 로드 길이가 짧은 경우	• 기관의 높이가 낮아지고 무게를 줄일 수 있음 • 실린더 측압이 커져 기관 수명이 짧아지고 기관의 길이가 길어짐
커넥팅 로드 길이가 긴 경우	• 실린더 측압이 작아져 실린더 벽 마멸이 감소하여 수명이 길어짐 • 강도가 낮아지고 무게가 무거워지고 기관 높이가 높아짐

(7) 플라이휠

기관의 맥동적인 회전을 플라이휠의 관성력을 이용하여 원활한 회전으로 바꿔 줌

(8) 베어링

지지 방법	• 베어링 돌기 : 베어링을 캡 또는 하우징에 있는 홈과 맞물려 고정시키는 역할 • 베어링 스프레드 : 베어링을 장착하지 않은 상태에서 바깥 지름과 하우징의 지름의 차이, 조립 시 밀착을 좋게 하고 크러시의 압축에 의한 변형 방지 • 베어링 크러시 : 베어링을 하우징과 완전 밀착시켰을 때 베어링 바깥 둘레가 하우징 안쪽 둘레보다 약간 큰데, 이 차이를 크러시라 하며 볼트로 압착시키면 차이는 없어지고 밀착된 상태로 하우징에 고정
필수 조건	• 마찰계수가 작고, 고온 강도가 크고, 길들임성이 좋을 것 • 내피로성 · 내부식성 · 내마멸성이 클 것 • 매입성, 추종 유동성, 하중 부담 능력 있을 것

(9) 밸브기구

① **기능** : 실린더에 흡 · 배기되는 공기와 연소가스를 알맞은 시기에 개폐

② **밸브기구의 형식** : 오버헤드 밸브기구(캠축, 밸브 리프터, 푸시로드, 로커암 축 어셈블리 및 밸브 등으로 구성), 오버헤드 캠축 밸브기구(캠축을 실린더헤드 위에 설치하고 캠이 직접 로커암을 움직여 밸브를 열게 하는 형식)

③ **캠축과 캠**

캠	• 밸브 리프터를 밀어 주는 역할을 하며, 캠의 수는 밸브의 수와 같음 • 종류 : 접선 캠, 원호 캠, 등가속 캠 등
캠축	• 엔진의 밸브 수와 동일한 캠이 배열됨 • 구동 방식 : 기어 구동식, 체인 구동식, 벨트 구동식

④ **밸브**

기능	• 연소실에 설치된 흡 · 배기 구멍을 각각 개폐하고 공기를 흡입하며 연소가스 내보냄 • 압축과 폭발행정에서는 밸브 시트에 밀착되어 연소실 내의 가스 누출 방지
구비 조건	• 밸브 헤드 부분의 열전도율이 클 것 • 고온에서의 충격과 부하에 견디고 고온가스에 부식되지 않을 것 • 가열이 반복되어도 물리적 성질이 변화하지 않을 것 • 관성을 작게 하기 위해 무게가 가볍고 내구성 클 것 • 흡 · 배기가스 통과에 대한 저항이 적은 통로 만들 것
밸브 주요 부 기능	• 밸브 헤드 : 고온 · 고압 가스에 노출되어 높은 열적 부하를 받는 부분 • 밸브 마진 : 기밀 유지를 위한 보조 충격에 대해 지탱력을 가지며 밸브의 재사용 여부 결정 • 밸브 면 : 밸브 시트에 접촉되어 기밀 유지 및 밸브 헤드의 열을 시트에 전달하고 밸브 헤드의 열을 75% 냉각 • 밸브 스템 : 그 일부가 밸브 가이드에 끼워져 밸브 운동을 보호하며 밸브 헤드의 열을 가이드를 통하여 25% 냉각 • 밸브 스템 엔드 : 밸브에 캠의 운동을 전달하는 로커암과 충격적으로 접촉하는 부분
밸브 시트	• 기능 : 밸브 면과 밀착되어 연소실의 기밀 유지작용과 밸브 헤드의 냉각작용 • 밸브 시트 폭 넓은 경우 : 밸브의 냉각효과는 크지만 압력이 분산되어 기밀 유지 불량 • 밸브 시트 폭 좁은 경우 : 밀착압력이 커 기밀 유지는 양호하나 냉각효과 감소
밸브 가이드	• 밸브의 상하운동 및 밸브 면과 시트의 밀착이 바르게 되도록 밸브 스템 안내 • 가이드 간극 클 때 : 오일의 연소실 유입, 시트와 밀착 불량 • 가이드 간극 작을 때 : 스틱 현상 발생
밸브 오버랩	피스톤이 TDC에 있을 때 흡입 및 배기밸브가 동시에 열려 있는 것

★ 밸브 간극	• 밸브 스템 엔드와 로커암 사이의 간극
	• 밸브 간극 클 때
	  – 소음이 심하고 밸브 개폐기구에 충격을 줌
	  – 정상작동 온도에서 밸브가 완전하게 열리지 못함
	  – 흡입밸브의 간극이 크면 흡입량 부족 초래
	  – 배기밸브의 간극이 크면 배기 불충분으로 기관 과열
	• 밸브 간극 작을 때
	  – 블로우 바이로 인해 기관 출력 감소
	  – 밸브 열림 기간 길어짐
	  – 흡입밸브의 간극이 작으면 역화 및 실화 발생
	  – 배기밸브의 간극이 작으면 후화 발생 용이

밸브 스프링	압축과 폭발행정에서는 밸브 면과 시트를 밀착시켜 기밀을 유지시키고 흡입과 배기행정에서는 캠의 형상에 따라서 밸브가 열리도록 작동

3 연료장치

(1) 디젤기관의 장단점 ★

장점	• 가솔린기관에 비해 구조가 간단하여 열효율이 높고 연료 소비율이 적음 • 연료의 인화점이 높은 경유를 사용하여 취급·저장·화재의 위험성이 적음 • 배기가스에 함유되어 있는 유해성분이 적고, 저속에서 큰 회전력이 발생함 • 점화장치가 없어 고장률이 적음
단점	• 평균 유효압력 및 회전속도가 낮음 • 마력당 무게와 형체, 운전 중 진동·소음 큼 • 연소 압력이 커 기관 각부를 튼튼하게 해야 함 • 압축비가 높아 큰 출력의 기동전동기 필요 • 연료분사장치가 매우 정밀하고 복잡하여 제작비가 비쌈

> **참고**
>
> **디젤기관의 진동원인 ★**
> • 연료의 분사압력, 분사량, 분사시기 등의 불균형이 심할 때
> • 다기관에서 한 실린더의 분사노즐이 막혔을 때
> • 피스톤 커넥팅 로드 어셈블리 중량 차이가 클 때
> • 크랭크축 무게가 불평형이거나 실린더 내경(안지름)의 차가 심할 때
> • 연료공급 계통에 공기 침입

(2) 디젤노크

① 정의 : 착화 지연 기간 중에 분사된 다량의 연료가 화염 전파 기간 중에 일시적으로 연소하여 실린더 내의 압력이 급격히 증가함으로써 피스톤이 실린더 벽을 타격하여 소음이 발생하는 현상

② 발생원인
  ㉠ 연료의 분사압력이 낮을 때
  ㉡ 연소실의 온도가 낮을 때
  ㉢ 착화지연시간이 길 때
  ㉣ 노즐의 분무상태가 불량할 때
  ㉤ 기관이 과도하게 냉각되어 있을 때
  ㉥ 세탄가가 낮은 연료 사용 시

③ 노크가 기관에 미치는 영향 ★
  ㉠ 기관 과열 및 출력의 저하
  ㉡ 배기가스 온도의 저하
  ㉢ 실린더 및 피스톤의 손상 또는 고착의 발생

④ 노크의 방지책
  ㉠ 기관의 온도와 회전속도 높임
  ㉡ 압축비, 압축압력 및 압축온도 높임
  ㉢ 분사시기 알맞게 조정
  ㉣ 착화성이 좋은 경유 사용
  ㉤ 연소실 벽의 온도를 높게 유지함
  ㉥ 착화기간 중의 분사량을 적게 함

(3) 디젤기관의 시동 보조기구 ★

감압 장치	• 디젤기관에서 캠축의 회전과 관계없이 흡·배기밸브를 열어주어 압축압력을 감소시킴으로써 시동을 쉽게 할 수 있도록 함 • 종류 : 홈형식, 조정 스크루식
예열 장치	• 디젤기관은 압축착화방식이므로 한랭상태에서는 경유가 잘 착화하지 못해 시동이 어려우므로 예열장치는 흡입 다기관이나 연소실 내의 공기를 미리 가열하여 시동을 쉽도록 하는 장치 • 종류 : 예열플러그 방식, 흡기가열 방식(흡기 히터와 히트 레인지)

> **참고**
>
> **디젤기관에서 시동이 되지 않는 원인**
> • 연료계통에 공기가 들어 있을 때
> • 배터리 방전으로 교체가 필요한 상태일 때
> • 연료분사 펌프의 기능이 불량할 때
> • 연료가 부족할 때

(4) 디젤기관의 연소실 및 연료장치

① 연소실

종류	직접분사실식, 예연소실식, 와류실식, 공기실식
구비 조건	• 평균 유효압력이 높고 기관 시동이 쉬울 것 • 연료 소비율과 디젤기관 노크 발생이 적을 것 • 분사된 연료를 가능한 한 짧은 시간 내에 완전연소시킬 것 • 고속회전에서의 연소상태가 좋을 것

② 연료장치

연료의 공급 순서	연료탱크 → 연료 공급펌프 → 연료 필터 → 연료 분사펌프 → 분사노즐
연료탱크	건설기계의 주행 및 작업에 소요되는 경유를 저장하는 탱크
연료 파이프	연료장치의 각 부품을 연결하는 통로
연료 공급펌프	연료탱크 내의 연료를 일정한 압력(약 2~3kgf/cm²)을 가하여 분사펌프에 공급하는 장치로 분사펌프 옆에 설치되어 분사펌프 캠축에 의해 구동
연료 여과기	연료 속에 들어 있는 먼지와 수분을 제거·분리하며 경유는 분사펌프 플런저 배럴과 플런저 및 분사노즐의 윤활도 겸하므로 여과 성능이 높아야 함

연료 분사펌프	• 연료 공급펌프와 여과기로부터 공급받은 연료를 고압으로 압축하여 폭발 순서에 따라 각 실린더의 분사노즐로 압송 • 분사펌프 구조 : 펌프 하우징, 캠축, 태핏, 플런저 배럴, 플런저	
분사량 조절기구	가속 페달이나 조속기의 움직임을 플런저로 전달하는 기구(가속 페달 → 제어래크 → 제어피니언 → 제어슬리브 → 플런저 회전)	
딜리버리 밸브	• 플런저의 상승행정으로 배럴 내 압력이 규정값(약 10kgf/cm²)에 도달하면 이 밸브가 열려 연료를 분사 파이프로 압송 • 연료 역류 및 분사노즐 후적 방지	
연료 분사 시기 조정기 (타이머)	기관의 부하 및 회전속도에 따라 연료 분사시기 조정	
조속기 (거버너)	기관의 회전속도나 부하변동에 따라 자동적으로 래크를 움직여 분사량을 조절하는 것으로서 최고 회전속도를 제어하고 저속운전을 안정시킴	
분배형 분사펌프	소형 고속 디젤기관의 발달과 함께 개발된 것으로 연료를 하나의 펌프 엘리먼트로 각 실린더에 공급하도록 한 형식	
연료 분사 파이프	분사펌프의 각 펌프 출구와 분사노즐을 연결하는 고압 파이프	
분사노즐★	분사펌프에서 보내온 고압의 연료를 미세한 안개 모양으로 연소실 내에 분사	

4 흡·배기장치

(1) 흡입(기)장치

	역할	공기를 실린더 내로 이끌어 들이는 장치
구성	공기 청정기	• 실린더에 흡입되는 공기를 여과하고 소음을 방지하며 역화 시에 불길 저지 • 실린더와 피스톤의 마멸 및 오일의 오염과 베어링의 소손 방지
	흡기 다기관	• 공기를 실린더 내로 안내하는 통로 • 헤드 측면에 설치
	터보 차저 (과급기)	• 흡기관과 배기관 사이에 설치 • 실린더 내의 흡입 공기량 증가 • 기관출력의 증가 • 체적 효율의 증대 • 평균유효압력과 회전력 상승 • 기관이 고출력일 때 배기가스의 온도 낮춤 • 고지대에서 운전 시 기관의 출력 저하 방지

> 📝 **참고**
>
> **건식 · 습식 공기청정기**
>
> | 건식 공기 청정기 | • 설치 또는 분해조립이 간단함
• 작은 입자의 먼지나 오물을 여과할 수 있음
• 기관 회전속도의 변동에도 안정된 공기청정 효율을 얻을 수 있음 |
> |---|---|
> | 습식 공기 청정기 | • 청정효율은 공기량이 증가할수록 높아짐
• 회전속도가 빠르면 효율이 좋아짐
• 흡입공기는 오일로 적셔진 여과망을 통과하여 여과
• 공기청정기 케이스 밑에는 일정량의 오일이 들어 있음 |

(2) 배기장치

	역할	실린더 내에서 연소된 배기가스를 대기 중으로 배출하는 장치
구성	배기 다기관	엔진의 각 실린더에서 배출되는 배기가스를 모으는 것
	배기 파이프	배기다기관에서 나오는 배기가스를 대기 중으로 내보내는 강관
	소음기	배기가스를 대기 중에 방출하기 전에 압력과 온도를 저하시켜 급격한 팽창과 폭음을 억제하기 위한 구조

5 윤활장치

(1) 윤활유

① **윤활의 기능** : 마멸 방지, 냉각작용, 방청작용, 세척작용, 밀봉작용, 응력 분산작용

② **윤활유**

정의	윤활에 사용되는 오일(기관오일)
구비 조건	• 비중과 점도가 적당하고 청정력이 클 것 • 인화점 및 자연발화점이 높고, 기포 발생이 적을 것, 유성이 좋을 것 • 응고점이 낮고, 열과 산에 대한 저항력이 클 것

(2) 윤활장치의 구성

오일팬	기관오일이 담겨지는 용기, 냉각작용
오일 스트레이너	고운 스크린으로 되어 있으므로 펌프 내에 오일을 흡입할 때 입자가 큰 불순물을 제거하여 오일펌프에 유도하는 작용
유압조절 밸브	• 윤활 회로 내를 순환하는 유압이 과도하게 상승하는 것을 방지하여 유압이 일정하게 유지되도록 하는 작용 • 유압이 규정값 이상일 경우에는 유압조절밸브가 열리고 규정값 이하로 내려가면 다시 닫힘

제1장 엔진(기관)구조

	• 스프링의 장력을 받고 있는 유압조절밸브의 유압이 스프링의 장력보다 커지면 유압조절밸브가 열려 과잉압력을 오일팬으로 되돌아가게 함
오일펌프	• 오일을 스트레이너를 거쳐 흡입한 후 가압하여 각 윤활 부분으로 압송하는 기구 • 종류 : 기어펌프, 로터리펌프, 플런저펌프, 베인펌프
오일여과기 ★	• 오일 속의 수분, 연소 생성물, 금속 분말, 오일 슬러지 등의 미세한 불순물 제거 • 여과기에 들어온 오일이 엘리먼트(여지, 면사 등을 사용)를 거쳐 가운데로 들어간 후 출구로 나가면 엘리먼트를 거칠 때 오일에 함유된 불순물을 여과하고 제거된 불순물은 케이스 밑바닥에 침전 • 오일의 색깔 : 검정(심하게 오염), 붉은색(가솔린 혼입), 우유색(냉각수 혼입), 회색(금속분말 혼입) • 오일 오염의 원인 : 오일 질 및 오일여과기 불량, 피스톤링 장력 약함, 크랭크 케이스 환기장치 막힘
유면 표시기	• 오일팬 내의 오일량을 점검할 때 사용하는 금속막대 • 오일량은 항상 F선 가까이 있어야 하며, F선보다 높으면 많은 양의 오일이 실린더 벽에 뿌려져 오일이 연소하고, L선보다 훨씬 낮으면 오일 공급량 부족으로 윤활이 불완전
유압계	윤활장치 내를 순환하는 오일압력을 운전자에게 알려주는 계기
유압경고등	기관이 작동되는 도중 유압이 규정값 이하로 떨어지면 경고등 점등
오일냉각기	주로 라디에이터 아래쪽에 설치되며 기관오일이 냉각기를 거쳐 흐를 때 기관 냉각수로 냉각되거나 가열되어 윤활 부분으로 공급

📝 참고

유압 상승 및 하강 원인

유압 상승	• 윤활유의 점도가 높음 • 윤활 회로의 일부 막힘(오일여과기가 막히면 유압 상승) • 기관온도가 낮아 오일 점도 높음 • 유압조절밸브 스프링의 장력 과다
유압 하강	• 기관오일의 점도가 낮고 윤활유의 양이 부족 • 기관 각부의 과다 마모 • 오일펌프의 마멸 또는 윤활 회로에서 오일 누출 • 유압조절밸브 스프링 장력이 약하거나 파손 • 윤활유의 압력 릴리프밸브가 열린 채 고착

6 냉각장치

(1) 냉각장치의 역할 및 구분

역할		작동 중인 기관이 폭발행정을 할 때 발생되는 열(1,500~2,000℃)을 냉각시켜 일정 온도(75~80℃)가 되도록 함
기관 과열 시 발생 현상		• 작동 부분의 고착 및 변형 발생 • 조기점화 또는 노크 발생 • 냉각수 순환 불량 및 금속 산화 촉진 • 윤활이 불충분하여 각 부품 손상
구분	공랭식	• 기관을 대기와 직접 접촉시켜서 냉각시키는 방식 • 장점 : 냉각수 보충·동결·누수 염려 없음, 구조가 간단하여 취급 용이 • 단점 : 기후·운전상태 등에 따라 기관의 온도가 변화하기 쉬움, 냉각이 불균일하여 과열되기 쉬움
	수랭식	실린더블록과 실린더헤드에 냉각수 통로를 설치하여 이곳에 냉각수를 순환시켜 기관을 냉각시키는 방식

📝 참고

기관 과열의 원인

- 라디에이터의 코어 막힘
- 냉각장치 내부에 물때가 끼었을 때
- 냉각수의 부족
- 물펌프의 벨트가 느슨해졌을 때
- 정온기가 닫힌 상태로 고장이 났을 때
- 냉각팬의 벨트가 느슨해졌을 때(유격이 클 때)
- 무리한 부하운전을 할 때

(2) 냉각장치의 구성

물재킷 (물 통로)	• 실린더블록과 실린더헤드에 설치된 냉각수가 순환하는 물 통로 • 실린더 벽, 밸브 시트, 밸브 가이드 및 연소실 등과 접촉되어 혼합기가 연소 시에 발생된 고온을 흡수하여 냉각
워터 펌프	• 구동벨트에 의해 구동되어 물재킷 내로 냉각수를 순환시키는 펌프 • 기관 회전수의 1.2~1.6배로 회전하며 펌프의 효율은 냉각수 온도에 반비례하고 압력에 비례
구동 벨트	• 장력이 팽팽할 때 : 각 풀리의 베어링 마멸 촉진, 워터펌프의 고속회전으로 기관 과냉 • 장력이 헐거울 때 : 발전기 출력 저하, 워터펌프 회전속도가 느려 기관 과열 용이, 소음 발생, 구동벨트 손상 촉진
냉각팬	• 워터펌프 축과 일체로 회전하며 라디에이터를 통해 공기를 흡입함으로써 라디에이터 통풍을 도움 • 팬 클러치 : 냉각팬의 회전을 자동적으로 조절하여 냉각팬의 구동으로 소비되는 기관의 출력을 최대한으로 줄이고 기관의 과냉이나 냉각팬의 소음을 감소시킴

냉각수	• 기관에서 사용하는 냉각수 : 빗물, 수돗물, 증류수 등의 연수 • 열을 잘 흡수하지만 100°C에서 비등하고 0°C에서 얼며 스케일이 생김
부동액	• 냉각수가 동결되는 것을 방지하기 위해 냉각수와 혼합하여 사용하는 액체 예 메탄올, 글리세린, 에틸렌글리콜 • 구비조건 : 침전물 없고 물과 쉽게 혼합될 것, 부식성이 없을 것, 팽창계수 작을 것, 순환 잘 되고 휘발성 없을 것, 비등점이 물보다 높고 빙점은 물보다 낮을 것
수온 조절기	• 실린더헤드 물재킷 출구 부분에 설치되어 냉각수 온도에 따라 냉각수 통로를 개폐하여 기관의 온도를 알맞게 유지하는 기구 • 냉각수의 온도가 차가울 때는 수온조절기가 닫혀서 라디에이터 쪽으로 냉각수가 흐르지 못하게 하고 냉각수가 가열되면 점차 열리기 시작하며 정상온도가 되면 완전히 열려서 냉각수가 라디에이터로 순환 • 펠릿형은 냉각장치에서 왁스실에 왁스를 넣어 온도가 높아지면 팽창축을 열게 하는 방식이고, 벨로즈형은 벨로즈 안에 에테르를 밀봉한 방식

라디에이터 (방열기)	• 실린더블록과 실린더헤드의 냉각수 통로에서 열을 흡수한 냉각수를 냉각하고 기관에서 뜨거워진 냉각수를 방열판에 통과시켜 공기와 접촉하게 함으로써 냉각시킴
	• 라디에이터 구비조건 : 공기 흐름 저항과 냉각수 흐름 저항이 적을 것, 단위면적당 방열량과 강도가 클 것, 작고 가벼울 것
	• 라디에이터 캡
	  – 냉각수 주입구 뚜껑으로 냉각장치 내의 비등점을 높이고 냉각 범위를 넓히기 위하여 압력식 캡 사용
	  – 압력이 낮을 때 압력밸브와 진공밸브는 스프링의 장력으로 각각 시트에 밀착되어 냉각장치 기밀 유지

01 | 엔진(기관)구조

기관(엔진) 본체

01 기관의 커넥팅 로드가 부러질 경우 직접 영향을 받는 곳은?

① 오일 팬   ② 밸브
③ 실린더   ④ 실린더 헤드

해설 커넥팅 로드는 피스톤의 왕복운동을 크랭크축에 전달하는 장치로 실린더에 장착된다. 커넥팅 로드가 부러질 경우 실린더가 직접적인 영향을 받는다.

02 커먼레일 디젤기관의 공기유량센서(AFS)에 대한 설명 중 맞지 않는 것은?

① EGR 피드백 제어기능을 주로 한다.
② 열막 방식을 사용한다.
③ 연료량 제어기능을 주로 한다.
④ 스모그 제한 부스터 압력 제어용으로 사용한다.

해설 공기유량센서(AFS)는 스로틀 바디에 설치되어 에어클리너로 흡입되는 공기량을 계측하여 신호로 변환시켜 ECU로 보내는 기능을 한다. 커먼레일 디젤기관에서는 연료량 제어기능보다는 주로 배기가스 재순환 제어기능에 사용된다.

03 기관의 피스톤이 고착되는 원인으로 틀린 것은?

① 냉각수 양이 부족할 때
② 기관오일이 부족하였을 때
③ 기관이 과열되었을 때
④ 압축압력이 너무 높았을 때

해설 기관오일 부족, 엔진 과열이 발생하면 기관 작동 중 열팽창으로 인해 실린더와 피스톤 사이에서 고착(융착, 소결)이 발생한다.

04 디젤기관의 점화(착화) 방법은?

① 전기착화   ② 마그넷 점화
③ 압축착화   ④ 전기점화

해설 디젤기관은 연료의 연소 과정에서 공기만을 흡입한 후 높은 압축비로 압축하여 그 온도를 500~600℃ 이상 되게 한 후 연료(경유)를 분사펌프로 압력을 가하여 노즐에서 실린더 내에 분사시켜 자기 착화시킨다.

05 피스톤과 실린더 사이의 간극이 너무 클 때 일어나는 현상은?

① 엔진의 출력 증대
② 압축압력 증가
③ 실린더 소결
④ 엔진오일의 소비 증가

해설 엔진오일이 연소실 내부로 유입되어 타게 되므로 엔진오일이 줄어든다. 이를 보충하다 보면 엔진오일 소비가 증가한다.

06 오토기관에 비해 디젤기관의 장점이 아닌 것은?

① 화재의 위험이 적다.
② 열효율이 높다.
③ 가속성이 좋고 운전이 정숙하다.
④ 연료 소비율이 낮다.

해설 디젤기관은 운전 중 진동과 소음이 크다.

07 디젤기관의 구성품이 아닌 것은?

① 분사펌프   ② 공기청정기
③ 점화플러그   ④ 흡기다기관

해설 디젤기관은 자기착화방식이므로 점화장치(점화플러그)가 없다.

정답 01.③ 02.③ 03.④ 04.③ 05.④ 06.③ 07.③

08 기관의 밸브 간극이 너무 클 때 발생하는 현상에 관한 설명으로 올바른 것은?

① 정상온도에서 밸브가 확실하게 닫히지 않는다.
② 밸브 스프링의 장력이 약해진다.
③ 푸시로드가 변형된다.
④ 정상온도에서 밸브가 완전히 개방되지 않는다.

해설 기관의 밸브 간극은 로커암과 밸브스템 엔드와의 틈새를 말한다. 기관의 밸브 간극이 너무 크면 닫혀 있는 밸브를 제대로 밀어내지 못하여 완전하게 열리지 않는다.

09 기관을 점검하는 요소 중 디젤기관과 관계없는 것은?

① 예열장치   ② 점화장치
③ 연료장치   ④ 압축장치

해설 점화장치는 가솔린 기관, LPG 기관, 로터리 기관의 점화방식에 쓰인다.

10 디젤기관에서 압축압력이 저하되는 가장 큰 원인은?

① 피스톤링의 마모   ② 기어오일의 열화
③ 엔진오일 과다   ④ 냉각수 부족

해설 피스톤의 압축링이 절손·과마모되거나 장력이 작으면 압축압력이 떨어지고 블로우 바이를 일으키기 쉬우며 열전도 작용이 감소하여 피스톤의 온도가 상승한다.

11 기관에서 엔진오일이 연소실로 올라오는 이유는?

① 피스톤링 마모   ② 피스톤핀 마모
③ 커넥팅 로드 마모 ④ 크랭크축 마모

해설 실린더 벽이나 피스톤링의 마모, 피스톤과 실린더 사이의 간극이 클 때에는 실린더 벽과 피스톤링의 틈을 통해 엔진오일이 연소실 내부로 유입되어 연소된다.

12 기관을 시동하기 전에 점검할 사항과 가장 관계가 먼 것은?

① 연료의 양
② 냉각수 및 엔진오일의 양
③ 기관오일의 온도
④ 유압유의 양

해설 시동 전이라면 기관 몸체가 대부분 온도가 낮은 상태일 것이다. 기관오일의 온도는 시동 전에 점검할 사항과는 거리가 멀다.

13 4행정기관에서 엔진이 4000rpm일 때 분사펌프의 회전수는?

① 4000rpm   ② 2000rpm
③ 8000rpm   ④ 1000rpm

해설 4행정기관이 1사이클을 완료하면 크랭크축은 2회전, 캠축은 1회전하므로 회전비는 2 : 1이 된다. 따라서 분사펌프는 엔진 회전수의 1/2로 회전하게 된다.

14 실린더에 마모가 생겼을 때 나타나는 현상이 아닌 것은?

① 압축효율 저하
② 크랭크실 내의 윤활유 오염 및 소모
③ 출력 저하
④ 조속기의 작동 불량

해설 실린더에 마모가 생겼을 때 밀폐작용이 제대로 이루어지지 않게 되므로 압축효율이 저하되어 출력이 떨어지게 된다. 크랭크실 내의 윤활유가 오염되며 윤활유가 타게 되어 소모량도 많아진다.

15 4행정 사이클 기관의 행정순서로 맞는 것은?

① 압축 → 동력 → 흡입 → 배기
② 흡입 → 동력 → 압축 → 배기
③ 압축 → 흡입 → 동력 → 배기
④ 흡입 → 압축 → 동력 → 배기

정답 08.④ 09.② 10.① 11.① 12.③ 13.② 14.④ 15.④

16 다음 중 피스톤링에 대한 설명으로 틀린 것은?

① 압축가스가 새는 것을 막아준다.
② 엔진오일을 실린더 벽에서 긁어내린다.
③ 압축 링과 인장 링이 있다.
④ 실린더 헤드 쪽에 있는 것이 압축 링이다.

해설 피스톤 링은 압축 링과 오일 링이 있다. 압축 링은 블로우 바이 방지와 동력행정에서 연소가스의 누출을 방지하고, 오일 링은 실린더 벽의 유막을 조절한다.

17 4행정기관에서 크랭크축 기어와 캠축 기어와의 지름의 비 및 회전비는 각각 얼마인가?

① 2 : 1 및 1 : 2
② 2 : 1 및 2 : 1
③ 1 : 2 및 2 : 1
④ 1 : 2 및 1 : 2

해설 4행정 사이클 기관이 1사이클을 완료하면 크랭크축은 2회전, 캠축은 1회전, 각 흡·배기밸브는 1번 개폐한다. 그러므로 크랭크축 기어가 2회전할 때 캠축 기어는 1회전하므로 지름의 비는 1 : 2, 회전비는 2 : 1이다.

18 실린더 헤드 개스킷이 손상되었을 때 일어나는 현상으로 가장 옳은 것은?

① 엔진오일의 압력이 높아진다.
② 피스톤링의 작동이 느려진다.
③ 압축압력과 폭발압력이 낮아진다.
④ 피스톤이 가벼워진다.

해설 실린더 헤드 개스킷은 실린더 헤드와 블록의 접합면 사이에 끼워져 양면을 밀착시켜서 압축가스, 냉각수 및 기관오일의 누출을 방지하기 위해 사용하는 석면계열의 물질이다. 이것이 손상되었을 때 압축압력과 폭발압력이 낮아진다.

19 기관의 크랭크축 베어링의 구비조건으로 틀린 것은?

① 마찰계수가 클 것
② 내피로성이 클 것
③ 매입성이 있을 것
④ 추종 유동성이 있을 것

해설 기관의 크랭크축 베어링의 구비조건
• 매입성이 있을 것
• 내식성이 있을 것
• 내피로성이 클 것
• 추종 유동성이 있을 것
• 하중부담능력이 있을 것

20 기관의 배기가스 색이 회백색이라면 고장 예측으로 가장 적절한 것은?

① 소음기의 막힘
② 노즐의 막힘
③ 흡기필터의 막힘
④ 피스톤링의 마모

해설 실린더의 피스톤링이 마모되면 연소실로 누설된 오일이 연소되면서 배기가스 색이 회백색이 된다. 피스톤링의 밀폐작용이 불량할 경우 이 현상이 나타난다.

21 기관에서 크랭크축의 역할은?

① 원활한 직선운동을 하는 장치이다.
② 기관의 진동을 줄이는 장치이다.
③ 직선운동을 회전운동으로 변환시키는 장치이다.
④ 원운동을 직선운동으로 변환시키는 장치이다.

해설 크랭크축은 폭발행정에서 얻은 피스톤의 동력을 회전운동으로 바꿔 기관의 출력을 외부로 전달하고, 동시에 흡입·압축·배기행정에서는 피스톤에 운동을 전달하는 회전축이다.

22 열에너지를 기계적 에너지로 변환시켜 주는 장치는?

① 펌프
② 모터
③ 엔진
④ 밸브

해설 엔진은 열에너지를 기계적 에너지로 바꾸는 작용을 한다.

23 4행정기관에서 흡·배기밸브가 모두 닫혀 있을 때는?

① 흡기행정의 상사점
② 흡기행정의 하사점
③ 압축행정의 상사점
④ 배기행정의 상사점

연료장치

01 디젤기관에서 조속기가 하는 역할은?

① 분사시기 조정　② 착화성 조정
③ 분사량 조정　　④ 분사압력 조정

해설 조속기(governor)는 엔진의 회전속도, 부하에 따라 자동적으로 분사 량을 가감하여 운전이 안정되게 한다.

02 디젤 연료장치에서 연료탱크 내의 이물질을 배출할 수 있는 장치는?

① 노즐 상단 피팅　② 에어블리드 스크류
③ 벤트 플러그　　　④ 드레인 플러그

해설 연료탱크 밑면에는 드레인 플러그가 설치되어 있어 탱크 내의 이물질 및 수분을 제거할 수 있다.

03 디젤엔진의 연소실에는 연료가 어떤 상태로 공급되는가?

① 기화기와 같은 기구를 사용하여 연료를 공급한다.
② 노즐로 연료를 안개와 같이 분사한다.
③ 가솔린 엔진과 동일한 연료공급펌프로 공급한다.
④ 액체 상태로 공급한다.

해설 디젤엔진의 노즐은 연료의 압축에 의한 발화가 잘 일어나도록 하기 위해 안개와 같은 상태로 실린더 내로 흩뿌려 주는 역할을 한다. 무화가 잘 일어나야 착화가 잘되어 기관이 제대로 작동한다.

04 연료의 세탄가와 가장 밀접한 관련이 있는 것은?

① 열효율　② 폭발압력
③ 착화성　④ 인화성

해설 세탄가가 높은 연료는 착화성이 좋은 연료이다.

05 디젤기관에서 발생하는 진동 원인이 아닌 것은?

① 프로펠러 샤프트의 불균형
② 분사시기의 불균형
③ 분사 량의 불균형
④ 분사압력의 불균형

해설 디젤기관에서 진동이 발생되는 원인은 다수의 실린더에서 발생하는 폭발력이 다르거나 폭발 시기가 일정한 간격을 두고 있지 않기 때문이다.

06 작업 중인 건설기계 기관에서 노킹이 발생하였을 때 기관에 미치게 되는 영향으로 틀린 것은?

① 기관의 출력이 낮아진다.
② 기관의 회전수가 높아진다.
③ 기관이 과열된다.
④ 기관의 흡기 효율이 저하된다.

해설 기관의 회전수가 낮아진다.

07 디젤기관에서 시동이 잘 안 되는 원인으로 가장 적절한 것은?

① 보조탱크의 냉각수량이 부족할 때
② 냉각수 온도가 높은 것을 사용할 때
③ 낮은 점도의 기관오일을 사용할 때
④ 연료계통에 공기가 들어 있을 때

해설 공기 침입의 정도가 심한 경우 기관의 작동이 정지된다.

정답 01.③ 02.④ 03.② 04.③ 05.① 06.② 07.④

제1장 엔진(기관)구조

08 디젤기관에서 노크 방지 방법으로 틀린 것은?

① 착화성이 좋은 연료를 사용한다.
② 연소실 벽 온도를 높게 유지한다.
③ 압축비를 낮춘다.
④ 착화기간 중의 분사 량을 적게 한다.

해설 압축비, 압축압력 및 압축온도를 높인다.

09 디젤기관에서 부조 발생의 원인이 아닌 것은?

① 발전기 고장
② 거버너 작용 불량
③ 분사시기 조정 불량
④ 연료의 압송 불량

해설 부조가 발생하는 것은 연료가 적시에 원활히 공급되지 않기 때문이다.

10 디젤기관에서 연료장치의 구성 부품이 아닌 것은?

① 분사펌프   ② 연료필터
③ 기화기   ④ 연료탱크

해설 디젤기관의 연료장치는 공급펌프에서 연료탱크 내의 연료를 흡입하여 연료필터에서 여과시킨 후 분사펌프로 공급하여 분사파이프를 거쳐 분사노즐에 소정의 압력으로 분사하는 장치이다.

11 디젤기관에서 연료 라인에 공기가 혼입되었을 때 현상으로 맞는 것은?

① 분사압력이 높아진다.
② 디젤 노킹이 일어난다.
③ 연료 분사 량이 많아진다.
④ 기관 부조 현상이 발생된다.

해설 부조가 발생하는 것은 연료가 적시에 원활히 공급되지 않기 때문이다. 연료 라인에 공기가 혼입되면 연료가 불규칙하게 공급되어 부조가 발생한다.

12 디젤기관에서 노킹을 일으키는 원인으로 맞는 것은?

① 흡입공기의 온도가 높을 때
② 착화지연기간이 짧을 때
③ 연료에 공기가 혼입되었을 때
④ 연소실에 누적된 연료가 많아 일시에 연소할 때

13 건설기계 운전 중 엔진 부조를 하다가 시동이 꺼졌다. 그 원인이 아닌 것은?

① 연료필터 막힘
② 연료에 물 혼입
③ 분사노즐이 막힘
④ 연료장치의 오버플로우 호스가 파손

해설 엔진 부조를 하다가 시동이 꺼지는 이유는 연료계통에 문제가 생겼기 때문이다. 오버플로우 호스의 파손은 남은 연료가 탱크로 되돌아가지 못할 뿐 시동이 꺼지는 원인은 아니다.

정답 08.③ 09.① 10.③ 11.④ 12.④ 13.④

14 디젤기관에서 연료장치의 구성요소가 아닌 것은?

① 분사노즐 ② 연료필터
③ 분사펌프 ④ 예열플러그

해설 디젤기관에서 연료장치는 연료탱크, 연료공급펌프, 연료여과기(필터), 분사펌프, 분사노즐로 구성되어 있다.

15 디젤기관에서 연료장치 공기빼기 순서가 바른 것은?

① 공기펌프 → 분사노즐 → 분사펌프
② 공기여과기 → 분사펌프 → 공급펌프
③ 공급펌프 → 연료여과기 → 분사펌프
④ 분사펌프 → 연료여과기 → 공급펌프

16 다음 중 디젤기관만이 가지고 있는 부품은?

① 분사노즐 ② 오일펌프
③ 물 펌프   ④ 연료펌프

해설 분사노즐은 분사펌프에서 공급한 고압의 연료를 미세한 안개모양으로 연소실 내에 분사하는 장치이다.

17 예연소실식 디젤기관에서 연소실 내의 공기를 직접 예열하는 방식은?

① 맵 센서식   ② 예열플러그식
③ 공기량 계측기식 ④ 흡기가열식

18 디젤기관에서 인젝터 간 연료 분사량이 일정하지 않을 때 나타나는 현상은?

① 연료 분사 량에 관계없이 기관은 순조로운 회전을 한다.
② 연료 소비에는 관계가 있으나 기관 회전에는 영향을 미치지 않는다.
③ 연소 폭발음의 차이가 있으며 기관은 부조를 하게 된다.
④ 출력은 향상되나 기관은 부조를 하게 된다.

해설 디젤기관에서 인젝터 간 연료 분사 량이 일정하지 않을 때 폭발하는 강도가 실린더별로 차이가 나기 때문에 폭발음에 차이가 있으며 부조현상이 일어난다.

19 기관에서 연료를 압축하여 분사 순서에 맞게 노즐로 압송시키는 장치는?

① 연료분사 펌프 ② 연료공급 펌프
③ 프라이밍 펌프 ④ 유압 펌프

해설 연료분사펌프는 연료공급펌프와 여과기로부터 공급받은 연료를 고압으로 압축하여 폭발 순서에 따라 각 실린더의 분사노즐로 압송시킨다.

20 디젤기관의 연소실 중 연료 소비율이 낮으며 연소 압력이 가장 높은 연소실 형식은?

① 예연소실식   ② 와류실식
③ 직접분사실식 ④ 공기실식

21 연료탱크의 연료를 분사펌프 저압부까지 공급하는 것은?

① 연료공급 펌프 ② 연료분사 펌프
③ 인젝션 펌프   ④ 로터리 펌프

해설 연료공급펌프에 의해 연료가 분사펌프 저압부까지 공급된다.

정답 14.④ 15.③ 16.① 17.② 18.③ 19.① 20.③ 21.①

흡·배기장치

01 운전 중인 기관의 에어클리너가 막혔을 때 나타나는 현상으로 가장 적당한 것은?

① 배출가스 색은 검고 출력은 저하한다.
② 배출가스 색은 희고 출력은 정상이다.
③ 배출가스 색은 청백색이고 출력은 증가된다.
④ 배출가스 색은 무색이고 출력과는 무관하다.

해설 에어클리너(공기청정기)가 막히면 공기흡입량이 줄어들어 엔진의 출력이 저하되고, 농후한 혼합비로 인한 불완전연소로 검은색 배기가스가 배출된다.

02 연소실에서 윤활유가 연소할 때 가장 가까운 배기가스 색은?

① 자색   ② 흑색
③ 백색   ④ 무색

해설 배기가스의 색깔과 연소 상태
- 무색 : 정상 연소
- 백색 : 기관오일 연소
- 흑색 : 혼합비 농후
- 엷은 황색 또는 자색 : 혼합비 희박
- 황색에서 흑색으로 변화 : 노킹 발생

03 과급기 케이스 내부에 설치되며 공기의 속도에너지를 압력에너지로 바꾸는 장치는?

① 임펠러   ② 디퓨저
③ 터빈   ④ 디플렉터

04 디젤기관에 과급기를 부착하는 주된 목적은?

① 배기의 정화   ② 윤활성의 증대
③ 출력의 증대   ④ 냉각효율의 증대

해설 터보차저(과급기)는 엔진의 흡입효율을 높이기 위하여 흡입공기에 압력을 가해 주어 출력을 증대시키는 장치이다.

05 기관에서 공기청정기의 설치 목적으로 옳은 것은?

① 연료의 여과와 소음 방지
② 공기의 여과와 소음 방지
③ 공기의 가압작용
④ 연료의 여과와 가압작용

해설 공기청정기는 실린더에 흡입되는 공기를 여과하여 소음을 방지하고 역화 시에 불길을 저지한다. 실린더와 피스톤의 마멸과 오일의 오염, 베어링의 소손을 방지한다.

06 흡·배기밸브의 구비조건이 아닌 것은?

① 열전도율이 좋을 것
② 열에 대한 팽창률이 적을 것
③ 열에 대한 저항력이 작을 것
④ 가스에 견디고 고온에 잘 견딜 것

해설 밸브는 높은 열과 폭발력을 받으므로 열과 압력에 충분히 견뎌 낼 수 있어야 한다.

07 습식 공기청정기에 대한 설명이 아닌 것은?

① 청정효율은 공기량이 증가할수록 높아지며 회전속도가 빠르면 효율이 좋아진다.
② 흡입공기는 오일로 적셔진 여과망을 통과시켜 여과시킨다.
③ 공기청정기 케이스 밑에는 일정한 양의 오일이 들어 있다.
④ 공기청정기는 일정기간 사용 후 무조건 신품으로 교환해야 한다.

해설 습식 공기청정기는 세척유로 세척하여 사용한다.

08 여과기 종류 중 원심력을 이용하여 이물질을 분리시키는 형식은?

① 건식 여과기   ② 오일 여과기
③ 습식 여과기   ④ 원심식 여과기

정답 01.① 02.③ 03.② 04.③ 05.② 06.③ 07.④ 08.④

윤활장치

01 기관에서 윤활유 사용 목적(기능)이 아닌 것은?

① 발화성을 좋게 한다.
② 마찰을 적게 한다.
③ 냉각작용을 한다.
④ 실린더 내의 밀봉작용을 한다.

해설 윤활유의 기능
- 세척(청정)작용
- 열전도(냉각) 작용
- 부식 방지(방청)작용
- 응력 분산(충격 완화)작용
- 마찰감소 및 마멸방지 작용(감마작용)
- 실린더 내의 가스누출 방지(밀봉·기밀유지)작용

02 엔진오일의 소비량이 많아지는 직접적인 원인은?

① 피스톤링이 마모되었다.
② 오일펌프 기어가 마모되었다.
③ 윤활유의 압력이 너무 작다.
④ 배기밸브 간극이 너무 작다.

해설 실린더 벽의 마모나 피스톤링의 마멸로 인하여 피스톤과 실린더 사이의 간극이 커지는 경우에는 윤활유의 연소와 누설로 인하여 소비량이 과다해진다.

03 다음 엔진오일 중 오일 점도가 가장 낮은 것은?

① SAE #40   ② SAE #10
③ SAE #20   ④ SAE #30

해설 SAE(미국 자동차기술협회) 번호가 클수록 점도가 높고 번호가 작을수록 점도가 낮은 오일이다.

04 엔진오일에 대한 설명으로 맞는 것은?

① 엔진 시동 후 유압경고등이 꺼지면 엔진을 멈추고 점검한다.
② 겨울보다 여름에는 점도가 높은 오일을 사용한다.
③ 엔진오일에는 거품이 많이 들어 있는 것이 좋다.
④ 엔진오일 순환상태는 오일레벨 게이지로 확인한다.

해설 여름에는 기온이 높으므로 엔진오일의 점도가 높아야 하고, 겨울철에는 기온이 낮아 오일의 유동성이 떨어지기 때문에 낮은 점도의 윤활유가 필요하다.

05 아래의 경고등이 점등되는 경우는?

① 냉각수의 온도가 너무 높을 때
② 엔진오일이 부족하여 유압이 낮을 때
③ 브레이크액이 부족할 때
④ 연료가 부족할 때

해설 그림의 경고등은 엔진오일 압력경고등으로 오일이 부족하거나 오일필터가 막혔을 때, 오일회로가 막혔을 때 점등된다.

06 윤활장치에서 오일여과기의 역할은?

① 오일 계통에 압송작용
② 오일의 역순환 방지작용
③ 오일에 필요한 방청작용
④ 오일에 포함된 불순물 제거작용

정답 01.① 02.① 03.② 04.② 05.② 06.④

제1장 엔진(기관)구조

07 점도지수가 큰 오일의 온도 변화에 따른 점도 변화는?

① 크다.　　　② 작다.
③ 불변이다.　　④ 온도와는 무관하다.

해설 유압유는 온도가 변하면 점도도 변하며 점도지수가 큰 오일은 점도 변화가 작고, 점도지수가 낮은 오일은 상대적으로 묽은 상태이므로 온도변화에 따른 점도 변화도 크게 나타난다.

11 엔진오일이 우유 색을 띠고 있을 때의 주된 원인은?

① 가솔린이 유입되었다.
② 연소가스가 섞여 있다.
③ 경유가 유입되었다.
④ 냉각수가 섞여 있다.

해설 오일의 색깔이 우유 색을 띨 경우에는 냉각수가 혼입되었기 때문이다.

08 오일의 여과방식이 아닌 것은?

① 자력식　　　② 분류식
③ 전류식　　　④ 샨트식

해설 오일의 여과방식 : 분류식, 전류식, 샨트식

12 엔진오일이 많이 소비되는 원인이 아닌 것은?

① 실린더의 마모가 심할 때
② 피스톤링의 마모가 심할 때
③ 기관의 압축압력이 높을 때
④ 밸브 가이드의 마모가 심할 때

해설 윤활유 소비의 원인은 연소와 누설이다. 피스톤링, 실린더가 마모되면 윤활유가 연소실 내로 들어가 타게 되며 밸브 가이드가 마모되면 윤활유가 누출된다.

09 윤활방식 중 오일펌프로 급유하는 방식은?

① 비산식　　　② 압송식
③ 분사식　　　④ 비산분무식

해설 압송(압력)방식 : 캠축으로 구동되는 오일펌프로 오일을 흡입·가압하여 각 윤활부분으로 보내는 방식

13 기관에 사용되는 윤활유의 성질 중 가장 중요한 것은?

① 온도　　　② 점도
③ 습도　　　④ 건도

해설 윤활유의 작용이 원활하게 이루어지려면 윤활유의 점도가 적당해야 하고 온도에 따른 점성 변화가 작게 유지되어야 한다.

10 엔진의 유압이 낮은 원인이 아닌 것은?

① 윤활유 펌프의 각부 마멸이 심하다.
② 기관 각부의 마모가 심하다.
③ 윤활유의 점도가 너무 높다.
④ 윤활유량이 부족하다.

해설 윤활유의 점도가 높으면 유압이 올라갈 수 있다.

14 윤활장치에 사용되고 있는 오일펌프로 적합하지 않은 것은?

① 기어 펌프　　　② 로터리 펌프
③ 베인 펌프　　　④ 나사 펌프

정답 07.② 08.① 09.② 10.③ 11.④ 12.③ 13.② 14.④

냉각장치

01 냉각장치에 사용되는 전동팬에 대한 설명 중 틀린 것은?

① 냉각수 온도에 따라 작동한다.
② 엔진이 시동되면 회전한다.
③ 팬벨트는 필요 없다.
④ 형식에 따라 차이가 있을 수 있으나 약 85~100℃에서 간헐적으로 작동한다.

해설 전동 팬은 모터로 냉각팬을 구동하는 형식의 냉각장치로 라디에이터에 부착된 서모 스위치로 냉각수의 온도를 감지하여 일정 온도에 따라 작동된다.

02 디젤엔진 과열 원인이 아닌 것은?

① 경유에 공기가 혼입되어 있을 때
② 라디에이터 코어가 막혔을 때
③ 물 펌프의 벨트가 느슨해졌을 때
④ 정온기가 닫힌 채 고장이 났을 때

해설 디젤엔진의 연료인 경유는 연료로서의 역할 외에 분사펌프의 플런저, 딜리버리 밸브 및 노즐의 윤활작용을 겸한다. 따라서 연료 중에 미세한 먼지나 수분 등 불순물이 혼입되면 이들 부분의 고착이나 융착을 일으키며 조기 마멸이나 손상의 원인이 된다.

03 냉각장치에 사용되는 라디에이터의 구성품이 아닌 것은?

① 냉각수 주입구   ② 냉각핀
③ 코어   ④ 물 재킷

해설 물 재킷은 실린더 헤드와 블록에 일체 구조로 되어 있으며 냉각수가 순환하는 물통로이다.

04 냉각팬의 벨트 유격이 너무 클 때 일어나는 현상으로 옳은 것은?

① 베어링의 마모가 심하다.
② 강한 텐션으로 벨트가 절단된다.
③ 기관 과열의 원인이 된다.
④ 점화시기가 빨라진다.

해설 벨트 유격이 크면 냉각수 순환 불량으로 기관이 과열된다.

05 동절기 냉각수가 빙결되어 기관이 동파되는 원인은?

① 열을 빼앗아 가기 때문
② 냉각수가 빙결되면 발전이 어렵기 때문
③ 엔진의 쇠붙이가 얼기 때문
④ 냉각수의 체적이 늘어나기 때문

해설 냉각수가 얼면 체적이 커져 냉각계통의 약한 곳이 파열되므로 동절기에도 얼지 않게 하기 위해 가장 신경을 써야 한다.

06 냉각수 온도에 따라 냉각수 통로를 개폐하여 기관의 온도를 알맞게 유지하는 것은?

① 라디에이터   ② 냉각팬
③ 수온조절기   ④ 물 펌프

해설 수온조절기는 실린더 헤드 물 재킷 출구 부분에 설치되어 냉각수 온도에 따라 냉각수 통로를 개폐하여 기관의 온도를 알맞게 유지하는 기구이다.

07 기관이 과열되는 원인이 아닌 것은?

① 냉각수의 양이 적다.
② 물 재킷에 스케일이 많이 쌓였다.
③ 물 펌프의 작용이 불완전하다.
④ 온도조절기가 열린 채로 고장 났다.

해설 수온조절기가 열리는 온도가 너무 높거나 닫힌 채 고장 났다.

08 기관의 온도를 측정하기 위해 냉각수의 수온을 측정하는 곳으로 가장 적절한 곳은?

① 수온조절기 내부
② 실린더 헤드 물 재킷부
③ 라디에이터 하부
④ 엔진 크랭크 케이스 내부

해설 온도계가 기관의 물 재킷 내의 온도를 나타내기 때문에 기관 냉각수의 수온을 측정하는 곳은 실린더 헤드의 물 재킷 부분이 가장 적당하다.

정답 01.② 02.① 03.④ 04.③ 05.④ 06.③ 07.④ 08.②

제1장 엔진(기관)구조

09 압력식 라디에이터 캡에 대한 설명으로 옳은 것은?

① 냉각장치 내부압력이 규정보다 낮을 때 공기밸브는 열린다.
② 냉각장치 내부압력이 규정보다 높을 때 진공밸브는 열린다.
③ 냉각장치 내부압력이 부압이 되면 진공밸브는 열린다.
④ 냉각장치 내부압력이 부압이 되면 공기밸브는 열린다.

해설 냉각장치 내부압력이 대기압보다 낮아져 부압이 되면 진공밸브는 열린다.

10 라디에이터의 구비조건으로 틀린 것은?

① 공기 흐름 저항이 적을 것
② 냉각수 흐름 저항이 적을 것
③ 가볍고 작으며, 강도가 클 것
④ 단위면적당 방열량이 적을 것

해설 단위면적당 방열량이 커야 한다.

11 냉각장치의 수온조절기가 열리는 온도가 낮을 경우 나타나는 현상으로 가장 적합한 것은?

① 엔진의 회전속도가 빨라진다.
② 엔진이 과열되기 쉽다.
③ 워밍업 시간이 길어지기 쉽다.
④ 물 펌프에 부하가 걸리기 쉽다.

해설 수온조절기가 열리는 온도가 낮으면 엔진이 적정 온도가 되기도 전에 냉각수가 순환되기 때문에 워밍업 시간이 길어진다.

12 가압식 라디에이터의 장점으로 틀린 것은?

① 방열기를 작게 할 수 있다.
② 냉각수의 비등점을 높일 수 있다.
③ 냉각수의 순환속도가 빠르다.
④ 냉각장치의 효율을 높일 수 있다.

해설 냉각수의 순환속도는 물 펌프의 성능에 따라 달라진다.

13 냉각수에 엔진오일이 혼합되는 원인으로 가장 적합한 것은?

① 물 펌프 마모 ② 수온 조절기 파손
③ 방열기 코어 파손 ④ 헤드 가스킷 파손

해설 냉각수에 기름과 기포가 떠 있을 경우에는 헤드 가스킷 파손이 원인이다.

14 부동액이 구비해야 할 조건이 아닌 것은?

① 부식성이 없을 것
② 물과 쉽게 혼합될 것
③ 침전물의 발생이 없을 것
④ 비등점이 물보다 낮을 것

해설 부동액의 비등점은 물보다 높고, 응고점은 물보다 낮아야 한다.

제2장 전기장치

1 전기 일반

(1) 전류, 전압, 저항

전류	• 전자가 (−)쪽에서 (+)쪽으로 이동하는 것 • 측정단위 : 암페어(Ampere ; A)
전압	• 전기적인 높이를 전위, 그 차이를 전위차 또는 전압 • 측정단위 : 볼트(Voltage ; V)
저항	• 물질 속을 전류가 흐르기 쉬운가, 어려운가를 표시하는 것 • 측정단위 : 옴(Ohm ; Ω)

(2) 전력과 전력량

전력	• 전기가 단위시간 동안에 한 일의 양으로 전등, 전동기 등에 전압을 가하여 전류를 흐르게 하면 열이 나고 기계적 에너지를 발생시켜 여러 가지 일을 할 수 있도록 함 • 단위 : 와트(W)
전력량	• 전류가 어떤 시간 동안에 한 일의 총량으로 전력에 전력을 사용한 시간을 곱한 것으로 나타냄 • 단위 : Ws, kWh

(3) 직류(DC)와 교류(AC)★

직류 전기	• 시간의 변화에 따라 전류 및 전압이 일정 값을 유지하며 전류가 한 방향으로만 흐르는 전기 • 건설기계의 축전지 충전기는 입력을 교류로 사용하지만 정류용 다이오드를 이용하여 직류전기로 바꿔 충전
교류 전기	• 시간의 흐름에 따라 전류 및 전압이 변화되고 전류가 정방향과 역방향으로 반복되어 흐르는 전기 • 건설기계에서는 직류전기를 사용하므로 발전기에 정류용 실리콘 다이오드를 설치하여 교류전기를 직류전기로 변환시켜 사용

(4) 전기와 자기

① 전류가 만드는 자장

솔레노 이드	전선을 원형으로 굽혀서 만든 코일에 전류가 흐르면 코일 내부에는 자장이 생김 → 코일을 서로 밀접하게 통형으로 감음 → 전류가 흐르면 자장이 축에 코일의 감긴 수만큼 겹쳐서 발생 → 코일 내부의 자장은 코일의 감긴 수에 비례 → 막대자석과 같은 작용을 함
오른 나사의 법칙	• 오른쪽 나사가 진행하는 방향으로 전류가 흐르면 → 오른쪽 나사가 회전하는 방향으로 자력선이 생김 • 나사가 회전하는 방향으로 전류가 흐르면 → 진행하는 방향으로 자력선이 생김
오른손 엄지손가 락의 법칙	• 오른손의 엄지손가락을 다른 네 손가락과 직각이 되게 펴고 네 손가락 끝을 전류가 흐르는 방향과 일치시켜 잡으면 엄지손가락의 방향이 솔레노이드 내부에 생기는 자력선의 방향(N극)이 됨 • 코일 및 전자석의 자장의 방향을 알아내는 데 이용

② 자장과 전류 사이에 작용하는 힘

전자력	자계 속에 도체를 직각으로 놓고 전류를 흐르게 할 때 자계와 전류 사이에서 발생되는 힘(기동전동기, 전류계 및 전압계)
플레밍의 왼손 법칙	자계 속의 도체에 전류를 흐르게 하였을 때 도체에 작용하는 힘의 방향을 가리키는 법칙

③ 전자유도작용 : 자계 속에 도체를 자력선과 직각으로 넣고 도체를 자력선과 교차시키면 도체에 유도전기력이 발생되는 현상

2 축전지

(1) 축전지

① 정의 : 양극판, 음극판 및 전해액이 가지는 화학적 에너지를 전기적 에너지로 꺼낼 수 있고 전기적 에너지를 주면 화학적 에너지로 저장할 수 있는 장치(용량 단위 : Ah)

② 기능
  ㉠ 시동전동기의 작동
  ㉡ 시동 시의 전원으로 사용
  ㉢ 주행 중 필요한 전류 공급
  ㉣ 발전기의 여유 출력 저장
  ㉤ 발전기의 출력 부족 시 전류 공급

③ 구비조건
  ㉠ 다루기 쉽고 심한 진동에 잘 견딜 것
  ㉡ 소형·경량, 저렴하고 수명이 길 것
  ㉢ 전기적 절연이 완전할 것
  ㉣ 전해액의 누설방지가 완전할 것

(2) 납산축전지 ★

정의	전해액으로 묽은 황산을, (+)극판에는 과산화납을, (-)극판에는 순납을 사용하는 축전지

특성	• 기전력 : 전해액 온도 및 비중 저하, 방전량이 많은 경우 조금씩 낮아짐
	• 방전종지전압 : 축전지를 방전종지전압 이하로 방전하면 극판이 손상되어 축전지 기능 상실
	• 자기방전 : 충전된 축전지를 사용하지 않아도 자연적으로 방전되어 용량 감소
	• 축전지 연결에 따른 용량과 전압의 변화
	  - 직렬연결 : 같은 전압, 같은 용량의 축전지 2개 이상을 (+)단자 기둥과 다른 축전지의 (-)단자 기둥에 서로 연결하는 방식, 전압은 연결한 개수만큼 증가되지만 용량은 1개일 때와 같음
	  - 병렬연결 : 같은 전압, 같은 용량의 축전지 2개 이상을 (+)단자 기둥을 다른 축전지의 (+)단자 기둥에, (-)단자 기둥은 (-)단자 기둥에 접속하는 방식, 용량은 연결한 개수만큼 증가하지만 전압은 1개일 때와 같음

전해액의 비중	• 표준 비중 : 20℃에서 완전 충전됐을 때(1.280) • 완전 방전됐을 때 비중 : 1.050 정도 • 온도가 상승하면 비중이 작아지고 온도가 낮아지면 비중이 커짐 • 온도가 1℃ 변화함에 따라 비중은 0.0007씩 변화 • 전해액 비중과 충전상태 : 축전지를 방전상태로 오랫동안 방치해 두면 극판이 영구 황산납이 되거나 여러 가지 고장을 유발하여 축전지 기능 상실 → 비중이 1.200 (20℃) 정도 되면 보충충전을 실시
보충충전	• 자기방전에 의하거나 사용 중에 소비된 용량을 보충하기 위해 실시하는 충전으로, 보통 전해액 비중을 20℃로 환산해서 비중이 1.200 이하로 됐을 때 실시 • 보충충전이 요구되는 경우 : 주행거리가 짧아 충분히 충전되지 않았을 때, 주행충전만으로 충전량이 부족할 때, 사용하지 않고 보관 중인 축전지는 15일에 1번씩 보충충전
충전 시 주의사항	• 축전지는 방전상태로 두지 말고 즉시 통풍이 잘 되는 곳에서 충전 • 충전 중 전해액의 온도를 45℃ 이상으로 상승시키지 않을 것 • 과다충전하지 말고(산화방지) 충전 중인 축전지 근처에서 불꽃을 일으키지 말 것 • 축전지 2개 이상 충전 시 반드시 직렬접속 • 축전지와 충전기를 서로 역접속하지 말고 각 셀의 벤트 플러그를 열어 놓을 것
탈거와 설치	접지단자(-)를 먼저 탈거하고, 설치할 때에는 접지단자(-)를 나중에 연결

3 시동장치

(1) 시동장치의 정의와 구성요소

① 정의 : 기관을 시동시키기 위해 최초의 흡입과 압축행정에 필요한 에너지를 외부로부터 공급하여 기관을 회전시키는 장치

② 구성요소 : 회전력을 발생시키는 부분, 그 회전력을 기관의 크랭크축 링기어에 전달하는 부분, 피니언 기어를 접동시켜 링기어에 물리게 하는 부분

(2) 시동전동기 ★

① 종류 : 직권전동기(건설기계 기동모터), 분권전동기(건설기계 전동팬 모터, 히터팬 모터), 복권전동기(건설기계 윈드 실드 와이퍼 모터)

② 구조와 기능

전동기 부분	전기자	회전력을 발생하는 부분으로 전자기축 양쪽이 베어링으로 지지되어 자계 내에서 회전
	계철	자력선의 통로와 기동전동기의 틀이 되는 부분
	계자철심	주위에 코일을 감아 전류가 흐르면 전자석이 되어 자계 형성, 자속이 통하기 쉽게 하고 계자 코일을 유지
	계자코일	계자 철심에 감겨져 전류가 흐르면 자력을 일으켜 계자 철심을 자화시키는 역할
	브러시	정류자를 통해 전기자 코일에 전류를 출입시킴
	브러시 홀더	브러시를 지지하는 곳
	브러시 스프링	브러시를 정류자에 압착시켜 홀더 내에서 섭동하도록 함
	베어링	전기자 지지
동력 전달 기구	역할	기동전동기에서 발생한 회전력을 관 플라이휠 링기어로 전달하여 크랭킹 시킴
	피니언을 링기어에 물리는 방식	벤딕스식, 피니언 섭동식(전자식), 전기자 섭동식

③ 시동전동기가 회전하지 않는 원인 : 시동전동기의 소손, 축전지 전압이 낮음, 배선과 스위치 손상, 브러시와 정류자의 밀착 불량

④ 시동전동기의 취급 시 주의사항
  ㉠ 항상 건조하고 깨끗이 사용할 것
  ㉡ 브러시의 접촉은 전면적의 80% 이상 되도록 할 것
  ㉢ 기관이 시동한 다음 시동전동기 스위치를 닫으면 안 됨
  ㉣ 시동전동기의 조작은 5~15초 이내로 작동하며, 시동이 걸리지 않았을 때는 30초~2분을 쉬었다가 다시 시작

> **참고**
>
> **전동기의 종류와 그 특성**
> - 직권전동기는 계자 코일과 전기자 코일이 직렬로 연결된 것이다.
> - 분권전동기는 계자 코일과 전기자 코일이 병렬로 연결된 것이다.
> - 복권전동기는 직권전동기와 분권전동기의 특성을 합한 것이다.

4 충전장치

(1) 충전장치의 정의와 구성요소

① **정의** : 건설기계 운행 중 각종 전기장치에 전력을 공급하는 전원인 동시에 축전지에 충전 전류를 공급하는 장치

② **구성요소** : 기관에 의해 구동되는 발전기, 발전 전압 및 전류를 조정하는 발전 조정기, 충전상태를 알려주는 전류계

(2) 직류발전기와 교류발전기

구분	직류(DC)발전기	교류(AC)발전기
정의	계자철심에 남아 있는 잔류 자기를 기초로 하여 발전기 자체에서 발생한 전압으로 계자코일을 여자하는 자려자식 발전기	자계를 형성하는 로터 코일에 축전지 전류를 공급하여 도체를 고정하고 자석을 회전시켜 발전하는 타려자식 발전기
구조	전기자, 정류자, 계철, 계자 철심, 계자 코일, 브러시	스테이터, 로터, 슬립링, 브러시, 정류기, 다이오드
조정기의 기능 및 구조	• 기능 : 계자코일에 흐르는 전류의 크기를 조절하여 발생되는 전압과 전류 조정 • 구조 : 컷아웃 릴레이, 전압조정기, 전류조정기	교류발전기 조정기에는 다이오드가 사용되므로 컷아웃 릴레이가 필요 없고 발전기 자체가 전류를 제한하므로 전압조정기만 있으면 됨
중량	무거움	가볍고 출력이 큼
브러시 수명	짧다	길다
정류	정류자와 브러시	실리콘 다이오드
공회전 시	충전 불가능	충전 가능
사용범위	고속회전에 부적합	고속회전에 적합
소음	라디오에 잡음이 들어감	잡음이 적음
정비	정류자의 정비 필요	슬립링의 정비 불필요

> **참고**
>
> **발전기의 출력이 일정하지 않거나 낮은 이유**
> - 정류자의 오손
> - 벨트가 풀리에서 미끄러짐
> - 정류자와 브러시의 접촉 불량
> - 정류자의 편마멸

5 계기장치

속도계	건설기계의 주행 속도를 km/h로 나타내는 계기
유압계	기관 가동 중 작동되는 유압을 나타내는 계기
온도계	기관의 물재킷 내의 온도를 나타내는 계기
연료계	연료탱크 내의 잔류 연료량을 나타내는 계기
전압계	축전지 전압을 나타내는 계기

작업표시등	브레이크 고장 경고등	엔진예열 표시등
엔진오일 압력 표시등	에어클리너 경고등	냉각수 과열 경고등

6 등화장치

(1) 종 류

조명용	전조등, 안개등, 후진등, 실내등, 계기등
신호용	방향지시등, 제동등
지시용	차고등, 주차등, 차폭등, 번호등, 미등
경고용	유압등, 충전등, 연료등, 브레이크오일등

(2) 전조등의 종류

실드빔식★	• 반사경에 필라멘트를 붙이고 여기에 렌즈를 녹여 붙인 후 내부에 불활성가스를 넣어 그 자체가 1개의 전구가 되도록 한 것 • 대기의 조건에 따라 반사경이 흐려지지 않고 사용에 따르는 광도의 변화가 적으며 필라멘트가 끊어지면 렌즈나 반사경에 이상이 없어도 전조등 전체 교환

세미 실드빔 식	• 렌즈와 반사경은 일체이고, 전구는 교환이 가능한 것 • 필라멘트가 끊어지면 전구만 교환하면 되지만 전구 설치 부분으로 공기 유통이 있어 반사경이 흐려지기 쉽고 최근에는 전구로 할로겐램프를 주로 사용

(3) 전조등의 회로

① 퓨즈, 라이트스위치, 딤머스위치, 필라멘트

② 배선 방식

단선식	(+)선만 회로 구성, (−)선은 직접 차체에 접속
복선식	(+), (−)선 모두를 구성한 것(전류 소모 적음)

7 안전장치

방향 지시기	• 방향 전환 및 비상시 등에 점멸하도록 플래시 유닛을 두어 구성한 것 • 점멸횟수 : 분당 60~120회
경음기	• 소리를 내는 진동판을 자석이나 공기를 이용, 진동시켜 작동하는 것 • 경음 : 전방 2m에서 90~115dB
윈드 실드 와이퍼	비 또는 눈이 내릴 때 운전자의 시계가 방해받는 것을 막기 위해 앞면 또는 뒷면 유리를 닦아내는 작용을 하는 것

02 전기장치

축전지 및 충전장치

01 전류에 관한 설명 중 틀린 것은?

① 전류는 전압, 저항과 무관하다.
② 전류는 전압 크기에 비례한다.
③ V=IR(V 전압, I 전류, R 저항)이다.
④ 전류는 저항 크기에 반비례한다.

해설 옴의 법칙 : 전기회로의 도선에 흐르는 전류(I)는 도선에 가해진 전압(E)에 정비례하고 저항(R)에 반비례한다.

02 납산축전지의 용량은 어떻게 결정되는가?

① 극판의 크기, 극판의 수, 황산의 양에 의해 결정된다.
② 극판의 크기, 극판의 수, 셀의 수에 따라 결정된다.
③ 극판의 수, 셀의 수, 발전기의 충전 능력에 따라 결정된다.
④ 극판의 수와 발전기의 충전 능력에 따라 결정된다.

해설 납산축전지의 용량은 셀당 극판의 수, 극판의 크기(면적), 전해액의 양(황산의 양)에 의해 결정된다.

03 회로의 전압이 12V이고 저항이 6Ω일 때 전류는 얼마인가?

① 1A   ② 2A
③ 3A   ④ 4A

해설 옴의 법칙에 따르면 전류는 전압에 비례하고 저항에 반비례한다. V=IR(전압=전류저항)

04 AC발전기에서 작동 시 전자석이 되는 것은?

① 발전기 팬   ② 스테이터
③ 계자   ④ 로터

해설 로터는 회전자를 말하는 것으로 브러시를 통하여 여자전류를 받아서 자속을 형성한다. 즉, 전자석이 된다.

05 납산축전지를 오랫동안 방전상태로 두면 사용하지 못하게 되는 원인은?

① 극판이 영구 황산납이 되기 때문이다.
② 극판에 산화납이 형성되기 때문이다.
③ 극판에 수소가 형성되기 때문이다.
④ 극판에 녹이 슬기 때문이다.

해설 납산축전지가 방전된 채로 오래 방치되면 극판이 영구 황산납 결정화되어 반응을 돌이킬 수 없게 된다. 그러므로 납산축전지는 사용하지 않더라도 2주에 1회 정도 보충충전하여 과방전되는 것을 방지해야 한다.

06 납산축전지 충전 시 주의사항으로 옳지 않은 것은?

① 통풍이 잘되는 곳에서 충전한다.
② 건설기계에 설치된 상태로 충전한다.
③ 충전시간은 짧게 한다.
④ 전해액 온도가 45℃를 넘지 않게 한다.

해설 축전지를 건설기계에서 탈착하지 않고 급속 충전을 할 경우에는 발전기 다이오드 보호 차원에서 반드시 축전지와 시동전동기를 연결하는 케이블을 분리한다.

07 AC발전기에서 전류가 발생되는 것은?

① 로터 코일   ② 스테이터 코일
③ 전기자 코일   ④ 레귤레이터

해설 스테이터는 고정자를 말하는 것으로 전류가 발생하는 부분이며 3상 교류가 유기된다.

08 교류발전기의 특징으로 틀린 것은?

① 속도 변화에 따른 적용범위가 넓고 소형, 경량이다.
② 저속 시에도 충전이 가능하다.
③ 정류자를 사용한다.
④ 다이오드를 사용하기 때문에 정류 특성이 좋다.

해설 교류발전기는 교류전류의 위상차 변동을 자연스럽게 이용하는 것으로 직류발전기에서 필요한 정류자를 사용하지 않는다.

정답 01.① 02.① 03.② 04.④ 05.① 06.② 07.② 08.③

09 일반적인 축전지 터미널의 식별법으로 적합하지 않은 것은?

① (+), (−)의 표시로 구분한다.
② 터미널의 요철로 구분한다.
③ 굵고 가는 것으로 구분한다.
④ 적색과 흑색으로 구분한다.

해설 축전지 터미널(terminal post, 단자 기둥) 식별 방법
• 양극단자 기둥 부호(+), 음극단자 기둥 부호(−)
• 양극단자 기둥 적색, 음극단자 기둥 흑색
• 양극단자 기둥 지름이 음극단자 기둥 지름보다 굵음
• 양극단자 기둥 POS, 음극단자 기둥 NEG로 표시
• 부식물이 많은 쪽이 양극단자 기둥

10 직류발전기, 교류발전기 모두 들어 있는 것은?

① 전류조정기   ② 전압조정기
③ 저항조정기   ④ 다이오드

해설 전압조정기는 발전기의 계자코일에 흐르는 전류를 조정하여 발생되는 전압을 일정하게 유지하는 장치로 직류·교류발전기의 조정기 모두 공통으로 가지고 있다.

11 납산축전지의 충전상태를 판단할 수 있는 계기로 옳은 것은?

① 온도계   ② 습도계
③ 점도계   ④ 비중계

해설 비중계는 전해액의 비중을 측정하여 충·방전 상태를 판정하는 계기이다.

12 축전지의 케이스와 커버를 청소할 때 사용하는 용액으로 가장 옳은 것은?

① 비누와 물   ② 소금과 물
③ 소다와 물   ④ 오일과 가솔린

해설 축전지의 케이스와 커버에 묻은 전해액을 세척할 때 베이킹 소다 또는 소다와 물을 사용한다.

13 교류발전기에서 스테이터 코일에 발생한 교류는?

① 실리콘에 의해 교류로 정류되어 내부로 나온다.
② 실리콘에 의해 교류로 정류되어 외부로 나온다.
③ 실리콘 다이오드에 의해 교류로 정류시킨 뒤에 내부로 들어간다.
④ 실리콘 다이오드에 의해 직류로 정류시킨 뒤에 외부로 끌어낸다.

해설 교류발전기에서 스테이터 코일에 발생한 교류전류는 실리콘 다이오드에 의해 한쪽으로만 전류를 흐르도록 해 직류로 바뀌게 된다.

14 건설기계장비의 충전장치는 어떤 발전기를 주로 사용하고 있는가?

① 직류발전기   ② 단상 교류발전기
③ 3상 교류발전기 ④ 와전류 발전기

15 축전지 구조 중 격리판의 필요조건이 아닌 것은?

① 다공성이고 전해액에 부식되면 안 된다.
② 전도성이고 전해액 확산이 잘 되어야 한다.
③ 극판에 해가 되지 않아야 한다.
④ 기계적 강도가 있어야 한다.

해설 격리 판은 비전도성이어야 한다.

16 축전지를 사용하게 되면 서서히 방전이 되기 시작해 일정 전압 이하로 방전될 경우 방전을 멈추는데 이때의 전압을 무엇이라 하는가?

① 방전전압
② 방전종지전압
③ 충전전압
④ 방전완료전압

17 같은 용량, 같은 전압의 축전지를 병렬로 연결하였을 때 맞는 것은?

① 용량과 전압은 일정하다.
② 용량과 전압이 2배로 된다.
③ 용량은 한 개일 때와 같으나 전압은 2배로 된다.
④ 용량은 2배이고 전압은 한 개일 때와 같다.

해설 병렬로 연결하면 용량은 개수만큼 증가하지만 전압은 1개일 때와 같다.

18 시동전동기의 전기자 코일에 항상 일정한 방향으로 전류가 흐르도록 하기 위해 설치한 것은?

① 다이오드
② 로터
③ 정류자
④ 슬립링

해설 정류자는 운동자의 위치가 바뀔 때마다 전류의 방향을 바꿔 주는 역할을 하여 항상 일정한 방향으로 전류가 흐르도록 해 준다.

19 납산축전지의 일반적인 충전방법으로 가장 많이 사용되는 것은?

① 정전류 충전
② 정전압 충전
③ 단별전류 충전
④ 급속 충전

해설 납산축전지를 충전할 때는 일반적으로 극 양단에 일정한 전류(정전류)를 걸어주어 충전한다.

20 AC발전기에서 다이오드의 역할은?

① 교류를 정류하고 역류를 방지한다.
② 전압을 조정한다.
③ 여자전류를 조정하고 역류를 방지한다.
④ 전류를 조정한다.

해설 교류발전기는 실리콘 다이오드를 정류기로 사용하고, 축전지에서 발전기로 전류가 역류하는 것을 방지한다.

21 축전지를 교환 및 장착할 때 연결순서로 맞는 것은?

① (+)나 (-)선 중 편리한 것부터 연결하면 된다.
② 축전지의 (-)선을 먼저 부착하고, (+)선을 나중에 부착한다.
③ 축전지의 (+), (-)선을 동시에 부착한다.
④ 축전지의 (+)선을 먼저 부착하고, (-)선을 나중에 부착한다.

해설 축전지를 교환할 때는 먼저 플러그를 이탈시킨 뒤 (-)극, (+)극 단자를 떼어내고 축전지를 제거한다. 그 다음 새 축전지를 장착하고 (+)극, (-)극 순서로 부착한다.

22 AC발전기에서 작동 중 소음 발생의 원인으로 가장 거리가 먼 것은?

① 베어링이 손상되었다.
② 벨트 장력이 약하다.
③ 고정 볼트가 풀렸다.
④ 축전지가 방전되었다.

정답 16.② 17.④ 18.③ 19.① 20.① 21.④ 22.④

23 직류 발전기 구성품이 아닌 것은?

① 로터 코일과 실리콘 다이오드
② 전기자 코일과 정류자
③ 계철과 계자철심
④ 계자코일과 브러시

해설 로터 코일과 실리콘 다이오드는 교류발전기 구성품이다.

24 축전지의 구비조건으로 가장 거리가 먼 것은? ★★

① 축전지의 용량이 클 것
② 전기적 절연이 완전할 것
③ 가급적 크고 다루기 쉬울 것
④ 전해액의 누설방지가 완전할 것

해설 다루기 쉽고 소형·경량일 것

25 납축전지 터미널에 녹이 발생했을 때의 조치방법으로 가장 적합한 것은?

① 물걸레로 닦아내고 더 조인다.
② 녹을 닦은 후 고정하고 소량의 그리스를 상부에 도포한다.
③ (+)와 (−)터미널을 서로 교환한다.
④ 녹슬지 않게 엔진오일을 도포하고 확실히 더 조인다.

해설 납축전지 터미널에 녹이 발생했을 때에는 녹을 닦아내고, 부식을 방지하기 위해 소량의 그리스를 도포하는 것이 도움이 될 수 있다.

26 납산축전지의 전해액으로 알맞은 것은? ★

① 순수한 물 ② 과산화납
③ 해면상납 ④ 묽은황산

27 축전지의 자기방전의 원인이 아닌 것은?

① 전해액의 양이 많아짐에 따라 용량이 커지기 때문에
② 전해액에 포함된 불순물이 국부전지를 구성하기 때문에
③ 탈락한 극판 작용물질이 축전지 내부에 퇴적되기 때문에
④ 음극판의 작용물질이 황산과의 화학작용으로 황산납이 되기 때문에

28 축전지 전해액의 온도가 상승하면 비중은?

① 무관하다. ② 일정하다.
③ 내려간다. ④ 올라간다.

29 납산축전지의 작용을 열거한 것 중 틀린 것은?

① 엔진 시동 시 시동장치 전원을 공급한다.
② 발전기의 출력 및 부하의 언밸런스를 조정한다.
③ 발전기가 고장일 때 일시적인 전원을 공급한다.
④ 양극판은 해면상납, 음극판은 과산화납을 사용하며 전해액은 묽은황산을 이용한다.

해설 납산축전지는 전해액으로 묽은황산(H_2SO_4)을, (+)극판에는 과산화납(PbO_2)을, (−)극판에는 순납(Pb)을 사용하는 축전지이다.

정답 23.① 24.③ 25.② 26.④ 27.① 28.③ 29.④

시동장치

01 건설기계장비가 시동이 되지 않아 시동장치를 점검하고 있다. 적절하지 않은 것은?

① 마그넷 스위치 점검
② 시동전동기의 고장 여부 점검
③ 발전기의 성능 점검
④ 축전지의 +선 접촉상태 점검

해설 발전기의 작동 여부는 충전이 이루어지느냐 않느냐의 점검을 위해 필요할 수 있으나 시동장치 점검 시 발전기의 성능을 검사하는 것은 적절하지 않다.

02 지게차 기관의 기동용으로 사용하는 일반적인 전동기는?

① 직권식 전동기　② 분권식 전동기
③ 복권식 전동기　④ 교류전동기

해설 ① 건설기계의 기동모터로 사용
② 건설기계의 전동팬 모터, 히터팬 모터 등에 사용
③ 건설기계의 윈드 실드 와이퍼 모터로 사용

03 건설기계 차량에서 가장 큰 전류가 흐르는 것은?

① 콘덴서　　　② 발전기 로터
③ 배전기　　　④ 시동모터

해설 건설기계 차량의 시동모터는 무거운 엔진의 최대정지마찰력을 거슬러 움직여야 하므로 매우 큰 부하를 소화해야 한다. 즉, 그 부하를 이겨내야 하므로 매우 큰 전류를 필요로 한다.

04 겨울철에 디젤기관 시동이 잘 안 되는 원인에 해당하는 것은?

① 엔진오일의 점도가 낮은 것을 사용
② 4계절용 부동액을 사용
③ 예열장치 고장
④ 점화코일 고장

해설 예열기가 고장일 경우 기화가 되지 않으므로 시동이 걸리지 않는다.

05 디젤기관을 시동할 때 주의사항으로 틀린 것은?

① 기온이 낮을 때는 예열 경고등이 소등되면 시동한다.
② 기관 시동은 각종 조작레버가 중립 위치에 있는가를 확인 후 행한다.
③ 시동과 동시에 급가속하지 않는다.
④ 시동 후 적어도 1분 정도는 시동스위치의 스타트(ST) 위치에서 손을 떼지 않아야 한다.

해설 시동이 된 다음에는 스타트 스위치에서 손을 떼야 한다.

06 기관에 사용되는 시동모터가 회전이 안 되거나 회전력이 약한 원인이 아닌 것은?

① 시동스위치의 접촉이 불량하다.
② 배터리 단자와 터미널의 접촉이 나쁘다.
③ 브러시가 정류자에 잘 밀착되어 있다.
④ 축전지 전압이 낮다.

해설 브러시·정류자의 밀착 불량

07 기관 시동장치에서 링 기어를 회전시키는 구동피니언은 어느 곳에 부착되어 있는가?

① 클러치　　　② 변속기
③ 시동전동기　④ 뒤 차축

해설 구동피니언은 시동전동기에서 발생한 회전력을 기관 플라이휠 링 기어로 전달한다.

정답　01.③　02.①　03.④　04.③　05.④　06.③　07.③

제2장 전기장치

08 디젤기관의 시동 보조장치에 사용되는 디콤프(De-comp)의 기능 설명으로 틀린 것은?

① 기관의 출력을 증대하는 장치이다.
② 한랭 시 시동할 때 원활한 회전으로 시동이 잘될 수 있도록 하는 역할을 하는 장치이다.
③ 기관의 시동을 정지할 때 사용될 수 있다.
④ 시동전동기에 무리가 가는 것을 예방하는 효과가 있다.

해설 디콤프 장치는 캠축에 관계없이 흡기밸브 또는 배기밸브를 열어 실린더 압축을 개방하는 장치이다.

09 건설기계에서 시동전동기가 회전이 안 될 경우 점검할 사항이 아닌 것은?

① 축전지의 방전 여부
② 배터리 단자의 접촉 여부
③ 팬벨트의 이완 여부
④ 배선의 단선 여부

해설 시동전동기가 작동하지 않는 것은 배터리가 방전되었거나 배터리 단자 접촉이 불량하여 전원이 공급되지 않기 때문이다.

10 엔진이 기동되었는데도 시동스위치를 계속 ON 위치로 할 때 미치는 영향으로 맞는 것은?

① 시동전동기의 수명이 단축된다.
② 클러치 디스크가 마멸된다.
③ 크랭크축 저널이 마멸된다.
④ 엔진의 수명이 단축된다.

해설 시동이 걸렸음에도 불구하고 스위치를 계속 켤 경우 시동전동기에 영향을 미쳐 수명이 단축될 수 있고 배터리의 기전력을 일시적으로 떨어뜨릴 수 있다.

11 전동기의 종류와 특성에 대한 설명으로 틀린 것은?

① 직권전동기는 계자코일과 전기자 코일이 직렬로 연결된 것이다.
② 분권전동기는 계자코일과 전기자 코일이 병렬로 연결된 것이다.
③ 복권전동기는 직권전동기와 분권전동기 특성을 합한 것이다.
④ 내연기관에서는 순간적으로 강한 토크가 요구되는 복권전동기가 사용된다.

해설 순간적으로 강한 토크를 내는 것은 직권전동기이다.

12 건설기계장비에서 기관을 시동한 후 정상 운전 가능 상태를 확인하기 위해 운전자가 가장 먼저 점검해야 할 것은?

① 주행속도계   ② 엔진오일 양
③ 냉각수 온도계 ④ 오일압력계

해설 기관 정상 운전 가능 상태를 확인하기 위해 가장 먼저 오일압력계를 점검해야 한다.

13 시동전동기에서 마그네틱 스위치는?

① 전자석 스위치이다.
② 전류 조절기이다.
③ 전압 조절기이다.
④ 저항 조절기이다.

14 직류직권 전동기에 대한 설명 중 틀린 것은?

① 기동 회전력이 분권전동기에 비해 크다.
② 부하에 따른 회전속도의 변화가 크다.
③ 부하를 크게 하면 회전속도가 낮아진다.
④ 부하에 관계없이 회전속도가 일정하다.

해설 직류직권 전동기는 회전속도의 변화가 큰 단점이 있다.

정답 08.① 09.③ 10.① 11.④ 12.④ 13.① 14.④

계기 · 등화 및 안전장치

01 세미 실드 빔 형식의 전조등을 사용하는 건설기계장비에서 전조등이 점등되지 않을 때 가장 올바른 조치방법은?

① 렌즈를 교환한다.
② 전조등을 교환한다.
③ 반사경을 교환한다.
④ 전구를 교환한다.

해설 고장 시 실드 빔 형은 전조등 전체를 교환해야 하고 세미 실드 빔 형과 조립형은 전구만 따로 교환이 가능하다.

02 실드 빔식 전조등에 대한 설명으로 맞지 않는 것은?

① 대기조건에 따라 반사경이 흐려지지 않는다.
② 내부에 불활성 가스가 들어 있다.
③ 사용에 따른 광도의 변화가 적다.
④ 필라멘트를 갈아 끼울 수 있다.

해설 필라멘트를 교환할 수 있는 것은 세미 실드 빔식 전조등이다.

03 일반적으로 건설기계장비에 설치되는 좌 · 우 전조등 회로의 연결방법은?

① 병렬   ② 직렬
③ 직병렬 ④ 단식 배선

해설 전조등은 좌 · 우에 1개씩 설치되어 있어야 한다. 일반적으로 건설기계에 설치되는 좌 · 우 전조등은 병렬로 연결된 복선식 구성이다.

04 한쪽 방향지시등만 점멸 속도가 빠른 원인으로 옳은 것은?

① 전조등 배선 접촉 불량
② 플래셔 유닛 고장
③ 한쪽 램프의 단선
④ 비상등 스위치 고장

해설 방향지시등은 양쪽 전구가 하나의 회로로 연결되어 있어서 전등 하나가 고장 또는 단선되거나 규정 용량의 전구를 사용하지 않았을 경우 남은 한쪽은 점멸하는 속도가 빠르게 된다.

05 계기판에 아래와 같은 등이 점등되었다. 무슨 의미인가?

① 배터리 완전충전 표시
② 전원차단 경고
③ 전기계통 작동 표시
④ 배터리 충전 경고

해설 축전지의 충전상태가 불량하다는 경고를 나타내는 표시이다.

06 운전 중 배터리 충전표시등이 점등되면 무엇을 점검하여야 하는가?(단, 정상인 경우 작동 중에는 점등되지 않는 형식임)

① 에어클리너 점검
② 엔진오일 점검
③ 연료수준표시등 점검
④ 충전계통 점검

해설 충전경고등은 팬벨트의 장력 부족 · 단절, 점화스위치의 접점 불량, 배선의 접속 · 연결부분 불량, 조정기의 동작이 불안정할 때 켜진다. 따라서 충전계통의 발전기(제너레이터) 등을 점검해 본다.

정답 01.④ 02.④ 03.① 04.③ 05.④ 06.④

지게차 운전기능사

제3장 전·후진 주행장치

1 동력전달장치

(1) 클러치

① 기능과 구비조건

기능	• 플라이휠과 변속기의 사이에 설치되어 변속기에 전달되는 기관의 동력을 필요에 따라 단속하는 장치 • 기관 시동 및 기어 변속 시에는 기관과의 연결을 차단하고, 출발 시에는 기관의 동력 연결
구비조건	• 회전 관성이 작고 회전 부분의 평형이 좋을 것 • 내열성이 좋고 방열이 잘되는 구조 • 구조가 간단하고 조작이 쉬우며 고장이 적을 것 • 동력 전달 시 미끄럼을 일으키면서 서서히 전달되고 전달 후에는 미끄러지지 않을 것

② 종류

마찰 클러치	원판 클러치(기관의 동력 전달용), 원뿔 클러치(일반기계용)
자동 클러치	유체클러치(자동변속기용), 전자클러치(에어컨 압축기 클러치)

③ 구조

클러치판 (클러치 디스크)	• 기관의 동력을 변속기 입력축을 통하여 변속기로 전달하는 마찰판 • 구조 : 페이싱(라이닝), 토션 스프링(회전 충격 흡수), 쿠션 스프링(접촉 충격을 흡수하고 서서히 동력 전달, 클러치의 편마멸·변형·파손 방지)
클러치축 (변속기 입력축)	클러치 디스크가 받은 기관의 동력을 변속기로 전달
클러치 커버	압력판, 릴리스 레버, 클러치 스프링 등이 조립되어 플라이휠에 함께 설치되는 부분
클러치 페달	• 자유간극(유격) : 페달을 밟은 후부터 릴리스 베어링이 릴리스 레버에 닿을 때까지 페달이 이동한 거리 • 자유간극이 너무 작으면 클러치가 미끄러지며 이 미끄럼으로 인해 클러치 디스크가 과열되어 손상 • 자유간극이 너무 크면 클러치 차단이 불량하여 변속기의 기어 변속 시 소음이 발생하고 기어가 손상 • 자유간극을 두는 이유 : 변속기어의 물림 용이, 클러치판의 미끄럼 방지, 클러치판의 마멸 감소
클러치 스프링	압력판에 압력을 발생시키는 작용
압력판	클러치 페달을 놓으면 클러치 스프링의 장력에 의해 클러치판을 플라이휠에 밀어붙이는 역할
릴리스 베어링	페달을 밟았을 때 릴리스 포크에 의해 변속기 입력축 길이 방향으로 이동하여 회전 중인 릴리스 레버를 눌러 기관의 동력을 차단
릴리스 포크	릴리스 베어링 컬러에 끼워져 릴리스 베어링에 페달의 조작력을 전달하는 작용

④ 조작기구

기계식	페달을 밟는 힘을 케이블을 거쳐 릴리스 포크로 전달하여 릴리스 베어링을 이동시키는 방식
유압식	클러치 페달을 밟으면 유압이 발생하는 마스터 실린더와 이 유압을 받아서 릴리스 포크를 이동시키는 슬레이브 실린더 등으로 구성

⑤ 이상현상★

클러치가 미끄러지 는 이유	• 클러치 라이닝, 클러치판, 압력판 마멸 • 클러치판의 오일 부착 및 클러치 페달의 자유간극 작음 • 클러치 스프링의 장력이 약하거나 자유 높이 감소
클러치 차단 불량 원인	• 클러치 페달의 자유간극 큼 • 유압 계통에 공기 침입 • 클러치판의 흔들림이 큼 • 릴리스 베어링의 손상·파손 • 클러치 각 부의 심한 마멸
클러치의 떨림 원인	• 클러치 링키지 이상 • 댐퍼 스프링 및 쿠션 스프링 파손
클러치의 소음 원인	• 릴리스 베어링 마멸 • 클러치 허브 스플라인부 헐거움

(2) 변속기

① 기능과 구비조건

기능	클러치와 추진축 또는 클러치와 종감속 기어장치 사이에 설치되어 기관의 동력을 건설기계의 주행상태에 알맞도록 회전력과 속도를 바꿔 구동바퀴에 전달하는 장치
구비조건	• 단계 없이 연속적으로 변속될 것 • 소형·경량이고 조작이 쉬울 것 • 신속·정확·정숙하게 작동할 것 • 전달 효율이 좋고 수리하기 쉬울 것

② **변속기 조작기구** : 로킹볼(기어 빠짐 방지), 스프링, 인터 로크(기어 이중 물림 방지), 후진 오조작 방지 기구 등이 설치

③ **트랜스퍼 케이스** : 험한 도로 및 구배 도로에서 구동력을 증가시키기 위해 기관의 동력을 앞뒤 모든 차축에 전달하도록 하는 장치로 앞바퀴 구동레버와 고속 및 저속 변속레버로 구성

④ 오버드라이브 : 평탄한 도로의 주행 시 기관의 여유 출력을 이용하여 추진축의 회전속도를 기관의 회전속도보다 빠르게 하는 장치

⑤ 변속기의 이상

기어 변속이 잘 안 되는 원인	• 클러치 페달 유격의 과대 • 싱크로나이저 링의 마멸 • 변속 레버 선단과 스플라인 홈의 마모
주행 중 변속기어가 잘 빠지는 원인	• 각 기어의 과도한 마멸 • 시프트 포크의 마멸 • 인터로크 및 로킹볼의 마모 • 베어링 또는 부싱의 마멸 • 기어축이 휘었거나 물림이 약한 경우
주행 중 변속기에서 소음이 나는 원인	• 기어 및 축 지지 베어링의 심한 마멸 • 기어오일 및 윤활유가 부족하거나 규정품이 아닌 경우

(3) 자동변속기

① 자동변속기의 장단점

장점	• 기어의 변속 조작을 하지 않아도 되므로 운전 편리 • 조작 미숙에 의한 기관 정지가 적어 운전자 피로 감소 • 출발, 가속 및 감속이 원활하고 주행 시 진동·충격 흡수 • 과부하가 걸려도 직접 기관에 가해지지 않으므로 기관을 보호하고 각 부분의 수명 연장
단점	• 구조가 복잡하고 값이 비싸며, 연료 소비율이 약 10% 정도 많아짐 • 건설기계를 밀거나 끌어서 시동할 수 없음

② 유체클러치 ★

기능		기관의 회전력을 오일의 운동에너지로 바꾸고 이 에너지를 다시 동력으로 바꿔 변속기에 전달하는 장치
구조	펌프 (임펠러)	크랭크축에 연결되어 플라이휠과 함께 회전하며 유체의 구동펌프 역할
	터빈 (러너)	펌프의 유체 구동을 받아 회전하며 변속기에 동력 전달
	가이드링	오일의 와류를 방지하여 전달 효율 증가

③ 토크컨버터 : 유체클러치를 개량하여 유체클러치보다 회전력의 변화를 크게 한 것으로 스테이터, 펌프, 터빈 등이 상호운동을 하여 회전력을 변환

④ 유성 기어장치
 ㉠ 토크컨버터의 토크 변환능력을 보조하고 후진조작을 하기 위한 장치로 토크컨버터의 뒷부분에 결합되어 있고 유압제어장치에 의해 차의 주행상태에 따라 자동적으로 변속

 ㉡ 변속기구

다판 디스크 클러치	한쪽의 회전 부분과 다른 한쪽의 회전 부분을 연결하거나 차단하는 작용
브레이크 밴드와 서보기구	유성 기어장치의 선기어, 유성기어 캐리어 및 링기어의 회전운동을 필요에 따라 고정시키기 위해 브레이크 밴드를 사용하며 서보기구에 의해 작동
프리휠	오직 한쪽 방향으로만 회전(일방향 클러치)

⑤ 유압조절기구

오일 펌프	자동변속기가 요구하는 적당한 유량과 유압을 제공하고, 윤활과 작동유압을 발생시키는 부분으로 주로 내접형 기어펌프를 사용
밸브 보디	• 오일펌프에서 공급된 유압을 각 부로 공급하는 유압회로 형성 • 종류 : 매뉴얼밸브(오일 회로 단속), 드로틀밸브(드로틀 압력 발생), 시프트밸브(제어기구에 오일을 단속), 거버너밸브(속도에 알맞은 유압 형성), 압력조정밸브(토크컨버터에서의 오일 역류 방지), 어큐뮬레이터(변속 충격 흡수)

(4) 드라이브 라인

① 기능 : 뒤차축 구동방식의 건설기계에서 변속기의 출력을 구동축에 전달하는 장치

② 구조

추진축	• 변속기로부터 종감속 기어까지 동력을 전달하는 축 • 강한 비틀림을 받으면서 고속회전하므로 비틀림이나 굽힘에 대한 저항력이 크고 두께가 얇은 강관의 원형 파이프 사용
슬립 이음	추진축 길이의 변동을 흡수하여 추진축의 길이 방향에 변화를 주기 위해 사용
자재 이음	• 두 축이 일직선상에 있지 않고 어떤 각도를 가진 2개의 축 사이에 동력을 전달할 때 사용하여 각도 변화에 대응 • 회전속도의 변화를 상쇄하기 위해 추진축 앞뒤에 둠

(5) 뒤차축 어셈블리

종감속 기어	구동 피니언과 링기어로 구성되어 변속기 및 추진축에서 전달되는 회전력을 직각 또는 직각에 가까운 각도로 바꿔 앞차축 및 뒤차축에 전달하고 동시에 최종적으로 감속
LSD (자동 제한 차동 기어 장치)	미끄럼으로 공전하고 있는 바퀴의 구동력을 감소시키고 반대쪽 저항이 큰 구동바퀴에 공전하고 있는 바퀴의 감소된 분량만큼의 동력을 더 전달시킴으로써 미끄럼에 따른 공회전 없이 주행할 수 있도록 하는 장치
차동 기어 장치	양쪽 바퀴의 회전수 변화를 가능케 하여 울퉁불퉁한 도로를 전진 및 선회할 때 무리 없이 원활히 회전하게 하는 장치

제3장 전·후진 주행장치

액슬축 (차축)	• 바퀴를 통하여 차량의 중량을 지지하는 축 • 구동축(동력을 바퀴로 전달하고 노면에서 받는 힘을 지지)과 유동축(차량의 중량만 지지)이 있음
액슬 하우징	종감속 기어, 차동 기어장치 및 액슬축을 포함하는 튜브 모양의 고정축

2 조향장치

(1) 정의 및 기능

정의	차량의 진행 방향을 운전자가 의도하는 바에 따라 임의로 조작할 수 있는 장치로 조향핸들을 조작하면 조향기어에 그 회전력이 전달되며, 조향기어에 의해 감속하여 앞바퀴 방향을 바꿀 수 있도록 되어 있음 (지게차 : 일반적 뒷바퀴 조향방식)
기능	• 조향핸들을 돌려 원하는 방향으로 조향 • 운전자의 핸들 조작력이 바퀴를 조작하는 데 필요한 조향력으로 증강 • 선회 시 좌우 바퀴의 조향각에 차이가 나도록 함 • 선회 시 저항이 적고 옆 방향으로 미끄러지지 않도록 함 • 노면의 충격이 핸들에 전달되지 않도록 함

(2) 조향장치기구의 분류

① 차축방식에 따른 분류

일체차축 방식	조향핸들, 조향축, 조향기어박스, 너클암, 드래그링크, 타이로드, 피트먼암 등
독립차축 방식	일체차축방식과 다른 점은 드래그링크가 없고 타이로드가 둘로 나누어짐

② 역할에 따른 분류★

조향조작기구	조향핸들 (조향휠)	스포크나 림의 내부에는 강이나 경합금 심이 들어 있고 바깥쪽은 합성수지로 성형
	조향축	• 조향핸들의 회전을 조향기어의 웜으로 전하는 축 • 35~50°의 경사를 두고 설치
	탄성체 이음	조향기어와 축의 연결 시 오차를 완화하고 노면으로부터의 충격을 흡수하여 조향핸들로 전달되지 않도록 하기 위해 조향핸들과 축 사이에 설치된 장치
조향기어기구		조작력의 방향을 바꿔줌과 동시에 회전력을 증대하여 조향링크기구에 전달
조향링크기구	피트먼암	조향핸들의 움직임을 드래그링크나 센터링크로 전달하는 것
	드래그링크	일체차축방식 조향기구에서 피트먼암과 너클암(제3암)을 연결하는 로드로, 피트먼암을 중심으로 원호운동을 함
	센터링크	독립차축방식 조향기구에서 좌·우 타이로드와 연결
	타이로드	• 독립차축방식 조향기구에서는 센터링크의 운동을 양쪽 너클암으로 전달하며 2개로 나누어져 볼이음으로 각각 연결 • 일체차축방식 조향기구에서는 1개의 로드로 되어 있고 너클암의 움직임을 반대쪽의 너클암으로 전달하여 양쪽 바퀴의 관계를 바르게 유지
	너클암 (제3암)	일체차축방식 조향기구에서 드래그링크의 운동을 조향너클에 전달하는 기구
	조향너클	킹핀을 통해 앞차축과 연결되는 부분과 바퀴 허브가 설치되는 스핀들 부로 되어 있어 킹핀을 중심으로 회전하여 조향작용
	킹핀	차축과 조향너클을 조립하는 굵은 핀

> 📝 참고
>
> **조향핸들★**
>
> | 조향핸들이 무거운 원인 | 조향핸들이 한쪽으로 쏠리는 원인 |
> |---|---|
> | • 조향기어의 백래시 작음
• 앞바퀴 정렬 상태 불량
• 타이어의 공기 압력 부족
• 타이어의 마멸 과다
• 조향기어박스 내의 오일 부족
• 유압계통 내의 공기 혼합 | • 앞바퀴 정렬 상태 및 쇼크업소버의 작동 상태 불량
• 타이어의 공기 압력 불균일
• 허브 베어링의 마멸 과다
• 앞 액슬축 한쪽 스프링 파손
• 뒤 액슬축이 차량 중심선에 대하여 직각이 되지 않았음 |

(3) 동력조향장치

① 기능 : 기관의 동력으로 오일펌프를 구동시켜 발생한 유압을 이용하는 동력장치를 설치하여 조향핸들의 조작력을 가볍게 하는 장치

② 이점
  ㉠ 조향 조작이 경쾌·신속
  ㉡ 노면으로부터 진동이나 충격을 흡수하여 조향휠에 전달되는 것을 방지
  ㉢ 앞바퀴 시미현상 방지

③ 분류

링키지형	동력 실린더를 조향 링키지 중간에 둔 것
일체형	동력 실린더를 조향기어박스 내에 설치한 형식

④ 구조

동력부	• 동력원이 되는 유압을 발생시키는 부분 • 구성 : 오일펌프, 제어밸브, 압력조절밸브
작동부	• 유압을 기계적 에너지로 바꿔 앞바퀴의 조향력을 발생하는 부분 • 복동식 동력 실린더 사용

제어부	• 조향핸들의 조작으로 작동장치의 오일회로를 개폐하는 부분 • 안전체크밸브 : 제어밸브 속에 있으며, 기관이 정지된 경우, 오일펌프의 고장, 회로에서의 오일 누출 등의 원인으로 유압이 발생하지 못할 때 조향핸들의 조작을 수동으로 할 수 있도록 해주는 밸브

(4) 앞바퀴 정렬

① **필요성** : 조향핸들에 복원성을 주고 조향핸들의 조작을 확실하게 하고 안전성을 줌, 타이어 마멸 감소

② **요소**

구분	의미	역할
캠버	차량을 앞에서 보면 그 앞바퀴가 수직선에 대해 어떤 각도를 두고 설치되어 있는 것	• 앞차축의 처짐 및 회전반지름을 적게 하고 조향핸들의 조작을 가볍게 함 • 볼록 노면에 대하여 앞바퀴를 직각으로 둘 수 있음
캐스터	차량의 앞바퀴를 옆에서 보면 조향너클과 앞차축을 고정하는 킹핀이 수직선과 어떤 각도를 두고 설치되는 것	• 주행 중 조향바퀴에 방향성을 부여 • 조향 시 직진 방향으로의 복원력을 줌
킹핀 경사각 (조향축 경사각)	차량을 앞에서 보면 킹핀의 중심선이 수직에 대하여 어떤 각도를 두고 설치되는 것	• 조향핸들의 조작력을 적게 함 • 앞바퀴 시미현상 방지 • 조향 시에 앞바퀴의 복원성을 부여하여 조향휠의 복원이 용이
토인	차량의 앞바퀴를 위에서 내려다보면 바퀴 중심선 사이의 거리가 앞쪽이 뒤쪽보다 약간 좁게 되어 있는 것	• 앞바퀴 사이드슬립과 타이어 마멸 방지 • 캠버, 조향 링키지 마멸 및 주행 저항과 구동력의 반력에 의한 토 아웃 방지 • 앞바퀴를 평행하게 회전시킴

3 현가장치

(1) 현가장치의 구조와 기능 ★

① **정의** : 차축과 차체 사이에 스프링을 두고 연결하여 주행할 때 차축이 노면에서 받는 진동이나 충격을 차체에 직접 전달되지 않도록 하여 차체나 하물의 손상을 방지하고 승차감을 좋게 하는 장치

② **구성**

섀시 스프링	스프링은 차축과 프레임 사이에 설치되어 바퀴에 가해지는 충격이나 진동을 완화하고 차체에 전달되지 않게 함 예 판 스프링, 코일 스프링, 토션바 스프링, 고무 스프링, 공기 스프링
쇼크업 소버	• 건설기계가 주행할 때 스프링이 받는 충격에 의해 발생하는 고유진동을 흡수하고 진동을 빨리 감쇠시켜 승차감을 좋게 하며 상하 운동에너지를 열로 바꾸는 작용 • 유압식 쇼크업소버 : 유체에 의한 저항을 이용하여 진동의 감쇠작용
스테빌 라이저	건설기계의 롤링을 작게 하고 가능한 빨리 평형상태를 유지하도록 하는 것

(2) 앞현가장치

프레임과 차축 사이를 연결하여 차의 중량을 지지하고, 바퀴의 진동을 흡수함과 동시에 조향기구의 일부를 설치하고 있는 장치

① **독립현가식**

형식	• 프레임에 컨트롤 암을 설치하고 이것에 조향너클을 결합한 형식 • 소형차(승용차)에서 많이 사용
특징	• 차의 높이를 낮게 할 수 있어서 차의 안정성 향상 • 조향바퀴에 옆방향으로 요동하는 진동이 잘 일어나지 않고 타이어와 노면의 접지성이 좋아짐 • 스프링 아래 무게가 가벼워 승차감이 좋아짐 • 휠 얼라이먼트가 변하기 쉬우며 타이어 빨리 마모

② **차축현가식**

형식	• 좌우의 바퀴가 1개의 차축으로 연결된 일체차축식 앞 차축을 스프링으로 차체와 연결시킨 형식 • 강도가 크고 구조가 간단하여 건설기계(대형트럭), 버스에서 많이 사용
특징	• 차축의 위치를 정하는 링크나 로드가 필요하지 않아 부품수가 적고 구조가 간단함 • 선회 시 차체의 기울기 적음 • 스프링 정수가 너무 작은 것은 사용할 수 없고 스프링 및 질량이 커서 승차감이 좋지 않음

(3) 뒤현가장치

① **독립현가식**

특징	뒤현가장치를 독립현가식으로 하면 스프링 아래 무게를 가볍게 할 수 있어 승차감이나 로드 홀딩이 좋아지고 보디의 바닥을 낮출 수 있어 실내공간이 커짐
스윙 차축식	차축을 중앙에서 2개로 분할하여 분할한 점을 중심으로 하여 좌우 바퀴가 상하운동을 하도록 한 것으로 코일 스프링을 많이 사용
트레일링 암식	앞바퀴 구동차의 뒤현가장치로 많이 사용하며 뒷바퀴 구동차에서는 별로 사용되지 않음

제3장 전·후진 주행장치

세미트레일링 암식	트레일링 암식과 스윙 차축식의 중간적인 현가장치
다이애거널 링크식	일체식 암을 사용하고 그 끝으로 차축을 지지

② 차축현가식

평행판 스프링식	• 언더형 현가방식 : 차축을 스프링 위에 설치 • 오버형 현가방식 : 차축을 스프링 아래에 설치
토크 튜브식	• 승용차 등에서 뒤차축에 토크 튜브를 설치하고 그 앞쪽 끝을 프레임이나 변속기의 뒷부분에 볼 소킷을 이용하여 연결한 방식 • 토크 튜브가 뒤차축이 받는 반동 회전력이나 전후 방향의 힘을 받기 때문에 유연한 스프링을 사용할 수 있음
코일 스프링식	트레일링 링크식에 속하는 것으로, 차축이 받는 반동 회전력이나 전후 방향의 힘은 컨트롤 로드를 통해 차체로 전달되고 옆방향의 힘은 래터럴 로드를 통해 차체에 전달하는 구조

(4) 공기현가장치

기능	하중이 감소하여 차 높이가 높아지면 레벨링밸브가 작용하여 공기 스프링 안의 공기가 방출되고 하중이 증가하여 차 높이가 낮아지면 공기탱크에서 공기를 보충하여 차 높이를 일정하게 유지하도록 함
특징	• 고주파 진동을 잘 흡수하고, 하중의 변화에 따라 스프링 상수가 자동적으로 변함 • 하중의 증감에 관계없이 고유 진동수는 거의 일정하게 유지 • 하중의 증감에 관계없이 차의 높이가 항상 일정하게 유지되어 차량이 전후좌우로 기우는 것을 방지 • 승차감이 좋고, 진동을 완화하기 때문에 자동차의 수명이 길어짐

4 제동장치의 구조와 기능

(1) 역할과 구비조건

역할	주행하고 있는 건설기계 속도를 감속·정지시키며 정차 중인 건설기계가 스스로 움직이지 않도록 하기 위한 장치
구비조건	• 작동이 확실하고 제동효과·신뢰성·내구성이 클 것 • 운전자에 피로감을 주지 말고 점검·정비가 쉬울 것

(2) 유압 브레이크

① 구성과 특징

구성	유압을 발생시키는 마스터 실린더, 이 유압을 받아서 브레이크 슈(또는 패드)를 드럼(또는 디스크)에 압착시켜 제동력을 발생시키는 휠 실린더(또는 캘리퍼) 및 마스터 실린더와 휠 실린더 사이를 연결하여 유압회로를 형성하는 파이프와 플렉시블 호스 등
특징	• 마찰 손실 적고 페달 조작력이 작아도 됨 • 제동력이 모든 바퀴에 동일하게 작용 • 유압회로 내에 공기가 침입하면 제동력 감소 • 유압회로가 파손되어 오일이 누출되면 제동 기능 상실

② 구조

브레이크 페달	• 조작력을 경감시키기 위해 지렛대 원리 이용 • 구비조건 : 밑판 간극, 페달 높이, 페달 유격 적당
브레이크 파이프	마스터 실린더에서 휠 실린더로 브레이크액을 유도하는 관
브레이크 호스	프레임에 결합된 파이프와 차축이나 바퀴 등을 연결하는 것(=플렉시블 호스)
마스터 실린더	• 브레이크 페달을 밟는 것에 의해 유압을 발생시킴 • 체크밸브 : 오일이 한쪽으로만 흐르게 하는 밸브로서 오일이 휠 실린더 쪽으로 나가게 하지만 유압과 장력이 평형이 되면 체크밸브와 시트가 접촉되어 오일 라인에 잔압을 형성하여 유지시킴 • 잔압을 두는 이유 : 조작을 신속히 해주고 휠 실린더로 오일 누출 방지 및 베이퍼 록 방지
휠 실린더	마스터 실린더에서 압송된 유압을 받아 브레이크 슈를 드럼에 압착시킴
브레이크 슈	휠 실린더의 피스톤에 의해 드럼과 접촉하여 제동력을 발생하는 부분
브레이크 라이닝	브레이크 드럼과 직접 접촉하여 브레이크 드럼의 회전을 멈추고 운동에너지를 열에너지로 바꾸는 마찰재
브레이크 드럼	바퀴와 함께 고속으로 회전하고 슈의 마찰력을 받아 제동력을 발생시키는 부분

> 📝 **참고**
>
> **베이퍼 록**
> • 브레이크 회로 내의 오일이 비등하여 오일의 압력 전달 작용을 방해하는 현상
> • 원인 : 브레이크 드럼과 라이닝의 끌림에 의한 가열, 긴 내리막길에서 과도한 풋 브레이크 사용 시, 브레이크오일 변질에 의한 비점의 저하 및 불량한 오일 사용 시
>
> **페이드 현상 ★**
> 브레이크를 연속하여 자주 사용하면 브레이크 드럼이 과열되어 마찰계수가 떨어지고 브레이크가 잘 듣지 않는 것으로, 짧은 시간 내에 반복 조작이나 내리막길을 내려갈 때 브레이크 효과가 나빠지는 현상

(3) 디스크·배력식·공기·주차 브레이크

구분	특징
디스크 브레이크	• 바퀴와 함께 회전하는 브레이크 디스크 양쪽에서 제동 패드를 유압에 의해 눌러서 제동하고 디스크가 대기 중에 노출되어 회전하므로 페이드 현상이 작은 자동 조정 브레이크 형식 • 부품의 평형이 좋고 한쪽만 제동되는 일이 없음 • 디스크에 물이 묻어도 제동력의 회복이 크고 디스크에 이물질이 쉽게 부착

	• 자기 작동작용이 없어 고속에서 반복적으로 사용하여도 제동력 변화 적음 • 종류 : 대향 피스톤 고정 캘리퍼형, 싱글 실린더 플로팅 캘리퍼형
배력식 브레이크	• 오일 브레이크의 제동력을 강하게 하기 위한 보조 역할 • 종류 : 진공식 배력장치(흡입다기관의 진공과 대기 압력차 이용), 공기식 배력장치(압축공기와 대기 압력차 이용)
공기 브레이크	• 압축공기의 압력을 이용해서 브레이크 슈를 드럼에 압착시켜 제동을 하는 장치(대형 트럭, 건설기계, 트레일러 등에 많이 사용) • 차량 중량에 제한을 받지 않고 베이퍼 록의 발생 염려 없음 • 공기가 다소 누출되어도 제동 성능이 현저하게 저하되지 않음 • 구조가 복잡하고 값이 비싸며 페달 밟는 양에 따라 제동력 조절 • 공기 압축기 구동에 기관의 출력 일부 소모
주차 브레이크	• 센터 브레이크식 : 추진축에 설치된 브레이크 드럼을 제동, 보통 트럭이나 건설기계에 사용, 변속기 뒷부분에 설치 • 뒷바퀴 브레이크식 : 뒷바퀴 제동, 승용차에 사용, 일반적으로 풋 브레이크용 슈를 링크나 와이어 등을 이용해서 벌려 제동하는 형식

참고

브레이크의 이상 현상★

원인	결과
브레이크 페달을 밟았을 때 차량이 한쪽으로 쏠리는 경우	• 라이닝 간극 조정 불량 • 앞바퀴 정렬 불량 • 드럼의 변형 • 드럼슈에 그리스나 오일이 붙었을 때 • 쇼크업소버 작동 불량 • 좌우 타이어의 공기 압력 불균일
진공 배력식 브레이크에서 페달 조작이 무거운 경우	• 진공 파이프에 공기 유입 • 릴레이밸브 및 피스톤의 작동 불량 • 진공 및 공기밸브, 하이드로릭 피스톤, 진공 체크밸브 작동 불량
제동력이 불충분한 경우	• 브레이크 오일 부족 • 브레이크 라인 막힘 • 브레이크 계통 내에 공기 혼입 • 패드나 라이닝에 오일이 묻었거나 접촉 불량 • 휠 실린더, 마스터 실린더 오일 누출 • 브레이크 배력장치 작동 불량 • 휠실린더 오일 누출

5 트랙장치와 바퀴

(1) 트랙장치★

① **역할** : 트랙에 의해 건설기계를 이동시키는 장치

② **구성**

트랙	• 프런트 아이들러, 상·하부 롤러, 스프로킷에 감겨져 있고 스프로킷에서 동력을 받아 구동
	• 트랙 유격(상부 롤러와 트랙 사이의 간격)
	  – 유격이 규정값보다 크면 트랙이 벗겨지기 쉽고 롤러 및 트랙 링크의 마멸이 촉진되고 반대로 유격이 너무 적으면 암석지 작업을 할 때 트랙이 절단되기 쉬우며 각종 롤러, 트랙 구성 부품의 마멸 촉진
	  – 유격 조정방법 : 조정너트를 렌치로 돌려서 조정(구형의 경우), 프런트 아이들러 요크축에 설치된 그리스 실린더에 그리스(GAA)를 주유하면 트랙 유격이 작아지고 그리스를 배출시키면 유격이 커짐

트랙 프레임	위에는 상부 롤러, 아래는 하부 롤러, 앞에는 유동륜을 설치
트랙 아이들러 (전부 유동륜)	트랙의 진행 방향을 유도하고 요크를 지지하는 축 끝에 조정 실린더가 연결되어 트랙 유격 조정
상부 롤러	트랙 아이들러와 스프로킷 사이에서 트랙이 처지는 것을 방지하고 동시에 트랙의 회전 위치를 정확하게 유지
하부 롤러	트랙터의 전중량을 균등하게 트랙 위에 분배하면서 전동하고 트랙의 회전 위치를 정확히 유지
리코일 스프링	주행 중 트랙 전면에서 오는 충격을 완화하여 차체의 파손을 방지하고 원활한 운전이 될 수 있도록 함
스프로킷 (기동륜, 구동륜)	종감속 기어를 거쳐 전달된 동력을 최종적으로 트랙에 전달해 줌

(2) 타이어

① **기능 및 요건** : 휠에 끼워져 일체로 회전하며 주행 중 노면에서의 충격을 흡수하고 제동, 구동 및 선회할 때에 노면과의 미끄럼이 적어야 함

② **분류**
  ㉠ 공기압력
    • 고압 타이어 : 4.2~6.3kgf/cm^2
    • 저압 타이어 : 2.1~2.5kgf/cm^2
  ㉡ 튜브 유무 : 튜브 있는 타이어, 튜브 없는 타이어
  ㉢ 형상 : 보통(바이어스) 타이어, 레디얼 타이어, 스노우 타이어, 편평 타이어

③ **호칭 치수**
  ㉠ 보통 타이어 : 고압 타이어(타이어 외경×타이어 폭 – 플라이 수(PR) 예 32×6 – 8PR), 저압 타이어(타이어 폭 – 타이어 내경 – 플라이 수(PR) 예 7.00-16-10PR)

ⓛ 레디얼 타이어

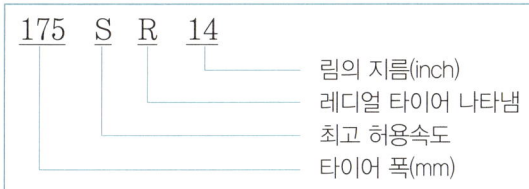

④ 구조 ★

카커스	튜브의 고압 공기에 견디고 하중·충격에 변형되어 완충작용을 함
브레이커	외부로부터의 충격을 흡수하고 트레드에 생긴 상처가 카커스에 미치는 것을 방지
비드	• 타이어가 림과 접하는 부분 • 와이어가 서로 접촉하여 손상되는 것을 막고 비드 부분의 늘어남을 방지하여 타이어가 림에서 벗어나지 않도록 함
트레드	• 노면과 접촉되는 부분으로 내부의 카커스와 브레이커를 보호하기 위해 내마모성이 큰 고무층으로 되어 있고 노면과 미끄러짐을 방지하고 방열을 위한 홈(트레드 패턴)이 파져 있음 • 트레드 패턴의 필요성 : 타이어 내부에서 발생한 열을 방산, 구동력이나 선회 성능 향상, 트레드에서 생긴 절상 등의 확대 방지, 타이어의 옆방향 및 전진 방향의 미끄럼 방지

⑤ 스탠딩 웨이브 현상

고속주행 시 공기가 적을 때 트레드가 받는 원심력과 공기 압력에 의해 트레드가 노면에서 떨어진 직후 찌그러짐이 생기는 현상(방지책 : 공기압 10~13% 높임)

⑥ 수막현상(하이드로 플래닝) : 비가 올 때 노면의 빗물에 의해 타이어가 노면에 직접 접촉되지 않고 수막만큼 떠 있는 상태

⑦ 휠 밸런스 : 회전하는 바퀴에 평형이 잡혀 있지 않으면 원심력에 의해 진동이 발생하고 타이어의 편마모 및 조향휠의 떨림이 발생

(3) 휠

① 기능 : 타이어를 지지하는 림과 림을 허브에 지지하는 부분으로 구성되어 허브와 림 사이를 연결

② 요건 : 휠 타이어와 함께 차량의 전중량을 분담 지지하고 제동 및 주행 시의 회전력, 노면으로부터의 충격, 선회할 때의 원심력, 차량이 기울었을 때 발생하는 옆방향의 힘 등에 견디고 가벼워야 함

05 전·후진 주행장치

동력전달장치

01 토크 컨버터의 최대 회전력을 무엇이라 하는가?
① 회전력　② 토크 변환비
③ 종감속비　④ 변속기어비

02 ★ 수동변속기가 장착된 건설기계에서 기어의 이중 물림을 방지하는 장치는?
① 인젝션 장치　② 인터쿨러 장치
③ 인터록 장치　④ 인터널 기어 장치

03 ★★ 건설기계에서 변속기의 구비조건으로 가장 적절한 것은?
① 대형이고 고장이 없어야 한다.
② 조작이 쉬우므로 신속할 필요는 없다.
③ 연속적 변속에는 단계가 있어야 한다.
④ 전달 효율이 좋아야 한다.

해설 변속기 구비조건
• 소형, 경량이고 조작이 쉬울 것
• 단계 없이 연속적으로 변속될 것
• 신속 정확하고 정숙하게 작동할 것
• 전달 효율이 좋고 수리하기 쉬울 것

04 ★★★★ 클러치가 연결된 상태에서 기어변속을 하면 일어나는 현상은?
① 기어에서 소리가 나고 기어가 상한다.
② 변속레버가 마모된다.
③ 클러치 디스크가 마멸된다.
④ 변속이 원활하다.

해설 클러치가 연결된 상태에서 기어변속을 하게 되면 본래 기관에 소리가 나고 맞물려 돌아가는 기어를 무리하게 바꾸게 되므로 기어가 상하게 된다.

05 ★★★ 토크 컨버터의 구성품이 아닌 것은?
① 펌프　② 터빈
③ 스테이터　④ 플라이휠

해설 토크 컨버터는 크랭크축에 펌프, 입력축에 터빈을 두고 있고 오일의 흐름 방향을 바꿔 주는 스테이터가 변속기 케이스에 일방향 클러치를 통하여 설치되어 있다.

06 엔진에서 발생한 회전동력을 바퀴까지 전달할 때 마지막으로 감속작용을 하는 것은?
① 클러치
② 트랜스미션
③ 프로펠러 샤프트
④ 파이널 드라이버 기어

해설 파이널 드라이버 기어는 종감속 기어로 불리며 추진축에서 받은 동력을 직각의 각도로 바꾸어 뒤차축에 전달함과 동시에 최종적인 감속을 통한 회전력의 증대를 위해 설치되는 기구이다.

07 ★★ 유체클러치에서 와류를 감소시키는 장치는?
① 가이드 링　② 스테이터
③ 임펠러　④ 펌프

08 수동변속기가 장착된 건설기계장비에서 주행 중 기어가 빠지는 원인이 아닌 것은?
① 기어의 물림이 덜 물렸을 때
② 기어의 마모가 심할 때
③ 클러치의 마모가 심할 때
④ 변속기 로크 장치가 불량할 때

해설 클러치가 마모될 경우 동력 전달이 제대로 잘 이루어지지 않을 수 있다.

정답　01.② 02.③ 03.④ 04.① 05.④ 06.④ 07.① 08.③

제3장 전·후진 주행장치

09 하부 추진체가 휠로 되어 있는 건설기계장비로 커브를 돌 때 선회를 원활하게 해주는 장치는?

① 변속기 ② 차동장치
③ 최종 구동장치 ④ 트랜스퍼 케이스

[해설] 차동기어장치는 커브를 돌 때 안쪽 바퀴와 바깥쪽 바퀴의 회전수를 달리하여 선회를 원활하게 해준다.

10 ★★★ 토크 컨버터의 오일의 흐름 방향을 바꾸어 주는 것은?

① 펌프 ② 터빈
③ 변속기 축 ④ 스테이터

[해설] 스테이터는 오일의 방향을 바꾸어 회전력을 증대시킨다.

11 ★★★★ 동력전달장치에서 클러치판은 어떤 축의 스플라인에 끼워져 있는가?

① 추진 축 ② 차동기어장치
③ 크랭크 축 ④ 변속기 입력 축

[해설] 클러치판은 변속기 입력축의 스플라인에 끼워져 있어 변속을 위해 동력을 단속해 주는 역할을 한다.

12 수동변속기 클러치 페달의 자유간극 조정 방법은?

① 클러치 링키지 로드를 조정하여서
② 클러치 페달 리턴스프링 장력을 조정하여서
③ 클러치 베어링을 움직여서
④ 클러치 스프링 장력을 조정하여서

[해설] 클러치 페달의 자유간극을 조정하기 위해서는 클러치 링키지 로드를 조정하면 된다.

13 ★★ 운전 중 클러치가 미끄러질 때의 영향이 아닌 것은?

① 속도 감소 ② 견인력 감소
③ 연료 소비량 증가 ④ 엔진의 과랭

[해설] 클러치가 미끄러지게 되면 동력이 제대로 전달되지 않으므로 속도 감소, 견인력 감소, 연료 소비량 증가와 같은 현상이 나타난다.

14 ★★★★ 기계식 변속기가 설치된 건설기계에서 클러치판의 비틀림 코일 스프링의 역할은?

① 클러치 판이 더욱 세게 부착되게 한다.
② 클러치 작동 시 충격을 흡수한다.
③ 클러치의 회전력을 증가시킨다.
④ 클러치 압력판의 마멸을 방지한다.

[해설] 토션 스프링(댐퍼 스프링, 비틀림 코일 스프링)은 클러치 디스크가 플라이휠에 접속될 때 회전 충격을 흡수하는 기능을 한다.

15 ★★★ 동력전달장치에 사용되는 차동기어장치에 대한 설명으로 틀린 것은?

① 선회할 때 좌·우 구동바퀴의 회전속도를 다르게 한다.
② 선회할 때 바깥쪽 바퀴의 회전속도를 증대시킨다.
③ 보통 차동기어장치는 노면의 저항을 적게 받는 구동바퀴가 더 많이 회전하도록 한다.
④ 기관의 회전력을 크게 하여 구동바퀴에 전달한다.

[해설] 차동기어장치는 양쪽 구동바퀴가 각각 다른 회전수로 돌 수 있도록 해 주는 장치이다.

정답 09.② 10.④ 11.④ 12.① 13.④ 14.② 15.④

16 클러치가 끊어지지 않는 원인은?

① 클러치 페달의 유격이 너무 크다.
② 클러치 페달의 유격이 작다.
③ 클러치 디스크의 마모가 많다.
④ 압력판의 마모가 많다.

해설 클러치 페달의 유격이 크면 클러치 차단이 불량해진다.

17 타이어식 건설기계장비에서 동력전달장치에 속하지 않는 것은?

① 클러치　　② 종감속 장치
③ 과급기　　④ 타이어

해설 건설기계장비의 동력전달장치는 클러치, 변속기, 추진축, 드라이브 라인, 종감속 기어, 차동장치, 액슬축 및 구동 바퀴 등으로 구성된다.

18 ★★★ 수동변속기가 설치된 건설기계에서 클러치가 미끄러지는 원인으로 가장 거리가 먼 것은?

① 클러치 페달의 자유간극 과소
② 압력판의 마멸
③ 클러치판에 오일 부착
④ 클러치판의 런 아웃 과다

해설 클러치판(디스크)의 흔들림을 런 아웃이라 한다. 런 아웃 발생 시 클러치가 잘 끊어지지 않는다.

19 ★★ 장비에 부하가 걸릴 때 토크 컨버터의 터빈 속도는 어떻게 되는가?

① 빨라진다.　　② 느려진다.
③ 일정하다.　　④ 관계없다.

해설 장비에 부하가 걸리면 변속기 입력축의 터빈에 하중이 작용하므로 속도가 느려진다.

20 ★ 기관의 플라이휠과 항상 같이 회전하는 부품은?

① 압력판　　② 릴리스 베어링
③ 클러치 축　　④ 디스크

해설 압력판은 클러치 커버에 설치되어 있으며 항상 기관의 플라이휠과 함께 회전하게 된다.

21 ★★ 기계식 변속기의 클러치에서 릴리스 베어링과 릴리스 레버가 분리되어 있을 때 맞는 것은?

① 클러치가 연결되어 있을 때
② 클러치가 연결 또는 분리될 때
③ 클러치가 분리되어 있을 때
④ 접촉하면 안 되는 것으로 클러치가 분리되고 있을 때

해설 릴리스 베어링과 릴리스 레버가 분리되어 있다는 것은 클러치 페달의 유격이 유지되고 있다는 말이 되므로 클러치가 연결되어 있는 상태이다.

22 ★★★★ 동력전달계통의 순서를 바르게 나타낸 것은?

① 피스톤 → 커넥팅 로드 → 클러치 → 크랭크축
② 피스톤 → 클러치 → 크랭크축 → 커넥팅 로드
③ 피스톤 → 크랭크축 → 커넥팅 로드 → 클러치
④ 피스톤 → 커넥팅 로드 → 크랭크축 → 클러치

조향장치

01 파워 스티어링에서 핸들이 매우 무거워 조작하기 힘든 상태일 때의 원인으로 맞는 것은?

① 바퀴가 습지에 있다.
② 조향펌프에 오일이 부족하다.
③ 볼 조인트의 교환 시기가 되었다.
④ 핸들 유격이 크다.

해설 파워 스티어링에서는 핸들을 돌릴 때 유압을 걸어 보조적인 힘을 가해주게 되는데, 조향펌프에 오일이 부족할 경우에는 유압을 걸어줄 수 없으므로 핸들이 무거워지게 된다.

02 타이어식 건설장비에서 조향바퀴의 얼라인먼트 요소와 관련 없는 것은?

① 캠버   ② 캐스터
③ 토인   ④ 부스터

해설 부스터는 공기압, 유압, 전압 등을 가압하여 승압시키거나 증폭·확대하는 장치이다.

03 타이어식 건설기계 정비에서 토인에 대한 설명으로 틀린 것은?

① 토인은 반드시 직진 상태에서 측정해야 한다.
② 토인은 직진성을 좋게 하고 조향을 가볍도록 한다.
③ 토인은 좌·우 앞바퀴의 간격이 앞보다 뒤가 좁은 것이다.
④ 토인 조정이 잘못되었을 때 타이어가 편마모된다.

해설 차량의 앞바퀴를 위에서 내려다보면 앞쪽이 뒤쪽보다 약간 좁게 되어 있는데, 이를 토인이라 한다.

04 타이어식 건설기계에서 조향바퀴의 토인을 조정하는 것은?

① 핸들   ② 타이로드
③ 웜 기어   ④ 드래그 링크

해설 토인은 조향바퀴의 사이드 슬립과 타이어의 마멸을 방지하고 앞바퀴를 평행하게 회전시키기 위한 것으로, 지게차의 토인은 타이로드 길이로 조정한다.

05 타이어식 건설기계에서 앞바퀴 정렬의 역할과 거리가 먼 것은?

① 타이어 마모를 최소로 한다.
② 브레이크의 수명을 길게 한다.
③ 방향 안정성을 준다.
④ 조향핸들의 조작을 작은 힘으로 쉽게 할 수 있다.

해설 차량의 앞바퀴를 위에서 내려다보면 바퀴 중심선 사이의 거리가 앞쪽이 뒤쪽보다 약간 좁게 되어 있는데 이를 토인이라 한다. 토인은 앞바퀴 사이드 슬립과 타이어 마멸을 방지하며 캠버, 조향 링키지 마멸 및 주행 저항과 구동력의 반력에 의한 토아웃을 방지하여 주행 안정성을 높이고, 앞바퀴를 평행하게 회전시켜 조향핸들 조작도 용이하게 해준다.

06 동력조향장치의 장점과 거리가 먼 것은?

① 작은 조작력으로 조향조작이 가능하다.
② 조향핸들의 시미현상을 줄일 수 있다.
③ 설계·제작 시 조향 기어비를 조작력에 관계없이 선정할 수 있다.
④ 조향핸들 유격조정이 자동으로 되어 볼 조인트 수명이 반영구적이다.

해설 **동력조향장치의 장점**
- 작은 조작력으로 조향조작을 할 수 있다.
- 조향 기어비는 조작력에 관계없이 선정할 수 있다.
- 동력조향을 이용하면 핸들조작이 쉽고 가벼워지며 조향핸들의 시미현상을 줄일 수 있다.

정답 01.② 02.④ 03.③ 04.② 05.② 06.④

07 조향기어 백 래시가 클 경우 발생될 수 있는 현상은?

① 핸들의 유격이 커진다.
② 조향핸들의 축방향 유격이 커진다.
③ 조향각도가 커진다.
④ 핸들이 한쪽으로 쏠린다.

해설 백 래시(back lash)란 기어 접촉면의 간극, 즉 기어가 맞물렸을 때 이와 이 사이의 유격이다. 조향기어의 백 래시가 크면 핸들의 유격이 커지고, 작으면 조향핸들이 무거워진다.

08 ★ 타이어식 건설기계장비에서 조향핸들의 조작을 가볍고 원활하게 하는 방법과 가장 거리가 먼 것은?

① 동력조향을 사용한다.
② 바퀴의 정렬을 정확히 한다.
③ 타이어의 공기압을 적정압으로 한다.
④ 종감속장치를 사용한다.

09 ★★ 조향핸들의 유격이 커지는 원인이 아닌 것은?

① 피트먼암의 헐거움
② 타이로드 엔드 볼 조인트 마모
③ 조향바퀴 베어링 마모
④ 타이어 마모

해설 조향핸들의 유격이 커지는 원인
• 피트먼암의 헐거움
• 조향바퀴 베어링 마모
• 조향기어의 조정불량 및 마모
• 조향링키지의 볼 이음 마모 및 접속부의 헐거움

10 유압식 조향장치의 핸들의 조작이 무거운 원인과 가장 거리가 먼 것은?

① 유압이 낮다.
② 오일이 부족하다.
③ 유압계통 내에 공기가 혼입되었다.
④ 펌프의 회전이 빠르다.

해설 펌프의 회전이 너무 빠르게 조정될 경우 핸들 조향에 적용되는 유압이 갑자기 증가하게 되므로 핸들조작이 너무 가벼워지는 현상이 나타난다.

11 조향기구장치에서 앞 액슬과 너클 스핀들을 연결하는 것은?

① 킹 핀   ② 타이로드
③ 스티어링 암   ④ 드래그 링크

12 조향핸들의 조작이 무거운 원인으로 틀린 것은?

① 유압유 부족 시
② 타이어 공기압 과다 주입 시
③ 앞바퀴 휠 얼라이먼트 조절 불량 시
④ 유압계통 내의 공기 혼입 시

해설 타이어식 조향핸들의 조작을 무겁게 하는 원인은 타이어의 공기압이 적정압보다 낮아졌거나 바퀴 정렬, 즉 얼라인먼트가 제대로 이루어지지 않아서이다.

13 조향핸들의 조작을 가볍게 하는 방법이 아닌 것은?

① 저속으로 주행한다.
② 동력조향을 사용한다.
③ 타이어의 공기압을 높인다.
④ 바퀴의 정렬을 정확히 한다.

해설 저속으로 주행할수록 핸들의 조작이 무겁다.

정답 07.① 08.④ 09.④ 10.④ 11.① 12.② 13.①

제동장치

01 제동장치의 구비조건 중 틀린 것은?
① 작동이 확실하고 잘 되어야 한다.
② 신뢰성과 내구성이 뛰어나야 한다.
③ 점검 및 조정이 용이해야 한다.
④ 마찰력이 작아야 한다.

해설 제동장치는 마찰력을 이용하여 차량의 운동에너지를 열에너지로 바꾸어 제동작용을 하므로 마찰력이 커야 한다.

02 진공식 제동 배력장치의 설명 중에서 옳은 것은?
① 진공밸브가 새면 브레이크가 전혀 작동되지 않는다.
② 릴레이 밸브의 다이어프램이 파손되면 브레이크가 작동되지 않는다.
③ 릴레이 밸브 피스톤 컵이 파손되어도 브레이크는 작동된다.
④ 하이드로릭 피스톤의 체크 볼이 밀착 불량이면 브레이크가 작동되지 않는다.

해설 배력장치에 문제가 발생하면 제동을 위한 큰 힘을 내지 못하기는 해도 밟는 힘에 의한 브레이크는 작동한다.

03 브레이크 장치의 베이퍼 록 발생 원인이 아닌 것은?
① 긴 내리막길에서 과도한 브레이크 사용
② 엔진브레이크를 장시간 사용할 때
③ 드럼과 라이닝의 끌림에 의한 가열
④ 오일의 변질에 의한 비등점 저하

해설 베이퍼 록 발생 원인
• 브레이크 드럼과 라이닝의 끌림 현상에 의한 가열
• 마스터 실린더, 브레이크 슈 리턴 스프링 쇠손에 의한 잔압 저하
• 긴 내리막길에서 과도한 풋 브레이크 사용
• 브레이크 오일 변질에 의한 비점의 저하

04 짧은 시간 내에 반복 조작이나 내리막길을 내려갈 때 브레이크를 연속하여 자주 사용하면 브레이크 드럼이 과열되어 마찰계수가 떨어지고 브레이크가 잘 듣지 않는 것으로 브레이크 효과가 나빠지는 현상은?
① 자기작동   ② 페이드
③ 하이드로플래닝   ④ 와전류

05 공기 브레이크에서 브레이크 슈를 직접 작동시키는 것은?
① 릴레이 밸브   ② 브레이크 페달
③ 캠   ④ 유압

해설 브레이크 챔버에 압축공기가 작동되면 푸시로드 → 캠 → 브레이크 슈 순서로 작동시켜 드럼에 밀착하여 제동력을 얻게 된다.

06 브레이크를 밟았을 때 차가 한쪽 방향으로 쏠리는 원인으로 가장 거리가 먼 것은?
① 브레이크 오일회로에 공기 혼입
② 타이어의 좌·우 공기압이 다를 때
③ 드럼슈에 그리스나 오일이 붙었을 때
④ 드럼의 변형

해설 브레이크의 오일회로에 공기가 혼입되면 브레이크 페달의 행정이 커지고 제동력이 약해진다.

07 긴 내리막길을 내려갈 때 베이퍼 록을 방지하려고 하는 좋은 운전방법은?
① 변속레버를 중립으로 놓고 브레이크 페달을 밟고 내려간다.
② 시동을 끄고 브레이크 페달을 밟고 내려간다.
③ 엔진 브레이크를 사용한다.
④ 클러치를 끊고 브레이크 페달을 계속 밟고 속도를 조정하며 내려간다.

해설 베이퍼 록 현상은 긴 내리막길에서 과도한 풋 브레이크 사용 시 그 원인이 될 수 있으므로 내리막길에서 엔진브레이크를 이용하여 이를 방지하는 것이 좋은 운전방법이 된다.

정답 01.④ 02.③ 03.② 04.② 05.③ 06.① 07.③

현가장치 및 트랙장치

01 무한궤도식 주행장치에서 스프로킷의 이상 마모를 방지하기 위해서 조정하여야 하는 것은?

① 슈의 간격 ② 트랙의 장력
③ 롤러의 간격 ④ 아이들러의 위치

해설 트랙의 장력이 지나치게 크면 트랙 핀, 부싱 내·외부, 스프로킷 등이 마모된다.

02 무한궤도식 건설기계에서 트랙의 구성품으로 맞는 것은?

① 핀, 부싱, 롤러, 링크
② 슈, 링크, 부싱, 니플
③ 핀, 부싱, 링크, 슈
④ 슈, 링크, 니플, 롤러

해설 트랙(크롤러, 무한궤도)은 링크, 부싱, 핀, 슈 등으로 구성된다.

03 무한궤도식 장비에서 트랙의 장력을 조정하는 기능을 가진 것은?

① 트랙 어저스터 ② 스프로킷
③ 주행모터 ④ 아이들러

해설 트랙 어저스터는 트랙의 장력을 조정한다.

04 무한궤도식 건설기계에서 트랙 장력 조정은?

① 스프로킷의 조정볼트로 한다.
② 긴도조정 실린더로 한다.
③ 상부 롤러의 베어링으로 한다.
④ 하부 롤러의 시일(실)을 조정한다.

해설 트랙 장력의 조정은 조정너트를 렌치로 돌려서 조정하거나(구형 트랙) 긴도조정 실린더(그리스 실린더)에 그리스를 주유하거나 배출하여 조정한다.

05 무한궤도식 건설기계에서 주행 구동체인 장력 조정 방법은?

① 구동 스프로킷을 전·후진시켜 조정한다.
② 아이들러를 전·후진시켜 조정한다.
③ 슬라이드 슈의 위치를 변화시켜 조정한다.
④ 드래그링크를 전·후진시켜 조정한다.

해설 트랙 어저스터(track adjuster, 트랙 유격 조정장치)로 프런트 아이들러를 앞뒤로 약간씩 이동하여 장력을 조정한다.

06 타이어의 트레드에 대한 설명으로 옳지 않은 것은?

① 트레드가 마모되면 열의 발산이 불량하게 된다.
② 트레드가 마모되면 구동력과 선회능력이 저하된다.
③ 타이어의 공기압이 높으면 트레드의 양단부보다 중앙부의 마모가 크다.
④ 트레드가 마모되면 지면과 접촉면적이 크게 됨으로써 마찰력이 증대되어 제동성능은 좋아진다.

07 주행 중 트랙 전면에서 오는 충격을 완화하여 차체 파손을 방지하고 운전을 원활하게 해주는 것은?

① 트랙 롤러 ② 상부 롤러
③ 리코일 스프링 ④ 댐퍼 스프링

해설 리코일 스프링은 주행 중 트랙 전면에서 오는 충격을 완화하여 차체의 파손을 방지하고 원활한 운전이 될 수 있도록 하는 역할을 한다.

정답 01.② 02.③ 03.① 04.② 05.② 06.④ 07.③

제3장 전·후진 주행장치

08 무한궤도형 건설기계에서 트랙이 벗겨지는 주 원인은?

① 트랙의 서행 회전
② 트랙이 너무 이완되었을 때
③ 파이널 드라이브의 마모
④ 보조스프링이 파손되었을 때

[해설] 무한궤도식 트랙이 이완되어 장력이 떨어지게 되면 헐거워져 트랙이 벗겨지게 된다.

09 타이어의 구조에서 직접 노면과 접촉되어 마모에 견디고 적은 슬립으로 견인력을 증대시키는 것의 명칭은?

① 트레드(tread)
② 브레이커(breaker)
③ 카커스(carcass)
④ 비이드(bead)

[해설] 트레드(tread)는 노면과 직접 접촉하는 고무 부분으로 카커스와 브레이커를 보호한다.

10 다음 설명 중 틀린 것은?

① 트랙핀과 부싱을 뽑을 때에는 유압프레스를 사용한다.
② 트랙슈에는 건지형, 수중형으로 구분된다.
③ 트랙은 링크, 부싱, 슈 등으로 구성되어 있다.
④ 트랙 정렬이 안 되면 링크 측면의 마모 원인이 된다.

[해설] 트랙슈는 습지용, 빙설용, 암반용, 평활용 슈로 구분된다.

11 타이어의 뼈대와 같은 역할을 하고 전체의 하중을 지지하며 주행 중 노면 충격에 따라 변형되어 완충 작용을 하는 부분은?

① 카커스
② 브레이커
③ 비드
④ 트레드

[해설] 카커스는 튜브의 고압 공기에 견디고 하중·충격에 변형되어 완충 작용을 한다.

12 무한궤도식 장비에서 프런트 아이들러의 작용에 대한 설명으로 가장 적당한 것은?

① 회전력을 발생하여 트랙에 전달한다.
② 트랙의 진로를 조정하면서 주행방향으로 트랙을 유도한다.
③ 구동력을 트랙으로 전달한다.
④ 파손을 방지하고 원활한 운전을 하게 한다.

[해설] 프런트 아이들러는 트랙 프레임 앞쪽에 부착되어 트랙의 진로를 조정하면서 주행방향을 유도하는 작용을 한다.

13 무한궤도식 건설기계에서 트랙이 자주 벗겨지는 원인으로 가장 거리가 먼 것은?

① 유격(긴도)이 규정보다 클 때
② 트랙의 상·하부 롤러가 마모되었을 때
③ 최종구동기어가 마모되었을 때
④ 트랙의 중심 정열이 맞지 않았을 때

[해설] 트랙의 벨트가 너무 크면(이완되어 있으면) 트랙이 벗겨지기 쉽고, 트랙 장력이 너무 헐거울 때(유격이 규정값보다 크면) 트랙이 벗겨지기 쉽다.

정답 08.② 09.① 10.② 11.① 12.② 13.③

지게차 운전기능사

제4장 작업장치

1 지게차의 기능 및 분류

(1) 기능
주로 가벼운 화물의 단거리 운반 및 적재, 적하를 위한 건설기계로 앞바퀴 구동, 뒷바퀴 조향 형식을 취하고 있다.

(2) 분류

① 바퀴설치

단륜식	앞바퀴가 1개로 주로 기동성을 위주로 사용
복륜식	앞바퀴가 2개이고 안쪽 바퀴에 브레이크가 설치된 것으로 주로 중량이 무거운 화물을 들어올릴 때 사용

② 작업용도

하이 마스트	• 포크의 승강이 빠르고 높은 능률을 발휘할 수 있는 표준형의 마스트 • 높은 위치의 작업에 적당하며 작업 공간을 최대한 활용할 수 있음
사이드 시프트 마스트	지게차의 방향을 바꾸지 않고도 백레스트와 포크를 좌우로 움직여 지게차 중심에서 벗어난 파렛트의 화물을 용이하게 적재·적하할 수 있음
프리 리프트 마스트	창고의 출입문이나 천정이 낮은 공장 내에서 화물의 적재·적하 작업에 용이
트리플 스테이지 마스트	마스트가 3단으로 되어 있어 천정이 높은 장소와 출입구가 제한되어 있는 장소에서의 적재·적하 작업에 용이
로드★ 스태빌라이저	평탄하지 않은 노면이나 경사지 등에서 깨지기 쉬운 화물이나 불안전한 화물의 낙하 방지를 위해 포크 상단에 상하로 작동 가능한 압력판을 부착
로테이팅 포크	포크를 좌우로 360° 회전시켜서 용기에 들어있는 액체 또는 제품을 운반하거나 붓는 작업에 이용
★ 로테이팅 클램프 마스트	• 원추형 화물을 좌우로 죄거나 회전시켜 운반하고 적재하는 데 이용 • 클램프 안에 붙어 있는 화물에 손상이 없으며, 받침과 클램프 안쪽에 고무판이 붙어 있어 제품이 빠지는 것을 방지
힌지★ 포크· 버킷	• 힌지 포크 : 원목이나 파이프 등의 화물의 운반·적재용 • 힌지 버킷 : 석탄, 소금, 모래, 비료 등 흘러내리기 쉬운 화물의 운반용

2 지게차의 구조 및 작업장치 기능

(1) 주요 구조 및 기능

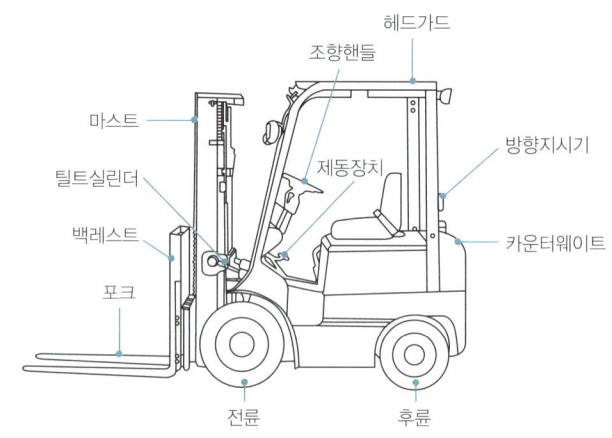

① 동력전달장치

클러치	• 단판 클러치(소형 지게차) • 토크 컨버터(중형 이상 지게차)
변속기	• 대부분 자동 변속기 사용 • 변속 시 충격이 커지는 원인 : 완충스프링의 파손, 스풀 작동의 불량, 완충장치 피스톤의 작동 결함
액슬축	• 앞 액슬축 : 하중지지와 구동 역할 • 뒤 액슬축 : 하중지지와 조향 역할
조향장치	뒷바퀴 조향 형식으로 주로 유압식 사용(애커먼 장토식)
제동장치	앞바퀴만 주로 제동작용이 이루어지고 진공 서보 형식이 사용됨

② 유압장치

기능	지게차 유압은 오일탱크에 있는 작동유가 오일 파이프를 통해 오일펌프로 들어가, 오일펌프에서 압력이 상승되어 호이스트로 들어가 포크를 움직임

③ 작업장치

마스트	백레스트가 가이드 롤러(또는 리프트 롤러)를 통하여 상하 미끄럼 운동을 할 수 있는 레일
포크★	핑거보드에 체결되어 화물을 받쳐 드는 부분으로 L자형의 2개가 있음(단동식 유압 실린더 방식)
핑거보드	포크가 설치되는 곳으로 백레스트에 지지되어 있으며 리프트 체인의 한쪽 끝이 부착됨
백레스트	포크의 화물 뒤쪽을 받쳐주는 부분

제4장 작업장치

리프트 체인 (트랜스퍼 체인)	포크의 좌우 수평 높이 조정 및 리프트 실린더와 함께 포크의 상하작용 도움, 엔진오일을 주유
틸트 실린더	마스트를 전경 또는 후경시킴. 복동식 유압 실린더
리프트 실린더	포크를 상승 및 하강시킴
평형추 (카운터 웨이트)	지게차 맨 뒤쪽에 설치되어 차체 앞쪽에 화물을 실었을 때 쏠리는 것을 방지
★ 조종 레버	• 전후진레버 : 전진(앞으로 밂), 후진(뒤로 당김) • 리프트레버 : 포크의 하강(밂), 상승(당김) • 틸트레버 : 마스트 앞으로 기울임(밂), 마스트 뒤로 기울임(당김) • 주차레버 : 포크 하강(밂), 주차(당김) • 변속레버 : 기어의 변속을 위한 레버

(2) 동력전달장치

① **클러치 형식** : 기관 → 클러치 → 변속기 → 종감속 기어 및 차동장치 → 앞구동축 → 앞바퀴

② **토크컨버터 형식** : 기관 → 토크컨버터 → 변속기 → 프로펠러축과 유니버설조인트 → 종감속 기어 및 차동장치 → 앞구동축 → 최종감속장치 → 차륜

③ **유압조작의 형식** : 토크컨버터 → 파워 시프트 → 변속기 → 차동장치 → 앞구동축 → 앞바퀴

④ **전동 형식** : 축전지 → 컨트롤러 → 구동 모터 → 변속기 → 종감속 기어 및 차동장치 → 앞구동축 → 앞바퀴

(3) 지게차의 제원 및 관련 용어

① 지게차 기본 제원

전고 (높이)	지게차의 가장 위쪽 끝이 만드는 수평면에서 지면까지의 최단거리
전장 (길이)	포크의 앞부분에서부터 지게차의 끝부분까지의 길이(후사경 및 고정장치는 포함하지 않음)
윤거	타이어식 건설기계의 마주보는 바퀴 폭의 중심에서 다른 바퀴의 중심까지의 최단거리
축간 거리	• 앞축의 중심부로부터 뒤축의 중심부까지의 거리 • 축간거리가 커질수록 지게차의 안정도는 향상되나 회전반경이 커진다.

② 마스트의 전경각과 후경각

전경각	지게차의 기준 무부하 상태에서 지게차의 마스트를 포크 쪽으로 최대로 기울인 경우 마스트가 수직면에 대하여 이루는 기울기
후경각	지게차의 기준 무부하 상태에서 지게차의 마스트를 조종실 쪽으로 최대로 기울인 경우 마스트가 수직면에 대하여 이루는 기울기
법령상 기준	• 카운터밸런스 지게차 : 전경각 6° 이하, 후경각 12° 이하일 것 • 사이드포크형 지게차 : 전경각 5° 이하, 후경각 5° 이하일 것

③ 마스트 기울기의 변화량 등

㉠ 지게차의 유압펌프의 오일온도가 섭씨 50도인 상태에서 지게차가 최대하중을 싣고 엔진을 정지한 경우 마스트가 수직면에 대하여 이루는 기울기의 변화량은 정지한 후 최초 10분 동안 5도(마스트의 전경각이 5도 이하일 경우는 최초 5분 동안 2.5도) 이하

㉡ 지게차의 유압펌프의 오일온도가 섭씨 50도인 상태에서 지게차가 최대하중을 싣고 엔진을 정지한 경우 쇠스랑이 자체중량 및 하중에 의하여 내려가는 거리는 10분당 100mm 이하

㉢ 지게차의 기준부하상태에서 쇠스랑을 들어올린 경우 하강작업 또는 유압계통의 고장에 의한 쇠스랑의 하강속도는 초당 0.6m 이하

④ 최소 회전반지름 및 최소 선회반지름

최소 회전반지름	바퀴가 그리는 반지름을 말하는 것으로 무부하 상태에서 최대 조향각으로 서행한 경우, 가장 바깥쪽 바퀴의 접지자국 중심점이 그리는 원의 반지름이다.
최소 선회반지름	차체가 그리는 반지름을 말하는 것으로 무부하 상태에서 최대 조향각으로 서행한 경우 차체의 가장 바깥부분이 그리는 궤적의 반지름이다.

> **참고**
>
> **지게차의 체인장력 조정법**
> • 좌우 체인이 동시에 평행한가를 확인한다.
> • 포크를 지상에서 10~15cm 올린 후 조정한다.
> • 손으로 체인을 눌러보아 양쪽이 다르면 조정 너트로 조정한다.
> • 체인의 장력을 조정한 후에는 반드시 로크 너트를 고정시킨다.

3 지게차 작업방법

(1) 화물 적재작업

① 운반하려고 하는 화물 가까이 가면 속도를 줄인다.
② 화물 앞에서는 일단 정지한다.
③ 포크는 화물의 받침대 속에 정확히 들어갈 수 있도록 조작한다.
④ 가벼운 것은 위로, 무거운 것은 밑으로 적재한다.
⑤ 무거운 물건의 중심 위치는 하부에 두는 것이 안전하다.
⑥ 포크로 물건을 찌르거나 끌어서 올리지 않는다.
⑦ 화물을 올릴 때는 포크를 수평으로 한다.
⑧ 화물을 올릴 때는 가속페달을 밟는 동시에 레버를 조작한다.
⑨ 화물을 싣고 포크를 15~20cm 정도 올린 후 마스트를 뒤로 젖힌다.
⑩ 지게차를 화물 쪽으로 반듯하게 향하고 포크가 파렛트를 마찰하지 않도록 주의한다.
⑪ 화물이 무너지거나 파손 등의 위험성 여부를 확인한다.
⑫ 적재 후 포크를 지면에 내려놓고 화물 적재 상태의 이상 유무를 확인한 후 주행한다.

(2) 화물 하역작업

① 리프트 레버 사용 시 눈은 마스트를 주시한다.
② 짐을 내릴 때 가속 페달은 사용하지 않는다.
③ 짐을 내릴 때는 마스트를 앞으로 약 4° 정도 기울인다.
④ 포크를 삽입하고자 하는 곳과 평행하게 한다.
⑤ 화물 앞에서 정지한 후 마스트가 수직이 되도록 기울여야 한다.
⑥ 마스트를 수직 또는 앞으로 숙인 채 후진하여 화물에서 포크를 뺀다.
⑦ 하역하는 상태에서는 절대로 차에서 내리거나 이탈해서는 안 된다.
⑧ 파렛트에 실은 화물이 안정되고 확실하게 실려 있는가를 확인한다.
⑨ 포크를 200~300mm 정도 올린 다음 마스트가 뒤로 기울게 하여 다음 작업 장소로 이동한다.

(3) 화물 운반작업

① 내리막은 후진으로, 오르막은 전진으로 운행한다.
② 완충 스프링이 없으므로 노면이 좋지 않을 때는 저속으로 운행한다.
③ 마스트를 4° 정도 뒤로 경사시켜 운반한다.
④ 내리막길에서는 브레이크를 밟으면서 서서히 주행한다.
⑤ 틸트는 적재물이 백레스트에 완전히 닿도록 한 후 운행한다.
⑥ 주행 방향을 바꿀 때에는 완전 정지 또는 저속으로 운행한다.
⑦ 운반거리는 65m 이내에서 작업하는 것이 능률적이다.
⑧ 경사지를 오르거나 내려올 때는 급회전을 금해야 한다.
⑨ 급유 중은 물론 운전 중에도 화기를 가까이 하지 않는다.
⑩ 화물을 적재하고 주행 시 포크와 지면과의 간격은 20~30cm 정도 높이를 유지한다.
⑪ 적하 장치에 사람을 태워서는 안 된다.
⑫ 짐을 싣고 주행할 때는 절대로 속도를 내서는 안 된다.
⑬ 운반물을 적재하여 경사지를 주행할 때는 짐이 언덕 위로 향하도록 한다.
⑭ 화물을 적재하고 경사지를 내려갈 때는 후진으로 운행해야 한다.
⑮ 화물을 많이 실어 전방의 시야가 가릴 경우에는 후진 운행하여야 한다.
⑯ 지게차의 주행 속도는 10km/h를 초과할 수 없다.
⑰ 운행경로에 있는 장애물은 운행전 반드시 치운다.

⑱ 좁은장소에서 방향을 전환시킬 때는 뒷바퀴 회전에 주의한다.

⑲ 짐을 싣고 창고나 공장을 출입할 때는 차폭과 출입구의 폭을 확인하고 팔이나 몸을 차체 밖으로 내밀지 않아야 한다.

> **참고**
>
> **지게차 작업 시 안전수칙**
> - 주차 시에는 포크를 완전히 지면에 내려야 한다.
> - 경사로에서 화물을 적재하지 않는다.
> - 포크를 이용하여 사람을 싣거나 들어 올리지 않아야 한다.
> - 경사지를 오르거나 내려올 때는 급회전을 금해야 한다.
> - 지게차의 운전석에는 운전자 이외의 사람은 탑승하지 않는다.
>
> **지게차 작업 전 점검사항**
> - 제동장치 및 조종장치 기능의 이상 유무
> - 하역장치 및 유압장치 기능의 이상 유무
> - 바퀴의 이상 유무
> - 전조등·후미등·방향지시기 및 경보장치 기능의 이상 유무
>
> **지게차 작업 후 점검사항**
> - 기름 누설 부위가 있는지 점검
> - 타이어의 손상 여부를 점검
> - 연료의 잔존량 점검
>
> **지게차 운전 종료 후 취해야 할 안전사항**
> - 각종 레버는 중립에 둔다.
> - 모든 조종 장치는 기본 위치에 둔다.
> - 주차 브레이크를 작동시킨다.
> - 전원스위치를 차단시킨다.

04 작업장치

지게차의 기능 및 분류

01 깨지기 쉬운 화물이나 불안전한 화물의 낙하를 방지하기 위하여 포크 상단에 상하 작동할 수 있는 압력판을 부착한 지게차는?

① 하이 마스트
② 사이드 시프트 마스트
③ 로드 스태빌라이저
④ 3단 마스트

02 지게차를 작업용도에 따라 분류할 때 원추형 화물을 조이거나 회전시켜 운반 또는 적재하는 데 적합한 것은?

① 힌지드 버킷   ② 힌지드 포크
③ 로테이팅 클램프   ④ 로드 스태빌라이저

03 작업용도에 따른 지게차의 종류가 아닌 것은?

① 로테이팅 클램프(rotating clamp)
② 곡면 포크(curved fork)
③ 로드 스태빌라이저(load stabilizer)
④ 힌지드 버킷(hinged bucket)

04 축전지와 전동기를 동력원으로 하는 지게차는?

① 유압지게차   ② 전동지게차
③ 엔진지게차   ④ 수동지게차

05 석탄, 소금, 비료 등 비교적 내리기 쉬운 물건 운반에 이용되는 지게차의 작업장치는?

① 블록 클램프   ② 힌지드 버킷
③ 로테이팅 포크   ④ 사이드 시프트

06 배터리로 구동되는 전동지게차와 관련 없는 것은?

① 틸트 실린더   ② 인젝터
③ 타이어   ④ 마스트

07 마스트가 2단으로 확장되면서 높은 장소에도 물건을 옮길 수 있는 지게차의 장치는?

① 하이 마스트   ② 카운터 밸런스
③ 포크 포지셔너   ④ 드럼 클램프

정답 01.③ 02.③ 03.② 04.② 05.② 06.② 07.①

지게차의 구조 및 작업장치

01 ★★★★ 지게차의 일반적인 조향방식은?

① 앞바퀴 조향방식이다.
② 뒷바퀴 조향방식이다.
③ 허리꺾기 조향방식이다.
④ 작업조건에 따라 바꿀 수 있다.

 지게차는 앞바퀴에 하중이 실리게 되어 앞바퀴 조향을 하면 효율이 떨어지고 연료소모가 많아질 수 있으므로 뒷바퀴로 조향한다.

02 ★★★ 지게차의 조향장치 원리는 무슨 형식인가?

① 애커먼 장토식 ② 포토래스형
③ 전부동식   ④ 빌드업형

 애커먼 장토식 : 너클암과 타이로드를 개량함으로써 킹핀의 중심과 타이로드 양끝을 잇는 연장선이 뒷차축의 중심에 맞춰지도록 링크기구를 배치한 것. 회전할 때 내측바퀴의 회전각이 외측바퀴보다 큰 특징을 보이며 외측바퀴는 노면과의 미끄럼없이 부드럽게 회전할 수 있어 옆방향 미끄러짐과 타이어의 마모가 일어나지 않는다.

03 지게차의 주된 구동방식은?

① 앞바퀴 구동   ② 뒷바퀴 구동
③ 전후 구동   ④ 중간 차축 구동

 지게차는 앞바퀴(전륜) 구동에 뒷바퀴(후륜) 조향방식이다.

04 지게차의 구조 중 틀린 것은?

① 마스트   ② 밸런스 웨이트
③ 틸트 레버   ④ 레킹 볼

05 ★★★★ 지게차 조향바퀴 얼라이먼트의 요소가 아닌 것은?

① 캠버(Camber)   ② 토인(Toe-in)
③ 캐스터(Caster) ④ 부스터(Booster)

 부스터는 공기압, 유압, 전압 등을 가압하여 승압시키거나 증폭·확대하는 장치이다. 엔진의 터보차저, 제동장치의 배력장치, 점화장치의 점화코일 등이 해당된다.

06 지게차의 구성부품이 아닌 것은?

① 리프트 실린더 ② 버킷
③ 마스트 장치   ④ 포크

 버킷은 굴착기, 로더 등에서 토사 등을 굴착하기 위해 절삭날을 부착한 것이다.

07 ★★ 지게차에서 자동차와 같이 스프링을 사용하지 않는 이유를 설명한 것으로 옳은 것은?

① 화물에 충격을 주기 위함이다.
② 앞차축이 구동축이기 때문이다.
③ 롤링이 생기면 적하물이 떨어지기 때문이다.
④ 현가장치가 있으면 조향이 어렵기 때문이다.

08 지게차를 전·후진 방향으로 서서히 화물에 접근시키거나 빠른 유압작동으로 신속히 화물을 상승 또는 적재시킬 때 사용하는 것은?

① 인칭조절 페달
② 액셀러레이터 페달
③ 디셀러레이터 페달
④ 브레이크 페달

 지게차에서 인칭 페달은 차량을 전·후진시키면서 빠른 하역작업을 가능하게 하여 작업능력을 향상시키고 브레이크 마모를 줄여준다.

정답 01.② 02.① 03.① 04.④ 05.④ 06.② 07.③ 08.①

09 지게차의 체인 장력 조정법으로 틀린 것은?

① 조정 후 로크 너트를 풀어둔다.
② 포크를 지상에 조금 올린 후 조정한다.
③ 좌우 체인이 동시에 평행한가를 확인한다.
④ 손으로 체인을 눌러보아 양쪽이 다르면 조정너트로 조정한다.

해설 체인의 장력을 조정한 후에는 반드시 로크 너트를 고정한다.

10 지게차 작업장치의 동력전달기구가 아닌 것은?

① 리프트 체인   ② 틸트 실린더
③ 리프트 실린더 ④ 트랜치호

해설 트렌치호는 기중기의 작업장치로, 도랑 파기 작업에 사용한다.

11 지게차의 기준부하상태는 기준하중의 중심에 최대 하중을 적재하고 수직으로 하여 포크 암의 윗면을 지상 높이 몇 mm까지 올린 상태로 하는 것이 좋은가?

① 100mm   ② 300mm
③ 500mm   ④ 700mm

해설 포크를 200~300mm 정도 들어 올린 다음 마스트가 뒤로 기울게 하여 다음 작업장소로 이동한다. 이것은 기준부하 상태에서의 최적올림 높이를 뜻하는 것이다.

12 지게차의 동력전달순서로 맞는 것은?

① 엔진 → 변속기 → 토크 컨버터 → 종감속 기어 및 차동장치 → 최종 감속기 → 앞 구동축 → 차륜
② 엔진 → 변속기 → 토크 컨버터 → 종감속 기어 및 차동장치 → 앞 구동축 → 최종 감속기 → 차륜
③ 엔진 → 토크 컨버터 → 변속기 → 앞 구동축 → 종감속 기어 및 차동장치 → 최종 감속기 → 차륜
④ 엔진 → 토크 컨버터 → 변속기 → 종감속 기어 및 차동장치 → 앞 구동축 → 최종 감속기 → 차륜

13 유압식 지게차 동력전달순서는?

① 엔진 → 토크 컨버터 → 파워 시프트 → 변속기 → 차동장치 → 앞 구동축 → 차륜
② 엔진 → 클러치 → 변속기 → 종감속 기어 및 차동장치 → 앞 구동축 → 차륜
③ 엔진 → 토크 컨버터 → 변속기 → 프로펠러축과 유니버설 조인트 → 종감속 기어 및 차동장치 → 앞 구동축 → 최종감속장치 → 차륜
④ 축전지 → 컨트롤러 → 구동모터 → 변속기 → 종감속 기어 및 차동장치 → 앞 구동축 → 차륜.

제4장 작업장치

14 클러치식 지게차 동력전달순서는?

① 엔진 → 클러치 → 변속기 → 종감속 기어 및 차동장치 → 앞 구동축 → 차륜
② 엔진 → 변속기 → 클러치 → 종감속 기어 및 차동장치 → 앞 구동축 → 차륜
③ 엔진 → 클러치 → 종감속 기어 및 차동장치 → 변속기 → 앞 구동축 → 차륜
④ 엔진 → 변속기 → 클러치 → 앞 구동축 → 종감속 기어 및 차동장치 → 차륜

15 전동식 지게차 동력전달순서는?

① 축전지 → 컨트롤러 → 변속기 → 구동모터 → 종감속 기어 및 차동장치 → 앞 구동축 → 차륜
② 컨트롤러 → 축전지 → 구동모터 → 종감속 기어 및 차동장치 → 변속기 → 앞 구동축 → 차륜
③ 컨트롤러 → 축전지 → 구동모터 → 변속기 → 종감속 기어 및 차동장치 → 앞 구동축 → 차륜
④ 축전지 → 컨트롤러 → 구동모터 → 변속기 → 종감속 기어 및 차동장치 → 앞 구동축 → 차륜

16 작업할 때 안전성 및 균형을 잡아주기 위해 지게차 장비 뒤쪽에 설치되어 있는 것은?

① 변속기　　② 기관
③ 클러치　　④ 카운터 웨이트

해설) 카운터 웨이트(평형추)는 지게차 맨 뒤쪽에 설치되어 차체 앞쪽에 화물을 실었을 때 쏠리는 것을 방지하는 역할을 한다.

17 지게차 조종 레버에 대한 설명으로 옳지 않은 것은?

① 리프트 레버를 당기면 포크가 올라간다.
② 틸트 레버를 밀면 마스트가 앞으로 기울어진다.
③ 틸트 레버를 놓으면 자동으로 중립 위치로 복원된다.
④ 리프트 레버를 놓으면 자동으로 중립 위치로 복원되지 않는다.

해설) 리프트 레버를 놓으면 자동으로 중립 위치로 복원된다.

18 지게차에서 틸트 레버를 운전자 쪽으로 당기면 마스트는 어떻게 기울어지는가?

① 아래쪽으로　　② 앞쪽으로
③ 위쪽으로　　　④ 뒤쪽으로

19 지게차의 자체 중량에 포함되지 않는 것은?

① 연료　　② 냉각수
③ 운전자　④ 예비타이어

20 포크의 앞부분부터 지게차의 끝부분까지의 거리를 무엇이라 하는가?

① 전장　　　② 전고
③ 축간거리　④ 윤간거리

정답 14.① 15.④ 16.④ 17.④ 18.④ 19.③ 20.①

21 지게차의 전경각과 후경각은 조종사가 적절하게 선정하여 작업을 하여야 하는데 이를 조정하는 레버는?

① 전후진 레버 ② 리프트 레버
③ 틸트 레버   ④ 변속 레버

22 지게차의 마스트를 앞뒤로 기울이는 작동은 무엇으로 조작하는가?

① 틸트 레버   ② 포크
③ 리프트 레버 ④ 변속 레버

해설 지게차 마스트를 앞뒤로 기울도록 작동시키는 것은 틸트 레버이다.

23 지게차의 마스트를 전경 또는 후경시키는 작용을 하는 것은?

① 조향 실린더 ② 틸트 실린더
③ 마스터 실린더 ④ 리프트 실린더

24 지게차에서 리프트 실린더의 주된 역할은?

① 마스터를 틸트시킨다.
② 마스터를 이동시킨다.
③ 포크를 상승·하강시킨다.
④ 포크를 앞뒤로 기울게 한다.

해설 리프트 실린더는 포크를 상승·하강시키는 작용을 하고, 틸트 실린더는 마스트를 전경 또는 후경시키는 작용을 한다.

25 대형 지게차의 마스트를 기울일 때 갑자기 시동이 정지되면 어떤 밸브가 작동하여 그 상태를 유지하는가?

① 틸트록 밸브 ② 스로틀 밸브
③ 리프트 밸브 ④ 틸트 밸브

해설 틸트록 밸브는 엔진 정지 시 틸트 실린더의 작동을 억제한다.

26 지게차 포크를 하강시키는 방법으로 가장 적절한 것은?

① 가속페달을 밟고 리프트 레버를 앞으로 민다.
② 가속페달을 밟고 리프트 레버를 뒤로 당긴다.
③ 가속페달을 밟지 않고 리프트 레버를 뒤로 당긴다.
④ 가속페달을 밟지 않고 리프트 레버를 앞으로 민다.

해설 리프트 레버를 밀면 포크가 내려간다. 짐을 부릴 때에는 가속페달을 밟지 않고 서서히 내려가도록 해야 한다.

27 지게차 작업장치의 포크가 한쪽이 기울어지는 가장 큰 원인은?

① 한쪽 체인(chain)이 늘어짐
② 한쪽 롤러(side roller)가 마모
③ 한쪽 실린더(cylinder)의 작동유가 부족
④ 한쪽 리프트 실린더(lift cylinder)가 마모

28 무부하상태에서 최저속도로 최소 회전할 때 지게차의 가장 바깥부분이 그리는 원의 반지름을 무엇이라 하는가?

① 최대 회전 반지름
② 최소 회전 반지름
③ 최대 직각 회전 반경
④ 축간거리

정답 21.③ 22.① 23.② 24.③ 25.① 26.④ 27.① 28.②

지게차의 작업방법

01 지게차에 물건을 실을 때 무거운 물건의 무게중심은 어디에 두는 것이 적당한가?
① 상부　② 중부
③ 하부　④ 좌측이나 우측

02 ★★ 지게차의 운행방법으로 틀린 것은?
① 화물을 싣고 경사지를 내려갈 때도 후진으로 운행해서는 안 된다.
② 이동 시 포크는 지면으로부터 약 20cm의 높이를 유지한다.
③ 주차 시 포크는 바닥에 내려놓는다.
④ 급제동하지 말고, 균형을 잃게 할 수도 있는 급작스런 방향 전환도 삼간다.

> 해설 화물을 싣고 경사지를 내려갈 때에는 후진으로 운행하여야 한다.

03 ★★ 지게차 작업 시 안전수칙으로 틀린 것은?
① 주차 시에는 포크를 완전히 지면에 내려야 한다.
② 화물을 적재하고 경사지를 내려갈 때는 운전 시야 확보를 위해 전진으로 운행해야 한다.
③ 포크를 이용하여 사람을 싣거나 들어 올리지 않아야 한다.
④ 경사지를 오르거나 내려올 때는 급회전을 금해야 한다.

> 해설 내리막길 운전의 경우에는 후진으로 해서 화물이 떨어지지 않도록 높게 위치해야 한다.

04 ★★★★★ 지게차 주행 시 주의해야 할 사항으로 틀린 것은?
① 짐을 싣고 주행할 때는 절대로 속도를 내서는 안 된다.
② 노면의 상태에 충분한 주의를 하여야 한다.
③ 적하장치에 사람을 태워서는 안 된다.
④ 포크의 끝을 밖으로 경사지게 한다.

> 해설 포크 끝은 항상 안쪽으로 경사지게 하여 화물을 안정적으로 받쳐 들 수 있도록 해야 한다.

05 ★★★★★ 지게차로 화물취급 작업 시 준수해야 할 사항으로 틀린 것은?
① 화물 앞에서 일단 정지해야 한다.
② 화물의 근처에 왔을 때에는 가속페달을 살짝 밟는다.
③ 파렛트에 실려 있는 물체의 안전한 적재 여부를 확인한다.
④ 지게차를 화물 쪽으로 반듯하게 향하고 포크가 파렛트를 마찰하지 않도록 주의한다.

06 ★★ 지게차의 하역방법 설명 중 틀린 것은?
① 짐을 내릴 때 가속페달은 사용하지 않는다.
② 짐을 내릴 때는 마스트를 앞으로 약 4° 정도 기울인다.
③ 리프트레버 사용 시 눈은 마스트를 주시한다.
④ 짐을 내릴 때 틸트 레버 조작은 필요 없다.

> 해설 짐을 내릴 때는 틸트 레버를 앞으로 밀어 마스트를 앞쪽으로 기울여야 한다.

정답 01.③ 02.① 03.② 04.④ 05.② 06.④

07 지게차로 적재작업을 할 때 유의사항으로 틀린 것은?

① 운반하려고 하는 화물 가까이 가면 속도를 줄인다.
② 화물 앞에서는 일단 정지한다.
③ 화물이 무너지거나 파손 등의 위험성 여부를 확인한다.
④ 화물을 높이 들어 올려 아랫부분을 확인하며 천천히 출발한다.

08 ★★★ 지게차로 가파른 경사지에서 적재물을 운반할 때에는 어떤 방법이 좋겠는가?

① 적재물을 앞으로 하여 천천히 내려온다.
② 기어의 변속을 중립에 놓고 내려온다.
③ 기어의 변속을 저속상태로 놓고 후진으로 내려온다.
④ 지그재그로 회전하여 내려온다.

09 ★★★★ 지게차에서 화물 취급방법으로 틀린 것은?

① 포크는 화물의 받침대 속에 정확히 들어갈 수 있도록 조작한다.
② 운반물을 적재하여 경사지를 주행할 때는 짐이 언덕 위로 향하도록 한다.
③ 포크를 지면에서 약 800mm 정도 올려서 주행해야 한다.
④ 운반 중 마스트를 뒤로 약 6° 정도 경사시킨다.

해설 화물을 적재하고 주행할 경우 포크와 지면과의 간격이 너무 낮거나 너무 높지 않도록 20~30cm를 유지하는 것이 좋다.

10 ★★★★ 지게차의 화물 운반방법 중 틀린 것은?

① 운반 중 마스트를 뒤로 4°가량 경사시킨다.
② 경사지 화물 운반 시 내리막 시는 후진으로, 오르막 시는 전진으로 운행한다.
③ 운전 중 포크를 지면에서 20~30cm 정도 유지한다.
④ 화물 적재 운반 시는 항상 후진으로 운행한다.

해설 언덕에서 내려올 때 화물을 언덕 방향으로 하고 후진하여 내려온다.

11 운전 중 좁은 장소에서 지게차를 방향 전환시킬 때 가장 주의할 점으로 맞는 것은?

① 뒷바퀴 회전에 주의하여 방향 전환한다.
② 포크 높이를 높게 하여 방향 전환한다.
③ 앞바퀴 회전에 주의하여 방향 전환한다.
④ 포크가 땅에 닿게 내리고 방향 전환한다.

해설 지게차의 조향장치는 뒷바퀴와 연결되어 동작되므로 뒷바퀴의 움직임에 신경을 써야 한다.

12 지게차의 작업방법을 설명한 것 중 적당한 것은?

① 화물을 싣고 평지에서 주행할 때에는 브레이크를 급격히 밟아도 된다.
② 비탈길을 오르내릴 때에는 마스트를 전면으로 기울인 상태에서 전진 운행한다.
③ 유체식 클러치는 전진 진행 중 브레이크를 밟지 않고 후진을 시켜도 된다.
④ 짐을 싣고 비탈길을 내려올 때에는 후진하여 천천히 내려온다.

해설 지게차에 화물을 싣고 올라갈 때는 전진 주행, 내려올 때는 후진 주행으로 이동한다.

정답 07.④ 08.③ 09.③ 10.④ 11.① 12.④

13 지게차로 화물을 운반할 때 포크의 높이는 얼마 정도가 안전하고 적합한가?

① 높이에는 관계없이 편리하게 한다.
② 지면으로부터 20~30cm 정도 높이를 유지한다.
③ 지면으로부터 60~80cm 정도 높이를 유지한다.
④ 지면으로부터 100cm 이상 높이를 유지한다.

해설) 화물을 높이 들어 올리면 떨어트릴 위험이 있으므로 주행 시 포크와 지면과의 간격은 20~30cm를 유지하도록 한다.

14 지게차의 작업방법 중 틀린 것은?

① 화물적재 상태로 경사길에서 내려올 때는 후진으로 진행한다.
② 주행방향을 바꿀 때에는 완전 정지 또는 저속에서 운행한다.
③ 틸트는 적재물이 백레스트에 완전히 닿도록 하고 운행한다.
④ 조향륜이 지면에서 5cm 이하로 떨어졌을 때에는 밸런스 카운터 중량을 높인다.

15 지게차를 운전하여 화물 운반 시 주의사항으로 적합하지 않은 것은?

① 화물 운반 거리는 5m 이내로 한다.
② 경사지 운전 시 화물을 위쪽으로 한다.
③ 노면에서 약 20~30cm 상승 후 이동한다.
④ 노면이 좋지 않을 때는 저속으로 운행한다.

해설) 지게차는 주로 가벼운 화물의 단거리 운반 및 적재, 적하를 위한 건설기계이다. 노면상태에 따라 하부에 지게차 포크 등이 걸리지 않도록 20~30cm 올려 운반해야 한다.

16 지게차 주행 시 안전사항으로 적합한 것은?

① 급하면 좁은 장소에서도 급회전한다.
② 최고속도로 운전한다.
③ 후진 시에는 경광등, 후진 경고음, 경적 등을 사용한다.
④ 탑재한 화물에 사람을 태우고 운행한다.

17 건설기계 작업 시 신호수 배치를 해야 하는 경우에 해당하지 않는 것은?

① 건설기계 작업 시 근로자에게 위험이 미칠 우려가 있는 경우
② 운전 중인 건설기계에 접촉되어 근로자가 부딪칠 위험이 있는 장소
③ 근로자를 출입시키는 경우
④ 통상적인 적재 및 하역작업

18 지게차 운전 시 주의사항으로 거리가 먼 것은?

① 화물을 실은 상태에서 전방이 안 보이면 후진 주행한다.
② 바닥의 단단함, 요철 등을 확인한 후 주행한다.
③ 통행로의 우측으로 주행한다.
④ 교통상황을 확인하기 쉽도록 동승자를 태우고 주행한다.

19 지게차에 짐을 싣고 창고나 공장을 출입할 때의 주의사항 중 틀린 것은?

① 팔이나 몸을 차체 밖으로 내밀지 않는다.
② 차폭과 출입구의 폭은 확인할 필요가 없다.
③ 주위 장애물 상태를 확인 후 이상이 없을 때 출입한다.
④ 짐이 출입구 높이에 닿지 않도록 주의한다.

정답) 13.② 14.④ 15.① 16.③ 17.④ 18.④ 19.②

대단원 스피드 확인문제

01 백레스트가 가이드 롤러를 통하여 상하 미끄럼 운동을 하게 하는 작업 장치는? _____   마스트

02 포크의 화물 뒤쪽을 받쳐주는 부분은? _____   백레스트

03 지게차 맨 뒤쪽에 설치되어 차체 앞쪽에 화물을 실었을 때 쏠리는 것을 방지해 주는 장치는? _____   카운터 웨이트

04 평탄하지 않은 노면이나 경사지 등에서 깨지기 쉬운 화물이나 불안전한 화물의 낙하 방지를 위해 포크 상단에 상하로 작동 가능한 압력판을 부착한 지게차는? _____   로드 스태빌라이저

05 석탄, 소금, 모래, 비료 등 흘러내리기 쉬운 화물 운반용으로 쓰이는 지게차는? _____   힌지드 버킷

06 지게차 앞 축의 중심부로부터 뒤축의 중심부까지의 거리를 지칭하는 용어는? _____   축간거리

07 지게차의 기준 무부하상태에서 지면과 수평상태로 포크를 가장 높이 올렸을 때 지면에서 포크의 윗면까지의 높이를 무엇이라 하는가? _____   최대올림 높이

08 실린더 내경과 피스톤 최대 외경과의 차이를 말하는 것은? _____   피스톤 간극

09 미연소 가스가 실린더와 피스톤 사이에서 크랭크 케이스로 누출되는 현상은? _____   블로우 바이

10 피스톤이 상·하사점에서 운동방향을 바꿀 때 실린더 벽에 충격을 주는 것으로 피스톤 간극이 너무 클 때 일어나는 현상은? _____

피스톤 슬랩

11 피스톤의 왕복운동을 크랭크축에 전달하는 기능을 하는 것은? _____

커넥팅 로드

12 오일펌프에 흡입되는 엔진오일 안의 입자가 큰 이물질을 제거하기 위한 메시(mesh) 모양의 여과장치를 무엇이라 하는가? _____

오일 스트레이너

13 윤활유에 가솔린이 혼입되면 띄게 되는 색깔은? _____

붉은색

14 착화 지연기간 중 분사된 다량의 연료가 화염 전파 기간 중에 일시적으로 이상 연소하여 실린더 내의 압력이 급격히 증가함으로써 피스톤이 실린더 벽을 타격하여 소음이 발생하는 현상은? _____

디젤 노크 현상 또는 노킹현상

15 디젤 연료의 착화성을 나타내는 값으로 값이 클수록 연료의 착화성이 좋고 디젤 노크를 일으키지 않는다. 무엇인가? _____

세탄가

16 실린더에 흡입되는 공기를 여과하고 소음을 방지하며 역화 시에 불길도 저지하는 역할을 하는 흡입장치는? _____

공기청정기

17 흡기에 압력을 가하여 공기를 압축시켜 많은 양의 공기를 실린더로 강제적으로 공급함으로써 기관(엔진)의 출력을 높이는 흡입장치는? _____

과급기(터보차저)

18 배기가스를 대기 중에 방출하기 전에 압력과 온도를 저하시켜 급격한 팽창과 폭음을 억제하기 위한 배기장치는? _____

소음기

대단원 스피드 확인문제

19 냉각수가 순환하는 물 통로로서 실린더 블록과 실린더 헤드에 설치된 것은? — 물 재킷

20 옴의 법칙이란? — 전기회로의 도선에 흐르는 전류(I)는 도선에 가해진 전압(E)에 정비례하고 저항(R)에 반비례한다.

21 p형 반도체와 n형 반도체를 마주 대고 접합시켜 만든 전극이 2개인 반도체로서 교류를 직류로 바꿔주는 정류작용을 하는 것은? — 다이오드

22 다이오드의 pn 접합을 발전시킨 것으로 스위치 기능 및 전류 증폭 작용을 하는 것은? — 트랜지스터

23 납산축전지의 전해액은? — 묽은 황산

24 알칼리 축전지의 전해액은? — 수산화칼륨 용액

25 축전지 마개에 촉매를 설치하여 증발가스를 물로 바꾸어주므로 유지보수가 필요 없는 축전지로 무정비 축전지라고도 하는 것은? — MF 축전지

26 과전류가 흐를 때 전기를 차단시킴으로써 전기회로를 보호하는 안전장치는? — 퓨즈

27 전구나 예열플러그는 전류의 3대 작용 중 무엇을 응용한 것인가? — 발열작용

28 일체차축방식 조향기구에서 드래그링크의 운동을 조향 너클에 전달하는 기구는? — 너클암

29 차량의 앞바퀴를 위에서 내려다보았을 때 바퀴 중심선 사이의 거리가 앞쪽이 뒤쪽보다 약간 좁게 되어 있는 상태를 말하는 것은? — 토인

30 타이어가 좌우로 흔들리는 현상을 일컫는 용어는? — 시미현상

31 기관의 동력을 건설기계의 주행상태에 알맞도록 회전력과 속도를 바꿔 구동바퀴에 전달하는 장치는? — 변속기(트랜스미션)

32 평탄한 도로 주행 시 기관의 여유 출력을 이용하여 추진축의 회전속도를 기관의 회전속도보다 빠르게 함으로써 연료도 절감하는 효과를 가져오는 것은? — 오버드라이브

33 플라이휠과 변속기의 사이에 설치되어 변속기에 전달되는 기관의 동력을 필요에 따라 단속하는 장치는? — 클러치

34 종감속 기어, 차동기어장치 및 액슬 축을 포함하는 튜브 모양의 고정축을 일컫는 용어는? — 액슬 하우징

35 브레이크 드럼과 직접 접촉하여 브레이크 드럼의 회전을 멈추고 운동에너지를 열에너지로 바꾸는 마찰재를 무엇이라 하는가? — 브레이크 라이닝

36 타이어에서 고무로 피복된 코드를 여러 겹으로 겹친 층에 해당되며 타이어 골격을 이루는 부분을 일컫는 용어는? — 카커스

37 타이어에서 외부로부터의 충격을 흡수하고 트레드에 생긴 상처가 카커스에 미치는 것을 방지하는 부분은? — 브레이커

38 고속주행 시 공기가 적을 때 트레드가 받는 원심력과 공기압력에 의해 트레드가 노면에서 떨어진 직후 찌그러짐이 생기는 현상은? — 스탠딩웨이브 현상

대단원 스피드 확인문제

39 지게차의 일반적인 조향형식은? _____   뒷바퀴 조향 형식

40 포크의 승강이 빠르고 높은 능률을 발휘할 수 있는 표준형의 마스트는?   하이 마스트

41 창고의 출입문이나 천정이 낮은 공장 내에서 화물의 적재·적하 작업에 용이한 마스트는?   프리 리프트 마스트

42 화물의 낙하 방지를 위해 포크 상단에 상하로 작동 가능한 압력판을 부착한 것은?   로드 스태빌라이저

43 포크를 좌우로 360° 회전시켜서 용기에 들어있는 액체 또는 제품을 운반하거나 붓는 작업에 이용하는 포크는?   로테이팅 포크

44 원추형 화물을 좌우로 죄거나 회전시켜 운반하고 적재하는 데 이용하는 것은?   로테이팅 클램프 마스트

45 원목이나 파이프 등의 화물의 운반·적재용으로 사용되는 포크는?   힌지 포크

46 석탄, 소금, 모래, 비료 등 흘러내리기 쉬운 화물의 운반용으로 이용되는 버킷은?   힌지 버킷

47 포크가 설치되는 곳으로 백레스트에 지지되어 있으며 리프트 체인의 한쪽 끝이 부착되어 있는 것은?   핑거보드

48 지게차 맨 뒤쪽에 설치되어 차체 앞쪽에 화물을 실었을 때 쏠리는 것을 방지하는 것은?   카운터 웨이트

49 지게차의 조종 레버로서 포크의 하강(밂)과 상승(당김)을 시키는 것은?   리프트레버

50 지게차의 조종 레버로서 마스트를 앞으로 기울임(밂)과 뒤로 기울임(당김)을 할 수 있는 것은?   틸트레버

51 지게차의 가장 위쪽 끝이 만드는 수평면에서 지면까지의 최단거리는?   전고

52 포크의 앞부분에서부터 지게차의 끝부분까지의 길이는?   전장

53 타이어식 건설기계의 마주보는 바퀴 폭의 중심에서 다른 바퀴의 중심까지의 최단거리는?   윤거

54 카운터밸런스 지게차의 전경각과 후경각은?   전경각 6° 이하, 후경각 12° 이하

55 사이드포크형 지게차의 전경각과 후경각은?   각각 5° 이하

56 바퀴가 그리는 반지름을 말하는 것으로 무부하 상태에서 최대 조향각으로 서행한 경우, 가장 바깥쪽 바퀴의 접지자국 중심점이 그리는 원의 반지름은?   최소 회전반지름

57 지게차 운행에서 오르막은 전진으로 운행하고, 내리막은 어떻게 운행해야 하는가?   내리막은 후진으로 운행

58 화물을 적재하고 주행 시 포크와 지면과의 간격은 어느정도를 유지해야 하는가?   20~30cm 정도 높이

제4편 유압일반

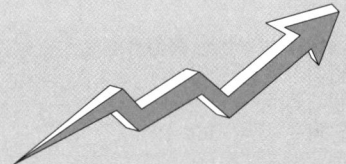

유압일반은 유압유의 역할과 장단점, 작동유(유압유), 유압장치, 유압회로 및 유압 기호 등을 파악하는 말한다.

제1장 유압유
제2장 유압기기

지게차 운전기능사

제1장 유압유

1 유압의 역할과 장단점

(1) 유압의 역할
① 액체에 능력을 주어 요구된 일을 시키는 것
② 기관이나 전동기가 가진 동력에너지를 실제 일 에너지로 변화시키기 위한 에너지 전달 기관

(2) 유압의 장단점

장점	• 힘의 조정이 쉽고 정확 • 작동이 부드럽고 진동 적음 • 원격조작과 무단변속이 가능함 • 내구성이 좋고 힘이 강함 • 과부하 방지에 유리 • 동력의 분배 및 집중 용이
단점	• 오일의 온도에 따라 기계 속도가 달라짐 • 오일이 가연성이므로 화재 위험 있음 • 호스 등의 연결이 정밀해야 하며, 오일 누출 용이 • 기계적 에너지를 유압에너지로 바꾸는 데 따르는 에너지 손실이 많음

2 작동유(유압유)

(1) 기능 및 구비조건

기능	• 동력 전달 • 마찰열 흡수 • 움직이는 기계요소 윤활 • 필요한 기계 요소 사이 밀봉
구비 조건	• 비압축성 • 점도 지수 높을 것 • 방청 및 방식성 • 적당한 유동성과 점성 • 불순물과 분리가 잘 될 것 • 내열성이 크고 거품 적을 것 • 온도에 의한 점도 변화 적을 것 • 체적탄성계수 크고 밀도 작을 것 • 실(seal) 재료와의 적합성 좋을 것 • 화학적 안정성 및 윤활 성능 클 것 • 유압장치에 사용되는 재료에 대해 불활성일 것
작동유 첨가제	소포제, 유동점 강하제, 산화방지제, 점도지수 향상제 등

(2) 이상 현상

① 작동유 과열

원인	• 작동유 부족 및 노후화 • 작동유 점도 불량 • 유압장치 내에서의 작동유 누출 • 오일냉각기 성능 불량 • 고열의 물체에 작동유 접촉 • 과부하로 연속 작업 하는 경우 • 유압회로에서 유압 손실 클 경우 • 작동유에 공동현상 발생 • 점도가 서로 다른 오일을 혼합

② 작동유 온도의 과도 상승 시

현상	• 점도 저하 • 밸브 기능 저하 • 기계적인 마모 발생 • 열화 촉진 • 작동유의 산화작용 촉진 • 유압기기 작동 불량 • 실린더 작동 불량 • 유압펌프 효율 저하 • 작동유 누출 증가 • 온도변화에 의한 유압기기의 열변형

③ 작동유 점도가 너무 클 때

현상	• 유압이 높아짐 • 동력 손실이 커짐 • 열 발생의 원인이 됨 • 파이프 내의 마찰 손실 커짐 • 소음이나 공동현상 발생

④ 작동유 점도가 너무 낮을 때

현상	• 소실되는 양이 많아짐 • 유동성 저항은 감소되나 출력이 떨어짐 • 유압실린더의 속도가 늦어짐

⑤ 공기가 작동유 관 내에 들어갔을 경우

실린더 숨돌리기 현상	작동유의 공급이 부족할 때 발생하는 현상 → 피스톤 작동 불안정, 작동시간 지연, 작동유 공급이 부족해져 서지 압력 발생
작동유의 열화 촉진	유압회로에 공기가 기포로 있으면 오일은 비압축성이나 공기는 압축성이므로 공기가 압축되면 열이 발생되고 온도 상승 → 상승압력과 오일의 공기 흡수량이 증가하고 오일 온도가 상승하면 작동유가 산화작용을 촉진하여 중압이나 분해가 일어나고 고무 같은 물질이 생겨서 펌프, 밸브 실린더의 작동 불량 초래

제1장 유압유

공동현상 (캐비테이션)	• 작동유 속에 공기가 혼입되어 있을 때 펌프나 밸브를 통과하는 유압회로에 압력 변화가 생겨 저압부에서 기포가 포화상태가 되어 혼입되어 있던 기포가 분리되어 오일 속에 공동부가 생기는 현상 • 결과 : 오일 순환 불량, 유온 상승, 용적 효율 저하, 소음·진동·부식 등 발생, 액추에이터 효율 감소, 체적 감소 • 방지방법 : 적당한 점도의 작동유 선택, 흡입 구멍의 양정 1m 이하, 수분 등의 이물질 유입 방지, 정기적인 오일필터 점검 및 교환
공기★ 제거 방법	• 유압모터는 한 방향으로 2~3분간 공전시킨 후 공기빼기 • 공기가 잔류되기 쉬운 상부의 배관을 조금 풀고 유압펌프를 움직여서 공기빼기 • 유압펌프를 시동하여 회로 내의 오일이 모두 순환하도록 각 액추에이터 5~10분 정도 가동

> **참고**
>
> **점도와 점도지수**
> - 점도 : 점성의 점도를 나타내는 척도이며, 온도와 반비례
> - 점도지수 : 유압오일에서 온도에 따른 점도변화 정도를 표시
> - 유압유에 점도가 서로 다른 2종류의 오일을 혼합하면 열화 현상을 촉진시키므로 혼합하지 않아야 함
>
> **작동유의 열화 판정 방법**
> - 색깔, 냄새, 점도 등 작동유의 외관
> - 작동유를 흔들었을 때 거품의 발생, 작동유의 수분 및 침전물의 유무
>
> **서지압**
> 과도적으로 발생하는 이상 압력의 최댓값
>
> **서지압의 발생 원인**
> - 유량제어 밸브의 가변 오리피스를 급격히 닫을 때
> - 방향제어 밸브의 유로를 급히 전환할 때
> - 고속 실린더를 급정지시킬 때

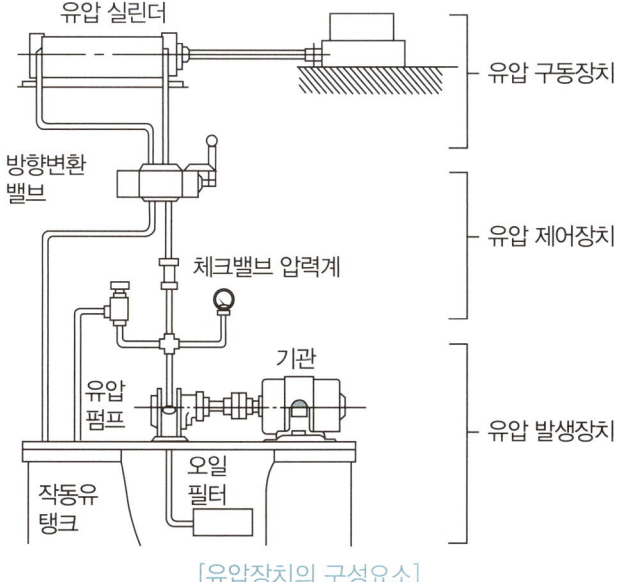

[유압장치의 구성요소]

01 유압유

01 유압의 압력을 올바르게 나타낸 것은?

① 압력=단면적×가해진 힘
② 압력=가해진 힘/단면적
③ 압력=단면적/가해진 힘
④ 압력=가해진 힘−단면적

02 오일의 압력이 낮아지는 원인과 가장 거리가 먼 것은?

① 유압 펌프의 성능이 불량할 때
② 오일의 점도가 높아졌을 때
③ 오일의 점도가 낮아졌을 때
④ 계통 내에서 누설이 있을 때

 오일의 점도가 높으면 유압이 높아진다.

03 유압회로 내에서 서지압(surge pressure)이란?

① 과도적으로 발생하는 이상 압력의 최솟값
② 정상적으로 발생하는 압력의 최댓값
③ 과도적으로 발생하는 이상 압력의 최댓값
④ 정상적으로 발생하는 압력의 최솟값

 서지압은 유압회로 내에서 과도적으로 발생하는 이상 압력의 최댓값을 의미한다. 유압회로 내의 밸브를 갑자기 닫았을 때 오일의 속도에너지가 압력에너지로 변하면서 일시적으로 큰 압력 증가가 생기는 현상이다.

04 압력의 단위가 아닌 것은?

① kgf/cm²   ② dyne
③ psi   ④ bar

 압력의 단위 : kgf/cm², kg/cm², PSI, kPa, mmHg, mAq, bar, atm 등

05 "밀폐된 용기 속의 유체 일부에 가해진 압력은 각부의 모든 부분에 같은 세기로 전달된다."는 원리는?

① 베르누이의 정리   ② 렌츠의 법칙
③ 파스칼의 원리   ④ 보일-샤를의 법칙

 파스칼의 원리 : 밀폐된 용기에 액체를 가득 채우고 힘을 가하면 그 내부의 압력은 용기의 모든 면에 수직으로 작용하며 동일한 압력으로 작용한다는 원리

06 건설기계 작업 중 유압회로 내의 유압이 상승되지 않을 때의 점검사항으로 적합하지 않은 것은?

① 오일탱크의 오일량 점검
② 오일이 누출되는지 점검
③ 펌프로부터 유압이 발생되는지 점검
④ 자기탐상법에 의한 작업장치의 균열 점검

 유압유의 압력이 상승하지 않는다는 것은 유압회로 내에서의 흐름이 원활하지 않다는 의미이므로 각종 밸브나 펌프의 작동 상황 등 흐름을 방해할 원인을 점검하는 데 주안점을 두어야 한다.

07 다음에서 유압 작동유가 갖추어야 할 조건으로 모두 맞는 것은?

| ㉠ 압력에 대해 비압축성일 것 |
| ㉡ 밀도가 작을 것 |
| ㉢ 열팽창계수가 작을 것 |
| ㉣ 체적 탄성계수가 작을 것 |
| ㉤ 점도지수가 낮을 것 |
| ㉥ 발화점이 높을 것 |

① ㉠, ㉡, ㉢, ㉣   ② ㉡, ㉢, ㉤, ㉥
③ ㉡, ㉣, ㉤, ㉥   ④ ㉠, ㉡, ㉢, ㉥

㉣ 체적 탄성계수가 클 것
㉤ 점도지수가 높을 것
• 체적 탄성계수 : 물체의 부피변화에 저항하려는 세기

정답 01.② 02.② 03.③ 04.② 05.③ 06.④ 07.④

제1장 유압유

08 유압오일 내에 기포(거품)가 형성되는 이유로 가장 적합한 것은?

① 오일에 이물질 혼입
② 오일의 점도가 높을 때
③ 오일에 공기 혼입
④ 오일의 누설

해설 혼입된 공기가 오일 내에서 기포를 형성하게 되는데, 이 기포를 그대로 방치하면 공동현상(캐비테이션)에 의해 유압기기의 표면을 훼손시키거나 국부적인 고압 또는 소음을 발생시킨다.

09 유압장치에서 사용되는 오일의 점도가 너무 낮을 경우 나타날 수 있는 현상이 아닌 것은?

① 펌프 효율 저하
② 오일 누설
③ 시동 시 저항 증가
④ 계통 내의 압력 저하

해설 유압장치에서 사용되는 오일의 점도가 너무 낮을 경우
• 펌프 효율 저하
• 계통 내의 압력 저하
• 실린더 및 컨트롤 밸브에서 오일 누설

10 유압오일의 온도가 상승할 때 나타날 수 있는 결과가 아닌 것은?

① 점도 저하
② 펌프 효율 저하
③ 오일 누설의 저하
④ 밸브류의 기능 저하

해설 작동유 누출이 증가한다.

11 유압유에 점도가 서로 다른 2종류의 오일을 혼합하였을 경우에 대한 설명으로 맞는 것은?

① 오일 첨가제의 좋은 부분만 작동하므로 오히려 더욱 좋다.
② 점도가 달라지나 사용에는 전혀 지장이 없다.
③ 혼합은 권장사항이며 사용에는 전혀 지장이 없다.
④ 열화현상을 촉진시킨다.

해설 점도가 다른 두 오일을 혼합하게 되면 전체적인 작동유의 점도가 불량하게 되어 과열의 원인이 된다.

12 오일필터의 여과입도가 너무 조밀하였을 때 가장 발생하기 쉬운 현상은?

① 오일 누출현상
② 공동현상
③ 맥동현상
④ 블로우바이 현상

해설 공동현상(cavitation) : 유동하고 있는 액체의 압력이 부분적으로 저하되어 포화증기압력 또는 공기분리압력에 도달함으로써 증기를 발생시키거나 용해공기 등이 분리되어 기포를 일으키는 현상

13 건설기계에 사용하는 유압 작동유의 성질을 향상시키기 위하여 사용되는 첨가제 종류가 아닌 것은?

① 점도지수 향상제
② 산화방지제
③ 소포제
④ 유동점 향상제

해설 작동유의 첨가제 : 소포제(거품방지제), 유동점 강하제, 산화방지제, 점도지수 향상제 등

정답 08.③ 09.③ 10.③ 11.④ 12.② 13.④

14 유압유의 주요 기능이 아닌 것은?

① 열을 흡수한다.
② 동력을 전달한다.
③ 필요한 요소 사이를 밀봉한다.
④ 움직이는 기계요소를 마모시킨다.

해설 유압유의 기능
• 동력 전달
• 마찰열 흡수
• 움직이는 기계요소 윤활
• 필요한 기계요소 사이를 밀봉

15 작동유 온도가 과열되었을 때 유압계통에 미치는 영향으로 틀린 것은?

① 열화를 촉진한다.
② 점도의 저하에 의해 누유되기 쉽다.
③ 유압 펌프 등의 효율은 좋아진다.
④ 온도 변화에 의해 유압기기가 열변형되기 쉽다.

해설 유압 펌프의 효율이 저하되고 유압오일(작동유)의 누출이 증가한다.

16 현장에서 유압유의 열화를 찾아내는 방법으로 가장 적절한 것은?

① 오일을 가열했을 때 냉각되는 시간 확인
② 오일을 냉각시켰을 때 침전물의 유무 확인
③ 자극적인 악취·색깔의 변화 확인
④ 건조한 여과지를 오일에 넣어 젖는 시간 확인

17 유압장치 내에 국부적인 높은 압력과 소음, 진동이 발생하는 현상은?

① 필터링　　② 오버 랩
③ 캐비테이션　　④ 하이드로 록킹

18 유압장치 작동 중 과열이 발생할 때의 원인으로 가장 적절한 것은?

① 오일의 양이 부족하다.
② 오일펌프의 속도가 느리다.
③ 오일의 압력이 낮다.
④ 오일의 증기압이 낮다.

해설 유압오일이 과열되는 원인
• 유압오일의 부족
• 유압오일의 점도가 너무 높음
• 릴리프 밸브가 닫힌 상태로 고장
• 유압장치 내에서 유압오일이 누출됨

19 유압 작동부에서 오일이 누유되고 있을 때 가장 먼저 점검하여야 할 곳은?

① 실(Seal)　　② 피스톤
③ 기어　　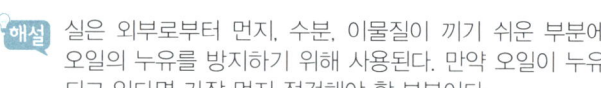④ 펌프

해설 실은 외부로부터 먼지, 수분, 이물질이 끼기 쉬운 부분에 오일의 누유를 방지하기 위해 사용된다. 만약 오일이 누유되고 있다면 가장 먼저 점검해야 할 부분이다.

20 유압회로 내에 기포가 발생할 때 일어날 수 있는 현상과 가장 거리가 먼 것은?

① 작동유의 누설 저하
② 소음 증가
③ 공동현상 발생
④ 액추에이터의 작동 불량

21 유압유의 점도에 대한 설명으로 틀린 것은?

① 온도가 상승하면 점도는 낮아진다.
② 점성의 정도를 표시하는 값이다.
③ 점도가 낮아지면 유압이 떨어진다.
④ 점성계수를 밀도로 나눈 값이다.

해설 점도란 점도계에 의해 얻어지는 오일의 묽고 진한 상태를 나타내는 수치이다.

정답 14.④ 15.③ 16.③ 17.③ 18.① 19.① 20.① 21.④

제1장 유압유

22 ★★★★★ 유압 작동유의 점도가 너무 높을 때 발생되는 현상으로 적합한 것은?

① 동력 손실의 증가 ② 내부 누설의 증가
③ 펌프 효율의 증가 ④ 마찰·마모의 감소

해설 유압유의 점도가 높을 경우 유압이 높아지며 관내의 마찰 손실에 의해 동력 손실이 유발될 수 있고 열이 발생할 수 있다. 소음이나 공동현상이 발생할 수도 있다.

23 유압유 성질 중 가장 중요한 것은?

① 점도 ② 온도
③ 습도 ④ 열효율

24 ★★★★ 유압 작동유의 구비조건으로 맞는 것은?

① 내마모성이 작을 것
② 압축성이 좋을 것
③ 인화점이 낮을 것
④ 점도지수가 높을 것

해설 유압 작동유의 구비조건
- 방청·방식성이 있을 것
- 불순물과 분리가 잘될 것
- 적당한 유동성과 점성을 가질 것
- 비압축성일 것(확실한 동력 전달)
- 실(seal) 재료와 적합성이 좋을 것
- 체적 탄성계수가 크고 밀도가 작을 것
- 내열성이 크고 거품이 적을 것(소포성)
- 유압장치에 사용되는 재료에 대해 불활성일 것
- 화학적 변화 및 온도에 의한 점도 변화가 적을 것
- 화학적 안정성 및 높은 윤활 성능과 밀봉성을 가질 것

25 유압유의 노화 촉진 원인이 아닌 것은?

① 다른 오일이 혼입되었을 때
② 플러싱을 했을 때
③ 유온이 높을 때
④ 수분이 혼입되었을 때

해설 플러싱은 유압계통의 오일장치 내에 슬러지 등이 생겼을 때 이것을 용해하여 장치 내를 깨끗이 하는 작업이다.

26 ★★ 유압회로에서 유압유의 점도가 높을 때 발생될 수 있는 현상이 아닌 것은?

① 관내의 마찰 손실이 커진다.
② 동력 손실이 커진다.
③ 열 발생의 원인이 될 수 있다.
④ 유압이 낮아진다.

해설 유압유의 점도가 높을 경우 관내의 마찰 손실에 의해 동력 손실이 유발될 수 있으며 열이 발생할 수 있다.

27 ★★★ 유압오일에서 온도에 따른 점도 변화 정도를 표시하는 것은?

① 윤활성 ② 점도
③ 점도지수 ④ 점도 분포

해설 점도지수는 오일이 온도의 변화에 따라 점도가 변하는 정도를 수치로 표시한 것이다.

28 공동(cavitation)현상이 발생하였을 때의 영향 중 거리가 가장 먼 것은?

① 체적 효율이 감소한다.
② 고압 부분의 기포가 과포화 상태로 된다.
③ 최고압력이 발생하여 급격한 압력파가 일어난다.
④ 유압장치 내부에 국부적인 고압이 발생하여 소음과 진동이 발생된다.

해설 압력이 순간적으로 상승하여 기포에 충격력이 가해지고 체적이 감소된다.

29 유압회로 내에서 공동현상의 발생 시 처리 방법은?

① 과포화 상태로 만든다.
② 오일의 온도를 높인다.
③ 오일의 압력을 높인다.
④ 일정 압력을 유지시킨다.

해설 공동현상(캐비테이션)이 발생하면 일정 압력을 유지시켜 유압회로의 압력 변화를 없애야 한다.

정답 22.① 23.① 24.④ 25.② 26.④ 27.③ 28.② 29.④

30 건설기계 운전 시 갑자기 유압이 발생되지 않을 때 일상적인 점검내용으로 가장 거리가 먼 것은?

① 오일 개스킷 파손 여부 점검
② 유압 실린더의 피스톤 마모 점검
③ 오일 파이프 및 호스가 파손되었는지 점검
④ 오일양 점검

해설 유압 실린더 피스톤 마모 점검은 일상점검이나 육안으로 할 수 없는 특수정비사항이다.

31 ★★★ 유압라인에서 압력에 영향을 주는 요소로 가장 관계가 적은 것은?

① 유체의 흐름 양
② 유체의 점도
③ 관로 직경의 크기
④ 관로의 좌·우 방향

해설 압력은 유체의 힘에 비례하고 면적에는 반비례한다. 따라서 힘에 영향을 주는 점도나 유량이 클 경우나 관로 직경의 크기가 좁을수록 압력은 높아진다.

32 유압계통에서 오일의 누설 점검 시 유의사항이 아닌 것은?

① 오일의 윤활성   ② 실(seal)의 마모
③ 실(seal)의 파손 ④ 볼트의 이완

해설 피스톤과 실린더 사이의 간극이 클 때, 피스톤링의 장력이 부족하거나 마멸되었을 때, 밀봉재(실)의 마모 및 파손, 볼트 조임 상태 불량 등이 있을 때에 윤활유의 연소·누설이 일어나고 오일 소비량이 과다해진다.

33 ★★ 유압회로에서 소음이 나는 원인으로 가장 거리가 먼 것은?

① 회로 내 공기 혼입 ② 유량 증가
③ 채터링 현상   ④ 캐비테이션 현상

해설 유압회로 내부에서 부분적으로 초고압이 발생할 때 소음이 나는 원인이 된다.

34 유압유를 외관상 점검한 결과 정상적인 상태를 나타내는 것은?

① 투명한 색채로 처음과 변화가 없다.
② 암흑 색채이다.
③ 흰 색채를 나타낸다.
④ 기포가 발생되어 있다.

해설 유압유는 처음 주입될 때의 투명한 상태를 유지해야 한다. 색깔이 변하거나 기포가 발생된 경우에는 원인을 점검해야 한다.

35 ★★ 유압장치 관련 용어에서 GPM이 나타내는 것은?

① 복동 실린더의 치수
② 계통 내에서 형성되는 압력의 크기
③ 흐름에 대한 저항의 세기
④ 계통 내에서 이동되는 유체(오일)의 양

해설 유량(토출량)이란 단위시간 동안 공급된 오일의 양이다. 단위는 L/min(LPM), GPM(Gallon per Minute)이다.

36 유압유의 압력이 상승하지 않을 때의 원인을 점검하는 것으로 가장 거리가 먼 것은?

① 펌프의 토출량 점검
② 유압회로의 누유상태 점검
③ 릴리프 밸브의 작동상태 점검
④ 펌프 설치 고정 볼트의 강도 점검

해설 유압유의 압력이 상승하지 않는다는 것은 유압회로 내에서의 흐름이 원활하지 않다는 의미가 되며 각종 밸브나 펌프의 작동 상황 등 흐름을 방해할 원인을 점검하는 데 주안점을 두어야 한다.

37 유압유의 점검사항과 관계없는 것은?

① 점도   ② 마멸성
③ 소포성   ④ 윤활성

정답 30.② 31.④ 32.① 33.② 34.① 35.④ 36.④ 37.②

제2장 유압기기

1 유압장치

(1) 유압장치의 기본 구조와 장단점

① 유압장치의 기본구조

유압 발생 장치	• 유압펌프나 전동기에 의해 유압을 발생하는 부분 • 작동유 탱크, 유압펌프, 오일필터, 압력계, 오일펌프 구동용 전동기(유압모터) 등으로 구성
유압기기 구동장치	• 유체 압력에너지를 기계적 에너지로 변환시키고 액추에이터에 의해 왕복운동 또는 회전운동을 하는 부분 • 유압실린더, 유압전동기 등으로 구성
유압 제어장치	• 작동유의 필요한 압력, 유량, 방향을 제어하는 부분 • 압력제어밸브, 유량제어밸브, 방향제어밸브 등으로 구성

② 유압장치의 장단점

장점	• 힘, 속도, 방향 등 제어 유리 • 내마모성, 방청 등
단점	온도와 유압유의 점도에 영향을 받음

(2) 유압펌프

기관이나 전동기 등의 기계적 에너지를 받아서 유압에너지로 변환시키는 장치로 작동유의 유압 송출

① 유압펌프의 종류
  ㉠ 회전펌프 : 외접식 기어펌프, 내접식 기어펌프, 트로코이드 펌프
  ㉡ 피스톤 펌프(플런저 펌프)

② 유압펌프의 특징
  ㉠ 원동기의 기계적 에너지를 유압에너지로 변환
  ㉡ 엔진의 플라이휠에 의해 구동
  ㉢ 엔진이 회전하는 동안에는 항상 회전
  ㉣ 유압탱크의 오일을 흡입하여 컨트롤밸브로 토출
  ㉤ 작업 중 큰 부하가 걸려도 토출량의 변화가 적고, 유압토출 시 맥동이 적은 성능이 요구 됨

③ 유압펌프의 차이점

구분	기어펌프	베인펌프	플런저펌프 ★ (피스톤펌프)
최고 압력	170~210kgf/cm²	140~170kgf/cm²	250~350kgf/cm²
최고 회전수	2,000~3,000rpm	2,000~3,000rpm	2,000~2,500rpm
효율	80~85	80~85	85~90
토출량의 변화	정용량형	가변용량 가능	가변용량 가능
자체 흡입 능력	좋다	보통	나쁘다
수명	짧다	중간	길다
소음	중간	적다	크다
구조	간단	간단	복잡
장점	소형, 고장 적음, 가격 저렴	정비와 관리 용이, 로크 안정	가장 고압, 고효율

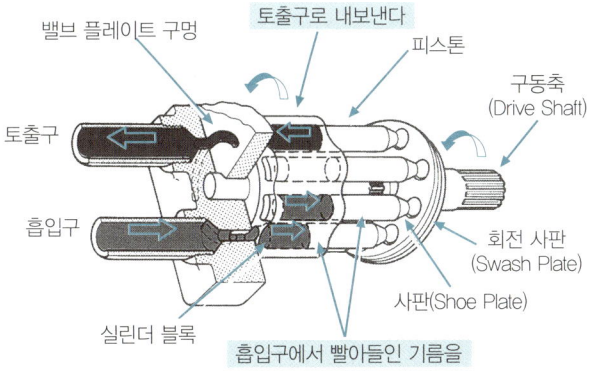

④ 유압펌프의 이상현상

유압펌프 고장 시 나타나는 현상	• 작동 중 소음 큼 • 작동유의 배출 압력 낮음 • 샤프트 실(seal)에서 오일 누설 있음 • 작동유의 흐르는 양·압력 부족
유압 펌프의 소음 발생 원인	• 흡입 라인 막힘 • 작동유 양 적고, 점도 너무 높음 • 유압펌프의 베어링 마모 • 작동유 속에 공기가 들어 있을 때 • 스트레이너 용량이 너무 작음 • 관과 펌프축 사이의 편심 오차 큼 • 흡입관 접합부분으로부터 공기 유입

작동유를 배출하지 못하는 원인	• 작동유의 점도가 너무 높음 • 흡입관으로 공기 유입 • 오일탱크의 작동유 보유량 부족
오일은 배출되나 압력이 상승하지 않는 원인	• 유압펌프 내부의 이상으로 작동유가 누출될 때 • 릴리프밸브의 설정 압력이 낮거나 작동이 불량할 때 • 유압회로 중의 밸브나 작동기구에서 작동유가 누출될 때

(3) 유압 액추에이터(작동기구)★

① 유압모터

기능	유압에너지를 이용하여 연속적으로 회전운동을 시키는 기기
종류	• 기어모터 : 외접·내접 기어모터 • 플런저 모터 : 액시얼 플런저 모터, 레디얼 플런저 모터
장점	• 무단 변속 용이 • 작동이 신속·정확 • 변속·역전 제어 용이 • 속도나 방향 제어 용이 • 신호 시에 응답 빠름 • 관성이 작고, 소음 적음 • 소형·경량으로서 큰 출력을 냄
단점	• 작동유가 인화하기 쉬움 • 공기, 먼지 침투하면 성능에 영향을 줌 • 작동유의 점도 변화에 의해 유압모터의 사용에 제약이 있음

② 유압실린더

기능	유압에너지를 이용하여 직선운동의 기계적인 일을 하는 장치(동력 실린더)
실린더의 누설	• 내부누설 : 최고압력에 상당하는 정하중을 로드에 작용시킬 때 피스톤 이동 0.5mm/min • 외부누설 : 1종·2종·3종 누설
실린더 쿠션 기구	작동하고 있는 피스톤이 그대로의 속도로 실린더 끝부분에 충돌하면 큰 충격이 가해지는데, 이를 완화하기 위해 설치한 것

(4) 유압제어밸브★

① 압력제어밸브

회로 내의 오일 압력을 제어하여 일의 크기를 결정하거나 유압회로 내의 유압을 일정하게 유지하여 과도한 유압으로부터 회전의 안전을 지켜줌

릴리프 밸브	회로 압력을 일정하게 하거나 최고압력을 규제해서 각부 기기를 보호
감압밸브 (리듀싱 밸브)	유압회로에서 분기회로의 압력을 주회로의 압력보다 저압으로 해서 사용하고 싶을 때 이용
시퀀스 밸브★	2개 이상의 분기회로를 갖는 회로 내에서 작동순서를 회로의 압력 등에 의해 제어하는 밸브
언로드 밸브 (무부하 밸브)	유압회로 내의 압력이 설정압력에 이르면 연속적으로 펌프로부터의 전유량이 직접 탱크로 환류하도록 하여 펌프가 무부하 운전상태가 되도록 하는 제어밸브
카운터 밸런스 밸브	윈치나 유압실린더 등의 자유낙하를 방지하기 위해 배압을 유지하는 제어밸브

② 유량제어밸브

회로 내에 흐르는 유량을 변화시켜서 액추에이터의 움직이는 속도를 바꾸는 밸브

교축 밸브 (스로틀 밸브)	조정핸들을 조작함에 따라 내부의 스로틀밸브가 움직여져 유도 면적을 바꿈으로써 유량이 조정되는 밸브
분류 밸브	하나의 통로를 통해 들어온 유량을 2개의 액추에이터에 동등한 유량으로 분배하여 그 속도를 동기시키는 경우에 사용
압력 보상부 유량제어 밸브	밸브의 입구와 출구의 압력차가 변해도 유량 조정은 변하지 않도록 보상 피스톤이 출구 쪽의 압력 변화를 민감하게 감지하여 미세한 운동을 하면서 유량 조정(=플로우 컨트롤밸브)
특수 유량제어 밸브	특수 유량제어밸브와 방향전환밸브를 조합한 복합 밸브

③ 방향제어밸브

유압펌프에서 보내온 오일의 흐름 방향을 바꾸거나 정지시켜서 액추에이터가 하는 일의 방향을 변화·정지시키는 제어밸브

스풀 밸브	1개의 회로에 여러 개의 밸브 면을 두고 직선운동이나 회전운동으로 작동유의 흐름 방향을 변환시키는 밸브
체크 밸브★	유압의 흐름을 한 방향으로 통과시켜 역류를 방지하기 위한 밸브
셔틀 밸브	출구가 최고 압력쪽 입구를 선택하는 기능을 가지는 밸브
감속 밸브	유압실린더나 유압모터를 가속, 감속 또는 정지하기 위해 사용하는 밸브(=디셀러레이션밸브)
멀티플 유닛밸브	배관을 최소한으로 절약하기 위해 몇 개의 방향제어밸브를 그 회로에 필요한 릴리프밸브와 체크밸브를 포함하여 1개의 유닛으로 모은 밸브

④ 특수밸브

건설기계의 특수성과 소형, 경량화하기 위해 그 기계에 적합한 밸브를 만들 필요가 있는데, 이를 위해 특별히 설계된 밸브

제2장 유압기기

브레이크 밸브	부하의 관성에너지가 큰 곳에 주로 사용하는 밸브
원격조작 밸브	대형 건설기계의 수동 조작의 어려움을 제거하여 보다 간단한 조작을 위해 사용하는 밸브
클러치 밸브	유압크레인의 권상 윈치 등의 클러치를 조작하는 데 사용하는 밸브

(5) 기타 부속장치

① 작동유 탱크

기능	적정 유량 저장, 적정 유온 유지, 작동유의 기포 발생 방지 및 제거
구비조건	• 유면은 적정범위에서 "F"에 가깝게 유지 • 발생한 열을 발산할 수 있어야 함 • 이물질 혼입되지 않도록 밀폐되어야 함
구성품	• 유면계, 배플, 드레인 플러그 • 스트레이너(큰 입자 불순물 제거)

② 배관 : 펌프와 밸브 및 실린더를 연결하고 동력을 전달

③ 오일필터(여과기)★

기능	오일이 순환하는 과정에서 함유하게 되는 수분, 금속 분말, 슬러지 등 제거
종류	• 흡입 스트레이너(오일탱크 내 설치하여 큰 입자 불순물 제거) • 고압필터, 저압필터, 자석 스트레이너(펌프에 자성 금속 흡입 방지)

④ 축압기(어큐뮬레이터)★

역할	유압펌프에서 발생한 유압을 저장하고 맥동을 소멸시키는 장치
기능	압력 보상, 에너지 축적, 유압회로 보호, 체적 변화 보상, 맥동 감소, 충격 압력 흡수 및 일정 압력 유지
사용 시 이점	유압펌프 동력 절약, 작동유 누출 시 이를 보충, 갑작스런 충격 압력 보호, 충격된 압력에너지의 방출 사이클 시간 연장, 유압펌프 정지 시 회로 압력 유지, 유압펌프의 대용 사용 가능 및 안전장치로서의 역할 수행
주의	고압 질소가스를 충전하므로 취급 시에 주의하고 운반 및 유압장치의 수리 시에는 완전히 가스를 뽑아 둠

⑤ 패킹

실린더용 패킹	• U패킹 : 저압~고압까지 넓은 범위에서 사용 • 피스톤링(슬리퍼 실) : O링과 테프론을 조합한 것으로 피스톤 실에 많이 쓰임 • V패킹 : 절단면이 V형
O링	고무제품으로 유압기기・고압기기에 널리 사용
더스트 실	유압실린더의 로드 패킹 외측에 장착되므로 윤활성이 좋지 않고 외기의 온도와 햇빛에 직접 노출되어 손상되기 쉬움(=스크레이퍼)

오일 실	유압회로의 작동유의 누출 방지를 위해 펌프, 모터 축의 실에 사용되는 것

⑥ 오일냉각기

설치	• 유압의 적정온도인 40~60°C를 초과하면 점도 저하에 따른 유막의 단절, 누설량의 증대에 따른 기능 저하를 유발하여 유압장치의 작동을 원활하게 하지 못함 • 회로 내의 동력 손실은 온도 상승의 원인으로, 손실이 적은 경우 자연방화에 의해 온도 상승을 방지할 수 있으나 손실이 많은 경우 오일냉각기를 설치하여 온도를 조정

2 유압회로 및 유압 기호

(1) 유압회로

구성	유압펌프, 유압밸브, 유압실린더, 유압모터, 오일필터, 축압기 등
기본 유압 회로	개방회로(오픈회로), 밀폐회로(클로즈드 회로), 탠덤 회로, 병렬회로, 직렬회로
속도 제어 회로	미터 인 회로, 미터 아웃 회로, 블리드 오프 회로
유압 제어 회로	2개의 릴리프밸브를 사용하는 회로, 압력을 단계적으로 변화시키는 회로, 압력을 연속적으로 제어하는 회로
축압기 회로	• 보조 유압원으로 사용되고 이에 의해 동력을 크게 절약할 수 있으며 유압장치의 내구성을 향상시킬 수 있음 • 사용목적 : 압력 유지, 급속 작동, 충격 압력 제거, 맥동 발생 방지, 유압펌프 보조, 비상용 유압원 등
시퀀스 회로	전기방식, 기계방식, 압력방식
무부하 회로	• 펌프에서 발생한 유량이 필요 없게 되었을 때 이 작동유를 저압으로 탱크로 복귀시키는 회로 • 특징 : 동력 절약, 열 발생 감소, 펌프 수명 연장, 전체 유압장치의 효율 증대

(2) 유압 기호

① 유압장치의 기호 회로도에 사용되는 유압 기호의 표시방법
  ㉠ 기호에는 흐름의 방향을 표시
  ㉡ 각 기기의 기호는 정상상태 또는 중립상태를 표시
  ㉢ 기호에는 각 기기의 구조나 작용압력을 표시하지 않음
  ㉣ 오해의 위험이 없을 때는 기호를 뒤집거나 회전할 수 있으며 기호가 없어도 정확히 이해할 수 있을 때는 드레인 관로는 생략할

수 있음

② 압력제어 밸브

기본 표시	상시 닫힘	상시 열림
릴리프 밸브 ★		
언로드 밸브 ★ (무부하 밸브)		
시퀀스 밸브		
감압 밸브		

③ 유량제어 밸브

유량조절 밸브	
가변 드로틀 밸브 고정형	
가변형	내부 드레인식	
	외부 드레인식	

④ 체크 밸브

체크 밸브 ★	
파일럿식 체크 밸브	
셔틀 밸브	

⑤ 부속기관

오일탱크	
스톱 밸브	
압력스위치	
어큐뮬레이터 ★	
전동기	
압력원	
필터, 배수기 없음	
냉각기	
압력계	
온도계	
유량계 순간 지시식	

⑥ 펌프 및 모터 기호

구분	1 방향	2 방향
정용량형 유압 펌프		
가변용량형 유압 펌프		
정용량형 유압 모터		
가변용량형 유압 모터 ★		
가변펌프 · 모터		

⑦ 실린더

단동 실린더	스프링 없음		
	스프링 붙임		
	램형 실린더		
복동 실린더	싱글로드형		
	더블로드형		
쿠션 붙임 실린더	싱글쿠션형		
	더블쿠션형		
	차동실린더		
다이어프램형 실린더			

02 유압기기

유압 펌프

01 유압 펌프가 오일을 토출하지 않을 경우 점검항목 중 틀린 것은?

① 오일탱크에 오일이 규정량으로 들어 있는지 점검한다.
② 흡입 스트레이너가 막혀 있지 않은지 점검한다.
③ 흡입관로에서 공기를 빨아들이지 않는지 점검한다.
④ 토출측 회로의 압력이 너무 낮은지 점검한다.

해설 유압 펌프가 오일(작동유)을 배출하지 못하는 원인
- 흡입관으로 공기 유입
- 흡입 스트레이너 막힘
- 작동유의 점도가 너무 높음
- 오일탱크의 작동유 보유량 부족

02 다음 그림과 같이 안쪽은 내·외측 로터로, 바깥쪽은 하우징으로 구성되어 있는 오일 펌프는?

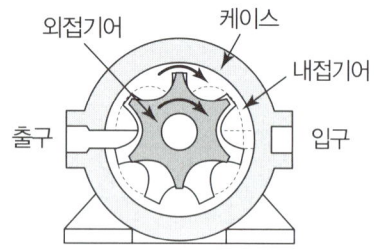

① 기어 펌프　② 베인 펌프
③ 트로코이드 펌프　④ 피스톤 펌프

해설 트로코이드 펌프는 기하학적 트로코이드 곡선을 갖는 두 개의 로터로 구성된다.

03 유압 펌프에서 오일은 배출되나 압력이 상승하지 않는 원인이 아닌 것은?

① 릴리프 밸브의 설정압력이 낮다.
② 오일탱크의 작동유 보유량이 부족하다.
③ 유압 펌프 내부의 이상으로 작동유가 유출되었다.
④ 유압회로 중의 밸브나 작동기구에서 작동유가 누출되었다.

04 플런저식 유압 펌프의 특징이 아닌 것은?

① 구동축이 회전운동을 한다.
② 플런저가 회전운동을 한다.
③ 가변용량형과 정용량형이 있다.
④ 기어 펌프에 비해 최고압력이 높다.

해설 플런저 펌프(피스톤 펌프)는 펌프실 내의 플런저(피스톤)가 왕복운동하면서 펌프작용을 한다.

05 회전수가 같을 때 펌프의 토출량이 변할 수 있는 것은?

① 기어 펌프
② 정용량형 베인 펌프
③ 프로펠러 펌프
④ 가변용량형 피스톤 펌프

해설 가변용량 형식은 작동 중 펌프의 회전속도를 바꾸지 않아도 유량을 변화시킬 수 있다.

정답 01.④ 02.③ 03.② 04.② 05.④

06 베인 펌프에 대한 설명으로 틀린 것은?

① 날개로 펌핑 동작을 한다.
② 토크(torque)가 안정되어 소음이 작다.
③ 싱글형과 더블형이 있다.
④ 베인 펌프는 1단 고정으로 설계된다.

07 피스톤 펌프의 장점이 아닌 것은?

① 효율이 가장 높다.
② 발생압력이 고압이다.
③ 토출량의 범위가 넓다.
④ 구조가 간단하고 수리가 쉽다.

해설 구조가 복잡하다.

08 다음에서 건설기계에 사용되는 유압 펌프를 모두 고르시오.

㉠ 기어 펌프	㉡ 분사 펌프
㉢ 베인 펌프	㉣ 포막 펌프
㉤ 피스톤 펌프	

① ㉠, ㉡, ㉢   ② ㉠, ㉢, ㉤
③ ㉡, ㉣, ㉤   ④ ㉢, ㉣, ㉤

해설 건설기계에 사용되는 유압 펌프의 종류 : 베인 펌프, 플런저펌프, 기어 펌프

09 유압 펌프의 소음 발생 원인으로 틀린 것은?

① 펌프 흡입관부에서 공기가 혼입된다.
② 흡입오일 속에 기포가 있다.
③ 펌프의 회전이 너무 빠르다.
④ 펌프축의 센터와 원동기축의 센터가 일치한다.

해설 유압 펌프의 소음 발생 원인
• 스트레이너 용량이 너무 작다.
• 기관과 펌프 축 사이의 편심 오차가 크다.
• 흡입관 접합 부분으로부터 공기가 유입된다.

10 구동되는 기어 펌프의 회전수가 변하였을 때 가장 적합한 설명은?

① 오일의 유량이 변한다.
② 오일의 압력이 변한다.
③ 오일의 흐름 방향이 변한다.
④ 회전 경사판의 각도가 변한다.

해설 기어 펌프는 구동되는 펌프의 회전속도가 변화하면 흐름 용량이 바뀌는 가변용량 펌프이다.

11 유압 펌프 흡입구에서 캐비테이션(Cavitation)을 방지하기 위한 방법으로 적절하지 않은 것은?

① 흡입구의 양정을 1m 이하로 한다.
② 하이드로릭 실린더에 부하가 걸리지 않도록 한다.
③ 펌프의 운전속도를 규정 속도 이상으로 하지 않는다.
④ 흡입관의 굵기를 유압 본체의 연결구의 크기와 같은 것을 사용한다.

12 유압 펌프가 작동 중 소음이 발생할 때의 원인으로 틀린 것은?

① 릴리프 밸브(relief valve)에서 오일이 누유하고 있다.
② 스트레이너(strainer) 용량이 너무 작다.
③ 흡입관 접합부로부터 공기가 유입된다.
④ 엔진과 펌프 축 간의 편심 오차가 크다.

해설 릴리프 밸브에서 오일이 새면 압력이 떨어진다.

정답 06.④ 07.④ 08.② 09.④ 10.① 11.② 12.①

13 가변용량형 유압 펌프의 기호표시는?

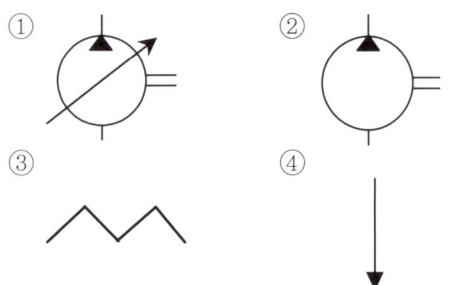

해설 ② 정용량형 유압 펌프

14 다음에서 베인 펌프의 주요 구성요소로 모두 맞는 것은?

> ㉠ 베인(vane)
> ㉡ 경사판(swash plate)
> ㉢ 격판(baffle plate)
> ㉣ 캠 링(cam ring)
> ㉤ 회전자(rotor)

① ㉠, ㉡, ㉢, ㉣
② ㉠, ㉢, ㉣
③ ㉠, ㉢, ㉣, ㉤
④ ㉠, ㉣, ㉤

15 유압기기의 작동속도를 높이기 위하여 무엇을 변화시켜야 하는가?

① 유압 펌프의 토출유량을 증가시킨다.
② 유압 펌프의 토출압력을 높인다.
③ 유압 모터의 압력을 높인다.
④ 유압 모터의 크기를 작게 한다.

해설 일의 크기는 유압으로, 일의 속도는 유량으로 조절한다.

16 유압 펌프 점검에서 작동유 유출 여부 점검사항이 아닌 것은?

① 정상작동 온도로 난기운전을 실시하여 점검하는 것이 좋다.
② 고정볼트가 풀린 경우에는 추가 조임을 한다.
③ 작동유 유출 점검은 운전자가 관심을 가지고 점검하여야 한다.
④ 하우징에 균열이 발생되면 패킹을 교환한다.

해설 하우징에 균열이 발생한 경우는 유압 펌프에 중요한 결함이 발생한 것으로 볼 수 있다. 이 경우는 정밀점검을 실시해야 한다.

17 유압 펌프에서 펌프 양이 적거나 유압이 낮은 원인이 아닌 것은?

① 오일탱크에 오일이 너무 많을 때
② 펌프 흡입라인 막힘이 있을 때(여과망)
③ 기어와 펌프 내벽 사이 간격이 클 때
④ 기어 옆 부분과 펌프 내벽 사이 간격이 클 때

해설 유압은 회로의 면적에 반비례하고 오일의 점도가 높거나 유량에는 비례한다. 따라서 오일의 양이 많으면 유압이 상승한다.

18 유압 펌프의 기능을 설명한 것으로 맞는 것은?

① 유압에너지를 동력으로 전환한다.
② 원동기의 기계적 에너지를 유압에너지로 전환한다.
③ 어큐뮬레이터와 동일한 기능이다.
④ 유압회로 내의 압력을 측정하는 기구이다.

해설 유압 펌프는 엔진이나 전동기 등의 기계적 에너지를 받아서 유압에너지로 변환시키는 장치이다.

정답 13.① 14.④ 15.① 16.④ 17.① 18.②

19 기어 펌프에 대한 설명으로 틀린 것은?

① 소형이며 구조가 간단하다.
② 플런저 펌프에 비해 흡입력이 나쁘다.
③ 플런저 펌프에 비해 효율이 낮다.
④ 초고압에는 사용이 곤란하다.

해설 기어 펌프는 흡입 성능이 우수하다.

20 유압 펌프의 고장 현상이 아닌 것은?

① 소음이 크게 된다.
② 오일의 배출압력이 높다.
③ 샤프트 실(seal)에서 오일 누설이 있다.
④ 오일의 흐르는 양이나 압력이 부족하다.

해설 작동유의 배출압력이 낮다.

21 유압 펌프가 오일을 토출하지 않을 경우는?

① 펌프의 회전이 너무 빠를 때
② 유압유의 점도가 낮을 때
③ 흡입관으로부터 공기가 흡입되고 있을 때
④ 릴리프 밸브의 설정압이 낮을 때

22 피스톤식 유압 펌프에서 회전경사판의 기능으로 가장 적합한 것은?

① 펌프 압력을 조정
② 펌프 출구의 개·폐
③ 펌프 용량을 조정
④ 펌프 회전속도를 조정

23 다음 그림과 같이 안쪽은 내·외측 로터로, 바깥쪽은 하우징으로 구성되어 있는 오일 펌프는?

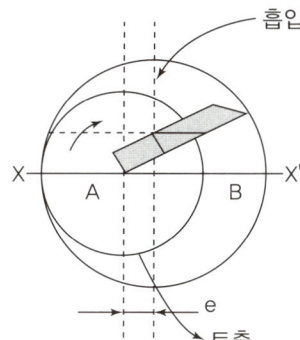

① 베인 펌프
② 피스톤 펌프
③ 트로코이드 펌프
④ 사판 펌프

해설 베인 펌프는 여러 장의 날개를 설치하여 회전시켜 유체를 흡입하고 송출하는 펌프이다. 회전자는 반지름 방향이거나 그보다 더 경사진 방향으로 홈이 같은 간격으로 파여 있으며 이 홈에 날개가 들어 있다.

24 유압 펌프의 종류가 아닌 것은?

① 기어 펌프　② 진공 펌프
③ 베인 펌프　④ 피스톤 펌프

해설 유압 펌프의 종류 : 기어 펌프, 트로코이드(로터리) 펌프, 나사 펌프, 베인 펌프, 플런저(피스톤 펌프) 펌프

25 유압 펌프의 토출량을 나타내는 단위로 맞는 것은?

① psi　② LPM
③ kPa　④ W

해설 유압 펌프 1회전당 토출량은 유량(ℓ/rcv 또는 cc/rev)으로 표시하거나 분당 토출량 ℓ/min(LPM) 또는 GPM으로 표시한다.

26 다음에서 가장 높은 압력을 발생시키는 유압 펌프의 형식은?

① 기어 펌프　② 베인 펌프
③ 나사 펌프　④ 피스톤 펌프

유압 액추에이터

01 그림의 유압기호는 무엇을 표시하는가?

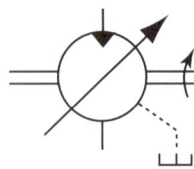

① 가변유압 모터　② 유압 펌프
③ 가변토출 밸브　④ 가변흡입 밸브

02 유압 모터를 선택할 때의 고려사항과 가장 거리가 먼 것은?

① 동력　② 부하
③ 효율　④ 점도

해설 점도는 윤활유의 성질에 해당한다.

03 유압 모터와 유압 실린더의 설명으로 옳은 것은?

① 둘 다 회전운동한다.
② 모터는 직선운동, 실린더는 회전운동한다.
③ 둘 다 왕복운동한다.
④ 모터는 회전운동, 실린더는 직선운동한다.

해설 유압 펌프는 작동유의 에너지를 회전운동으로 바꾸고, 유압 실린더는 직선운동으로 변환시켜 준다.

04 유압 모터에서 소음과 진동이 발생할 때의 원인이 아닌 것은?

① 내부 부품의 파손
② 작동유 속에 공기의 혼입
③ 체결 볼트의 이완
④ 펌프의 최고 회전속도 저하

해설 유압 모터의 내부 부품이 파손되거나 체결을 위한 볼트가 이완되었을 경우, 작동유에 공기가 흡입되었을 경우에 소음과 진동이 발생할 수 있다.

05 유압 모터의 특징으로 맞는 것은?

① 가변체인구동으로 유량 조정을 한다.
② 오일의 누출이 많다.
③ 밸브오버랩으로 회전력을 얻는다.
④ 무단 변속이 용이하다.

해설 무단 변속 및 변속·역전 제어가 용이하다.

06 유압 모터의 장점이 아닌 것은?

① 작동이 신속, 정확하다.
② 관성력이 크며 소음이 적다.
③ 전동모터에 비하여 급속정지가 쉽다.
④ 광범위한 무단변속을 얻을 수 있다.

해설 관성이 작고 소음이 적다.

07 유압 실린더에서 실린더의 과도한 자연낙하 현상이 발생하는 원인으로 가장 거리가 먼 것은?

① 컨트롤 밸브 스풀의 마모
② 릴리프 밸브의 조정 불량
③ 작동압력이 높을 때
④ 실린더 내의 피스톤 실(seal)의 마모

해설 자연 하강량이 많은 이유
- 유압 실린더의 내부 누출
- 유압 실린더의 배관의 파손
- 컨트롤 밸브의 스풀에서 누출

08 유압 실린더의 종류에 해당하지 않는 것은?

① 복동 실린더 싱글로드형
② 복동 실린더 더블로드형
③ 단동 실린더 배플형
④ 단동 실린더 램형

해설 유압 실린더의 종류 : 단동 실린더 피스톤형, 단동 램형 실린더, 복동 실린더 더블로드형, 복동 실린더 싱글로드형

정답　01.①　02.④　03.④　04.④　05.④　06.②　07.③　08.③

09 건설기계에 사용되는 유압 실린더 작용은 어떠한 것을 응용한 것인가?

① 베르누이의 정리
② 파스칼의 원리
③ 지렛대의 원리
④ 후크의 법칙

해설) 파스칼의 원리란 밀폐된 용기 내에 액체를 가득 채우고 그 용기에 힘을 가하면 그 내부압력은 용기의 각 면에 수직으로 작용하며 용기 내의 어느 곳이든지 똑같은 압력으로 작용한다는 원리로 유압 실린더 기기의 가장 기본이 되는 원리이다.

10 유압 모터의 단점에 해당되지 않는 것은?

① 작동유에 먼지나 공기가 침입하지 않도록 특히 보수에 주의해야 한다.
② 작동유가 누출되면 작업 성능에 지장이 있다.
③ 작동유의 점도 변화에 의하여 유압 모터의 사용에 제약이 있다.
④ 릴리프 밸브를 부착하여 속도나 방향을 제어하기가 곤란하다.

해설) 유압 모터는 속도나 방향 제어가 곤란하지 않고 용이하다.

11 유압 모터의 회전속도가 규정 속도보다 느릴 경우, 그 원인이 아닌 것은?

① 유압 펌프의 오일 토출량 과다
② 각 작동부의 마모 또는 파손
③ 유압유의 유입량 부족
④ 오일의 내부 누설

해설) 오일 토출량을 증가시킬 경우 유압기기의 작동속도가 높아진다.

12 유압 실린더의 누유 검사방법 중 틀린 것은?

① 정상적인 작동온도에서 실시한다.
② 각 유압 실린더를 몇 번씩 작동 후 점검한다.
③ 얇은 종이를 펴서 로드에 대고 앞뒤로 움직여본다.
④ 얇은 가죽이나 V패킹으로 교환한다.

해설) V패킹을 교환하는 것은 누유를 방지하는 것이지 누유를 검사하는 것은 아니다.

13 그림과 같은 실린더의 명칭은?

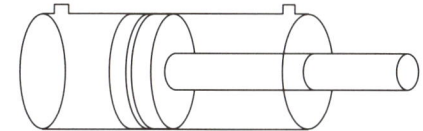

① 단동 실린더
② 단동 다단 실린더
③ 복동 실린더
④ 복동 이중 실린더

14 유압 실린더에서 피스톤 행정이 끝날 때 발생하는 충격을 흡수하기 위해 설치하는 장치는?

① 쿠션기구
② 감압장치
③ 서보 밸브
④ 안전밸브

해설) 작동을 하고 있는 피스톤이 그대로의 속도로 실린더 끝부분에 충돌하면 큰 충격이 가해진다. 이것을 완화시키기 위하여 설치한 것이 쿠션기구이다.

15 유압 실린더에서 숨돌리기 현상이 생겼을 때 일어나는 현상이 아닌 것은?

① 작동지연현상이 생긴다.
② 피스톤 동작이 정지된다.
③ 오일공급이 과대해진다.
④ 작동이 불안정하게 된다.

해설) 실린더 숨돌리기 현상이 발생하면 피스톤 작동이 불안정해지고 작동 시간의 지연이 발생한다. 작동유의 공급이 부족해지므로 서지압이 발생한다.

정답) 09.② 10.④ 11.① 12.④ 13.③ 14.① 15.③

16 유압 실린더는 유체의 힘을 어떤 운동으로 바꾸는가?

① 회전운동　② 직선운동
③ 곡선운동　④ 비틀림 운동

해설 유압 실린더는 내부로 압송되는 유체의 힘에 의해 한쪽 면만 운동성을 갖는 장치로, 유체의 압력에 의한 힘이 직선운동에너지로 변환하는 장치이다.

17 유압 모터의 종류가 아닌 것은?

① 기어형　② 베인형
③ 회전 피스톤형　④ 복동형

해설 복동형은 유압 실린더의 한 종류이다.

18 유압에너지를 공급받아 회전운동을 하는 유압기기는?

① 유압 실린더　② 유압 모터
③ 유압 밸브　④ 롤러 리미트

해설 유압 펌프는 유압장치에서 작동 유압에너지에 의해 연속적으로 회전운동을 함으로써 기계적인 일을 한다.

19 유압 모터의 용량을 나타내는 것은?

① 입구압력(kgf/cm²)당 토크
② 유압작동부 압력(kgf/cm²)당 토크
③ 주입된 동력(HP)
④ 체적(cm³)

해설 유압 모터의 용량은 입구압력(kgf/cm²)당 토크로 나타낸다.

20 유압 모터에 대한 설명 중 맞는 것은?

① 유압발생장치에 속한다.
② 압력, 유량, 방향을 제어한다.
③ 직선운동을 하는 작동기(Actuator)이다.
④ 유압에너지를 기계적 일로 변환한다.

해설 유압 모터는 유압 펌프에서 가해진 기름의 압력에너지를 회전운동으로 변환해 주는 장치이다.

21 유압 펌프를 통하여 송출된 에너지를 사용하여 직선운동이나 회전운동의 기계적 일을 하는 기기를 무엇이라고 하는가?

① 오일쿨러
② 제어 밸브
③ 액추에이터(작업장치)
④ 어큐뮬레이터(축압기)

해설 액추에이터는 유압 펌프로부터 공급된 작동유의 유압에너지를 기계적인 일로 변환시키는 장치이다.

22 액추에이터(actuator)의 작동속도와 가장 관계가 깊은 특성은?

① 압력　② 온도
③ 유량　④ 점도

해설 유압 액추에이터(actuator)는 유압 펌프로부터 공급된 작동유의 유압에너지를 기계적인 일로 변환시키는 장치이다. 유량제어 밸브가 액추에이터의 속도를 제어한다.

23 유압 실린더를 교환하였을 경우 조치해야 할 작업으로 가장 거리가 먼 것은?

① 오일필터 교환
② 공기빼기작업
③ 누유 점검
④ 시운전하여 작동상태 점검

해설 유압 실린더를 교환했을 때는 오일에 공기가 들어가지 않았는지, 새는 곳은 없는지 등을 점검하기 위해 공회전을 통해 작동상태를 보아야 한다.

정답　16.②　17.④　18.②　19.①　20.④　21.③　22.③　23.①

24 유압 액추에이터(작업장치)를 교환하였을 경우, 반드시 해야 할 작업이 아닌 것은?

① 오일 교환 ② 공기빼기작업
③ 누유 점검 ④ 공회전 작업

해설) 유압 액추에이터를 교환하면 유압회로에 공기가 혼입되므로 공기 빼기 작업, 누유점검 등은 반드시 해야 하지만 작동유까지 매번 교환하지는 않는다.

25 플런저가 구동축의 직각방향으로 설치되어 있는 유압 모터는?

① 캠형 플런저 모터
② 엑시얼형 플런저 모터
③ 블래더형 플런저 모터
④ 레이디얼형 플런저 모터

해설) 레이디얼형 플런저 모터는 플런저 왕복운동의 방향이 구동축과 직각방향인 플런저 모터이다.

26 유압 실린더 정비 시 옳지 않은 것은?

① 사용하던 O링은 면 걸레로 깨끗이 닦아 오일이 묻지 않게 한 후 조립한다.
② 분해 조립 시 무리한 힘을 가하지 않는다.
③ 도면을 보고 순서에 따라 분해 조립한다.
④ 쿠션기구의 작은 유로는 압축공기를 불어 막힘 여부를 검사한다.

해설) O링 조립 시에는 윤활유를 발라야 한다.

27 건설기계에 사용되는 유압 실린더의 구성부품이 아닌 것은?

① 로드
② 어큐뮬레이터(축압기)
③ 피스톤
④ 실(seal)

해설) 어큐뮬레이터는 유압기기 중 유압 펌프에서 발생한 유압을 저장하고 맥동을 소멸시키는 장치이다.

28 유압 실린더 중 피스톤 한쪽에만 유압이 작용하고 복귀 작용은 자중으로 이루어지는 것은?

① 단동 실린더 ② 더블 실린더
③ 복동 실린더 ④ 다단 실린더

29 유압 실린더의 내부 구성품이 아닌 것은?

① 피스톤 ② 실린더
③ 유압밴드 ④ 쿠션기구

30 유압유의 압력에너지(힘)를 기계적 에너지(일)로 변환시키는 작용을 하는 것은?

① 어큐뮬레이터 ② 유압 밸브
③ 유압 펌프 ④ 액추에이터

31 단동실린더의 기호표시로 맞는 것은?

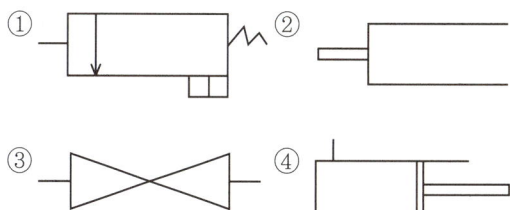

정답) 24.① 25.④ 26.① 27.② 28.① 29.③ 30.④ 31.④

유압제어밸브

01 일반적으로 유압장치에서 릴리프 밸브(압력제어 밸브)가 설치되는 위치는?

① 펌프와 오일탱크 사이
② 여과기와 오일탱크 사이
③ 펌프와 제어 밸브 사이
④ 실린더와 여과기 사이

 압력제어 밸브는 유압 펌프와 방향제어 밸브 사이에 위치하여 작동한다.

02 다음 중 커먼레일 연료분사장치의 고압 연료 펌프에 부착된 것은?

① 압력제어 밸브   ② 커먼레일 입력센서
③ 입력제한 밸브   ④ 유량제한기

 고압 연료펌프에 부착된 압력제어 밸브는 커먼레일 압력을 필요한 수준으로 제어한다.

03 유압장치 내의 압력을 일정하게 유지하고 최고압력을 제한하여 회로를 보호해 주는 밸브는?

① 릴리프 밸브   ② 체크 밸브
③ 제어 밸브   ④ 로터리 밸브

 릴리프 밸브는 유압회로에 흐르는 압력이 설정된 압력 이상으로 되는 것을 방지하기 위한 밸브이다.

04 유압회로에서 오일을 한쪽 방향으로만 흐르도록 하는 밸브는?

① 릴리프 밸브(relief valve)
② 파일럿 밸브(pilot valve)
③ 체크 밸브(check valve)
④ 오리피스 밸브(orifice valve)

05 유압 컨트롤 밸브 내에 스풀 형식의 밸브가 사용되는 이유는?

① 오일의 흐름 방향을 바꾸기 위해
② 계통 내의 압력을 상승시키기 위해
③ 축압기의 압력을 바꾸기 위해
④ 펌프의 회전 방향을 바꾸기 위해

 스풀 밸브는 1개의 회로에 여러 개의 밸브 면을 두고 있으며 직선 또는 회전운동으로 유압유의 흐름 방향을 변환시킨다.

06 유압회로의 설명으로 맞는 것은?

① 유압회로에서 릴리프 밸브는 압력제어 밸브이다.
② 유압회로의 동력 발생부에는 공기와 믹서하는 장치가 설치되어 있다.
③ 유압회로에서 릴리프 밸브는 닫혀 있으며, 규정압력 이하의 오일압력이 오일탱크로 회송된다.
④ 회로 내 압력이 규정 이상일 때는 공기를 혼입하여 압력을 조절한다.

 압력제어 밸브의 종류에는 릴리프 밸브, 감압 밸브, 시퀀스 밸브, 언로드 밸브, 카운터 밸런스 밸브 등이 있다.

07 직동형, 피스톤형 등의 종류가 있으며 회로의 압력을 일정하게 유지시키는 밸브는?

① 릴리프 밸브   ② 메이크업 밸브
③ 시퀀스 밸브   ④ 무부하 밸브

 릴리프 밸브는 회로 압력을 일정하게 하거나 최고압력을 규제하여 각부 기기를 보호하는 역할을 하는 것으로, 유압 펌프와 제어 밸브 사이에 설치되어 있다.

08 다음 그림이 의미하는 밸브는?

① 시퀀스 밸브
② 감압 밸브
③ 릴리프 밸브
④ 무부하 밸브

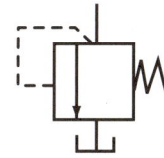

해설 ① 시퀀스 밸브 ② 감압 밸브 ④ 무부하 밸브

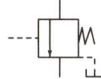 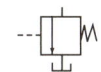

09 2개 이상의 분기회로를 갖는 회로 내에서 작동순서를 회로의 압력 등에 의하여 제어하는 밸브는?

① 체크 밸브
② 시퀀스 밸브
③ 한계 밸브
④ 서보 밸브

해설 시퀀스 밸브는 2개 이상의 분기회로가 있는 회로에서 작동순서를 회로의 압력 등으로 제어하는 밸브이다.

10 유압 펌프의 압력조절 밸브 스프링 장력이 강하게 조절되었을 때 나타나는 현상으로 가장 적절한 것은?

① 유압이 높아진다.
② 유압이 낮아진다.
③ 토출량이 증가한다.
④ 토출량이 감소한다.

해설 압력조절 밸브의 스프링 장력이 크면 유압이 높아지고, 장력이 작으면 유압이 낮아진다.

11 감압 밸브에 대한 설명으로 틀린 것은?

① 상시 폐쇄상태로 되어 있다.
② 입구(1차쪽)의 주회로에서 출구(2차쪽)의 감압회로로 유압유가 흐른다.
③ 유압장치에서 회로 일부의 압력을 릴리프 밸브의 설정압력 이하로 하고 싶을 때 사용한다.
④ 출구(2차)의 압력이 감압 밸브의 설정압력보다 높아지면 작동하여 유로를 닫는다.

해설 감압 밸브(리듀싱 밸브)는 1차 쪽의 압력이 변화하거나 2차 쪽의 유량변동에 대해 설정압력의 변동을 억제하는 밸브로, 분기회로에서 사용한다.

12 회로 내 유체의 흐르는 방향을 조절하는 데 쓰이는 밸브는?

① 압력제어 밸브
② 유량제어 밸브
③ 방향제어 밸브
④ 유압 액추에이터

해설 방향제어 밸브는 유압 펌프에서 보내온 오일의 흐름 방향을 바꾸거나 정지시켜서 액추에이터가 하는 일의 방향을 변화시키거나 정지시키기 위한 제어 밸브이다.

13 유압장치에서 유압조정 밸브의 조정방법은?

① 압력조정 밸브가 열리도록 하면 유압이 높아진다.
② 밸브 스프링의 장력이 커지면 유압이 낮아진다.
③ 조정 스크루를 조이면 유압이 높아진다.
④ 조정 스크루를 풀면 유압이 높아진다.

해설 유압조정 밸브는 조이면 유압이 높아지고 풀면 유압이 낮아진다.

14 유압회로에서 입구 압력을 가압하여 유압 실린더 출구 설정압력 유압으로 유지하는 밸브는?

① 릴리프 밸브
② 리듀싱 밸브
③ 언로딩 밸브
④ 카운터 밸런스 밸브

해설 리듀싱(감압) 밸브 : 유량변동 시 설정압력의 변동 억제

15 압력제어 밸브의 종류가 아닌 것은?

① 릴리프 밸브
② 감압 밸브
③ 시퀀스 밸브
④ 스로틀 밸브

해설 압력제어 밸브에는 릴리프 밸브, 리듀싱 밸브, 시퀀스 밸브, 언로드 밸브, 카운터 밸런스 밸브 등이 있다.

정답 08.③ 09.② 10.① 11.① 12.③ 13.③ 14.② 15.④

16 유압장치의 과부하 방지와 유압기기의 보호를 위하여 최고압력을 규제하고 유압회로 내의 필요한 압력을 유지하는 밸브는?

① 압력제어 밸브   ② 유량제어 밸브
③ 방향제어 밸브   ④ 온도제어 밸브

17 실린더가 중력으로 인하여 제어속도 이상으로 낙하하는 것을 방지하는 밸브는?

① 방향제어 밸브(directional control valve)
② 리듀싱 밸브(reducing valve)
③ 시퀀스 밸브(sequence valve)
④ 카운터 밸런스 밸브(counter balance valve)

해설) 카운터 밸런스 밸브는 유압 실린더 등이 중력에 의해 자유 낙하하는 것을 방지하기 위해 배압을 유지하는 압력제어 밸브이다.

18 유량제어 밸브가 아닌 것은?

① 속도제어 밸브   ② 체크 밸브
③ 교축 밸브   ④ 급속배기 밸브

해설) 체크밸브는 방향제어 밸브의 일종으로 유압의 흐름을 한 방향으로 통과시켜 역방향의 흐름을 막는 밸브이다.

19 유압회로 내에서 유압을 일정하게 조절하여 일의 크기를 결정하는 밸브가 아닌 것은?

① 시퀀스 밸브   ② 서보 밸브
③ 언로드 밸브   ④ 카운터 밸런스 밸브

해설) 압력제어 밸브는 일의 크기를 결정하고, 유량제어 밸브는 일의 속도를 결정하며 방향제어 밸브는 일의 방향을 결정한다. 압력제어 밸브에는 릴리프 밸브, 리듀싱 밸브, 시퀀스 밸브, 언로드 밸브, 카운터 밸런스 밸브 등이 있다.

20 그림에서 체크 밸브를 나타낸 것은?

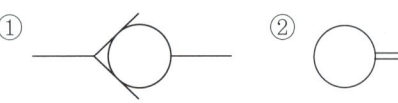

해설) ③ 압력원, ④ 작동유 탱크(오일 탱크)

21 방향제어 밸브의 종류에 해당하지 않는 것은?

① 셔틀 밸브   ② 교축 밸브
③ 체크 밸브   ④ 방향변환 밸브

해설) 방향제어 밸브에는 스풀 밸브, 체크 밸브, 셔틀 밸브, 디셀러레이션 밸브, 멀티플 유닛 밸브 등이 있다.

22 유압회로에서 역류를 방지하고 회로 내의 잔류압력을 유지하는 밸브는?

① 체크 밸브   ② 셔틀 밸브
③ 매뉴얼 밸브   ④ 스로틀 밸브

23 다음에서 회로 내의 압력을 설정치 이하로 유지하는 밸브로만 조합된 것은?

> ㉠ 릴리프 밸브(relief valve)
> ㉡ 리듀싱 밸브(reducing valve)
> ㉢ 스로틀 밸브(throttle valve)
> ㉣ 언로드 밸브(unload valve)

① ㉠, ㉡, ㉣   ② ㉡, ㉢
③ ㉢, ㉣   ④ ㉠, ㉡, ㉢

해설) ㉠ 릴리프 밸브 : 유압기기의 과부하 방지
㉡ 리듀싱(감압) 밸브 : 유량 변동 시 설정압력의 변동 억제
㉣ 언로드(무부하) 밸브 : 동력의 절감과 작동유 온도 상승 방지

정답) 16.① 17.④ 18.② 19.② 20.① 21.② 22.① 23.①

24 유압회로에 사용되는 유압 밸브의 역할이 아닌 것은?

① 일의 관성을 제어한다.
② 일의 방향을 변환시킨다.
③ 일의 속도를 제어한다.
④ 일의 크기를 조정한다.

해설 ② 방향제어 밸브, ③ 유량제어 밸브, ④ 압력제어 밸브

25 유압회로에서 호스의 노화현상이 아닌 것은?

① 호스의 표면에 갈라짐이 발생한 경우
② 코킹 부분에서 오일이 누유되는 경우
③ 액추에이터의 작동이 원활하지 않을 경우
④ 정상적인 압력상태에서 호스가 파손될 경우

해설 유압회로에서 호스의 노화현상
- 호스가 굳어 있는 경우
- 표면에 크랙(crack)이 발생한 경우
- 호스의 표면에 갈라짐이 발생한 경우
- 코킹 부분에서 오일이 누유되는 경우
- 정상적인 압력상태에서 호스가 파손될 경우

26 유압장치에서 방향제어 밸브에 대한 설명으로 틀린 것은?

① 유체의 흐름 방향을 변환한다.
② 액추에이터의 속도를 제어한다.
③ 유체의 흐름 방향을 한쪽으로 허용한다.
④ 유압 실린더나 유압 모터의 작동 방향을 바꾸는 데 사용된다.

해설 유량제어 밸브가 액추에이터의 속도를 제어한다.

27 압력제어 밸브는 어느 위치에서 작동하는가?

① 탱크와 펌프
② 실린더 내부
③ 펌프와 방향전환 밸브
④ 방향전환 밸브와 실린더

28 유압장치의 방향전환 밸브(중립상태)에서 실린더가 외력에 의해 충격을 받았을 때 발생되는 고압을 릴리프시키는 밸브는?

① 유량감지 밸브
② 반전방지 밸브
③ 메인 릴리프 밸브
④ 과부하(포트) 릴리프 밸브

29 유압기기의 과부하 방지를 위한 밸브로 맞는 것은?

① 분류 밸브
② 방향제어 밸브
③ 릴리프 밸브
④ 스로틀 밸브

정답 24.① 25.③ 26.② 27.③ 28.④ 29.③

기타 부속장치

01 탱크 내의 오일을 모두 배출시키고자 할 때 사용하는 것은?

① 스트레이너 ② 어큐뮬레이터
③ 유면계 ④ 드레인 플러그

해설) 드레인 플러그는 오일탱크 내의 가장 최하부에 위치하고 있어 탱크 내의 오일을 전부 배출시킬 때 사용한다.

02 유압탱크의 구비조건을 설명한 것 중 잘못된 것은?

① 유면계 및 드레인 장치를 갖춰야 한다.
② 이 물질이 혼입되지 않도록 밀폐되어야 한다.
③ 적당한 크기의 주유구 및 스트레이너를 설치한다.
④ 오일 냉각을 위해 쿨러를 설치한다.

03 오일탱크의 부속장치가 아닌 것은?

① 유면계 ② 주입구 캡
③ 드레인 플러그 ④ 피스톤 로드

04 유압장치에서 오일탱크의 구비요건이 아닌 것은?

① 유면은 적정 위치 "F"에 가깝게 유지하여야 한다.
② 발생한 열을 발산할 수 있어야 한다.
③ 공기 및 이물질을 오일로부터 분리할 수 있어야 한다.
④ 탱크의 크기는 정지할 때 되돌아오는 오일 양의 용량과 동일하게 한다.

해설) 탱크의 크기는 중력에 의해 복귀되는 장치 내의 모든 작동유를 수용할 수 있는 크기여야 한다.

05 건설기계의 작동유 탱크 역할로 틀린 것은?

① 유온을 적정하게 유지하는 역할을 한다.
② 작동유를 저장한다.
③ 오일 내 이물질의 침전작용을 한다.
④ 유압을 적정하게 유지하는 역할을 한다.

해설) 유압 탱크는 적정 유량을 저장하고 적정 유온을 유지하며 작동유의 기포 발생 방지 및 제거 역할을 한다. 주유구와 스트레이너, 유면계가 설치되어 있어 유량을 점검할 수 있다. 유압탱크는 이물질 혼합이 일어나지 않도록 밀폐되어 있어야 한다.

06 어큐뮬레이터(축압기)의 사용 목적이 아닌 것은?

① 유압회로 내의 압력 상승
② 충격압력 흡수
③ 유체의 맥동 감쇠
④ 압력 보상

해설) 축압기(Accumulator)의 사용 목적
- 압력 보상
- 유체의 맥동 감쇠
- 보조동력원으로 사용
- 충격압력 흡수

07 유압장치의 취급방법 중 가장 옳지 않은 것은?

① 가동 중 이상음이 발생되면 즉시 작업을 중지한다.
② 종류가 다른 오일이라도 부족하면 보충할 수 있다.
③ 추운 날씨에는 충분한 준비 운전 후 작업한다.
④ 오일양이 부족하지 않도록 점검 보충한다.

해설) 종류가 다른 오일을 섞으면 열화현상이 발생할 수 있다.

정답 01.④ 02.④ 03.④ 04.④ 05.④ 06.① 07.②

08 축압기의 용도로 적합하지 않은 것은?

① 유압에너지의 저장
② 충격 흡수
③ 유량 분배 및 제어
④ 압력 보상

해설 축압기의 기능 : 압력 보상, 에너지 축적, 유압회로의 보호, 체적 변화 보상, 맥동 감쇠, 충격압력 흡수 및 일정 압력 유지

09 유압장치의 정상적인 작동을 위한 일상점검 방법으로 옳은 것은?

① 유압 컨트롤 밸브의 세척 및 교환
② 오일양 점검 및 필터 교환
③ 유압 펌프의 점검 및 교환
④ 오일냉각기의 점검 및 세척

해설 필터는 주 또는 월 주기로 정비·점검한다.

10 유압장치의 구성요소가 아닌 것은?

① 오일 탱크   ② 유압 펌프
③ 제어 밸브   ④ 차동장치

해설 차동장치는 바퀴의 회전수를 다르게 하여 회전을 원활하게 하는 장치이다.

11 유압장치의 수명연장을 위해 가장 중요한 요소는?

① 오일탱크의 세척
② 오일냉각기의 점검 및 세척
③ 오일펌프의 교환
④ 오일필터의 점검 및 교환

해설 유압 계통의 수명을 좌우하는 것은 오일의 품질과 오일 내 이물질 방지라 할 수 있다. 오일은 규정 점도지수를 유지하는지 항상 점검해야 하며 오일 내 이물질이 유입되지 않도록 오일필터를 정기 점검하고 문제가 있을 시 지체 없이 교환하는 게 좋다.

12 유압기기장치에 사용하는 유압호스로 가장 큰 압력에 견딜 수 있는 것은?

① 나선 와이어 브레이드
② 이중 와이어 브레이드
③ 단일 와이어 브레이드
④ 직물 브레이드

13 유압장치의 고장 원인과 거리가 먼 것은?

① 작동유의 과도한 온도 상승
② 작동유에 공기, 물 등의 이물질 혼입
③ 조립 및 접속 불완전
④ 윤활성이 좋은 작동유 사용

14 유압기기 속에 혼입되어 있는 불순물을 제거하기 위해 사용되는 것은?

① 스트레이너   ② 패킹
③ 배수기   ④ 릴리프 밸브

해설 스트레이너는 유체 중에 포함된 불순물을 철망 등으로 제거하는 장치로 세척하여 중복 사용이 가능하다.

15 건설기계 유압회로에서 유압유 온도를 알맞게 유지하기 위해 오일을 냉각하는 부품은?

① 어큐뮬레이터   ② 오일쿨러
③ 방향제어 밸브   ④ 유압 밸브

정답 08.③ 09.② 10.④ 11.④ 12.① 13.④ 14.① 15.②

유압회로 및 유압기호

01 공유압 기호 중 그림이 나타낸 것은?

① 유압 동력원 ② 공기압 동력원
③ 전동기 ④ 원동기

02 작업 중에 유압 펌프 유량이 필요하지 않게 되었을 때 오일을 저압으로 탱크에 귀환시키는 회로는?

① 시퀀스 회로 ② 어큐뮬레이션 회로
③ 블리드 오프 회로 ④ 언로드 회로

03 액추에이터의 입구 쪽 관로에 설치한 유량제어 밸브로 흐름을 제어하여 속도를 제어하는 회로는?

① 시스템 회로(system circuit)
② 블리드 오프 회로(bleed-off circuit)
③ 미터 인 회로(meter-in circuit)
④ 미터 아웃 회로(meter-out circuit)

해설 미터 인 회로는 액추에이터의 입구 쪽에 설치한다.

04 방향전환 밸브의 조작방식에서 단동 솔레노이드 기호는?

①    ②
③ 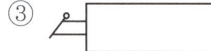   ④

해설 ② 직접 파일럿 조작식, ③ 레버식, ④ 플런저식

05 유압회로에서 유량제어를 통하여 작업속도를 조절하는 방식에 속하지 않는 것은?

① 미터 인(meter-in) 방식
② 미터 아웃(meter-out) 방식
③ 블리드 오프(bleed-off) 방식
④ 블리드 온(bleed-on) 방식

해설 유압회로에서 속도를 제어하는 회로에는 미터 인 회로(meter-in circuit), 미터 아웃 회로(meter-out circuit), 블리드 오프 회로(bleed-off circuit) 등이 있다.

06 그림과 같은 유압기호는?

① 유압 밸브 ② 차단 밸브
③ 오일 탱크 ④ 유압 실린더

07 유압장치에서 드레인 배출기의 기호 표시로 맞는 것은?

①    ②
③ 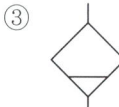   ④

08 그림의 유압기호에서 A 부분이 나타내는 것은?

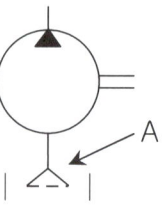

① 오일냉각기
② 스트레이너
③ 가변용량 유압 펌프
④ 가변용량 유압 모터

정답 01.① 02.④ 03.③ 04.① 05.④ 06.③ 07.③ 08.②

대단원 스피드 확인문제

제4편 유압일반

정답

01 유압계통의 오일장치 내에 슬러지 등이 생겼을 때 이것을 용해하여 장치 내를 깨끗이 하는 작업을 일컫는 용어는? _____

플러싱

02 유압 펌프로부터 공급된 작동유의 유압에너지를 사용하여 직선운동이나 회전운동으로 변환시키는 장치는? _____

액추에이터

03 2개 이상의 분기회로가 있을 때 순차적인 작동을 하기 위한 압력제어 밸브로 유압 실린더나 유압 모터의 작동순서를 결정하는 자동제어 밸브는?
_____

시퀀스 밸브

04 윈치나 유압 실린더 등의 자유낙하를 방지하기 위해 배압을 유지하는 제어 밸브는? _____

카운터 밸런스 밸브

05 출구가 최고 압력 쪽 입구를 선택하는 기능을 가지는 방향제어 밸브는?
_____

셔틀 밸브

06 유압의 흐름을 한 방향으로 통과시켜 역방향의 흐름을 막는 방향제어 밸브는? _____

체크 밸브

07 하나의 통로를 통해 들어온 유량을 2개의 액추에이터에 동등한 유량으로 분배하여 그 속도를 동기시키는 경우에 사용하는 유량제어 밸브는?
_____

분류 밸브

08 유압탱크 내에 있는 구조로 유압유의 냉각효과를 증대시키며 유압유의 이동시간을 지연시켜 이물질의 제거를 돕는 것은? _____

분리판

09 유압유의 정상 작동 온도 범위는? _____

30~70℃

대단원 스피드 확인문제

		정답
10	작동유 속에 혼입되어 있던 공기가 기포로 발전함으로써 유압장치 내에 국부적인 높은 압력과 소음, 진동을 발생시키는 현상은?	캐비테이션(공동현상)
11	유압회로 중 펌프에서 발생한 유량이 필요 없게 되었을 때 이 작동유를 저압으로 탱크로 복귀시키는 회로는?	언로드 회로(무부하 회로)
12	유압 펌프에서 발생한 유압을 저장하고 맥동을 소멸시키는 장치는?	축압기(어큐뮬레이터)
13	원동기의 기계적 에너지를 유압에너지로 변환시키는 장치는?	유압펌프
14	유압펌프 가운데 가장 고압, 고효율에 해당하는 유압펌프는?	플런저펌프
15	회로 압력을 일정하게 하거나 최고압력을 규제해서 각부 기기를 보호하는 밸브는?	릴리프밸브
16	적정 유량 저장, 적정 유온 유지, 작동유의 기포 발생 방지 및 제거 등의 기능을 하는 부속장치는?	유압탱크
17	유압탱크의 구성품은?	유면계, 배플, 드레인 플러그, 스트레이너
18	오일이 순환하는 과정에서 함유하게 되는 수분, 금속 분말, 슬러지 등을 제거하는 것은?	오일필터, 여과기

제5편
작업 전·후 점검

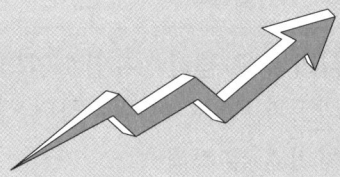

작작업 전 점검은 외관 및 누유·누수 상태 점검, 계기판 점검, 마스트·체인 점검, 엔진시동 상태 등을 파악하여 안전한 작업을 할 수 있도록 하는 것이고, 작업 후 점검은 안전 주차 및 연료 상태 점검, 외관 점검, 타이어 공기압 및 손상 유무 점검, 작업 및 관리일지 등을 작성하여 안전사고를 예방하고 효율적으로 관리를 위한 것이다.

제1장 작업 전 점검
제2장 작업 후 점검

제1장 작업 전 점검

1 외관 및 누유·누수상태 점검

(1) 지게차의 외관점검
① 오버 헤드가드의 균열 및 변형 점검
② 백레스트의 균열 및 변형 점검
③ 포크의 휨, 균열, 이상 마모 및 핑거보드와의 정상 연결 상태 확인
④ 핑거보드의 균열 및 변형 점검

(2) 작업 전 장비 점검
① 팬벨트 장력 점검 : 오른손 엄지손가락으로 팬벨트 중앙을 약 10kgf의 힘으로 눌러 벨트의 처짐량이 13~20mm이면 정상
② 공기청정기 점검
③ 그리스 주입 상태 점검
④ 후진 경보장치 점검
⑤ 룸 미러 점검
⑥ 전조등 및 후미등 점등 여부 점검

(3) 타이어 공기압 및 손상 점검

타이어 역할	• 지게차의 하중 지지 • 지게차의 동력과 제동력 전달 • 노면에서의 충격을 흡수
타이어의 마모 한계	• 빗길 운전 시 수막현상 발생 가능성이 높아짐 • 마모 한계표시에 다다르게 되면 교체

(4) 조향장치 점검
① 핸들을 왼쪽 및 오른쪽으로 끝까지 돌렸을 때 양쪽 바퀴의 돌아가는 위치가 같으면 정상
② 조향핸들이 무거운 원인
　㉠ 타이어의 마멸 과다
　㉡ 앞바퀴 정렬 상태 불량
　㉢ 조향기어의 백래시가 작음
　㉣ 타이어의 공기압 부족
　㉤ 조향기어 박스 내의 오일 부족

(5) 제동장치 점검
① 브레이크 라이닝과 드럼과의 간극 차이

간극이 클 때	• 브레이크 작동이 늦어짐 • 브레이크 페달의 행정이 길어짐 • 제동작용이 불량해짐
간극이 작을 때	• 라이닝과 드럼의 마모가 촉진 • 베이퍼 록의 원인이 됨

(6) 누유·누수상태 점검
① 엔진오일의 누유 점검

엔진오일 검은색	심하게 오염된 경우로 점도를 점검하고 엔진오일을 교환
엔진오일 우유색	냉각수가 혼합됨

② 유압오일의 누유 점검 : 유압오일의 양이 유면 표시기의 L과 F 중간에 위치하면 정상
③ 조향장치의 누유 점검
④ 제동장치의 누유 점검
⑤ 냉각수의 누수 점검

2 계기판 점검

(1) 경고등 및 표시등

작업표시등	펜더 작업 표시등	브레이크 고장 경고등
주차 브레이크 표시등	엔진예열 표시등	OPSS 표시등
인칭표시등	엔진오일 압력 표시등	트랜스미션 에러 경고등

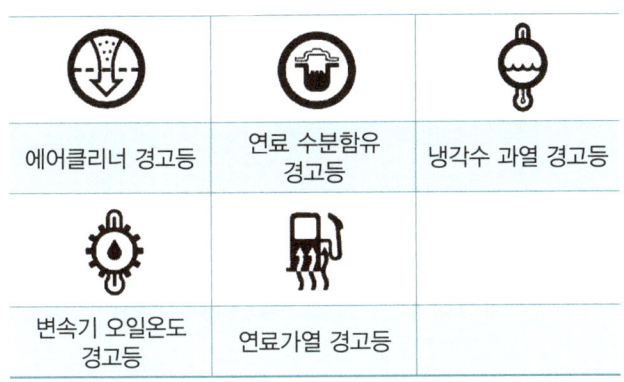

(2) 점검사항

① 엔진오일 윤활 압력게이지 점검
② 냉각수 온도게이지 점검
③ 연료게이지 점검
④ 방향지시등 및 전조등 점검
⑤ 아워 미터(장비의 총 운행 시간) 점검
⑥ 충전경고등 점등 시 축전지 충전상태 점검

3 마스트·체인 점검

(1) 마스트와 체인의 점검

① 포크와 체인의 연결 부위 균열 상태 점검
② 마스트 상하 작동 상태 점검
③ 리프트 체인 및 마스트 베어링 상태 점검
④ 좌우 리프트 체인 점검

(2) 체인장력 조정법

① 좌·우 체인이 동시에 평행한가를 확인
② 포크를 지상에서 10~15cm 올린 후 조정
③ 손으로 체인을 눌러보아 양쪽이 다르면 조정 너트로 조정
④ 체인 장력을 조정 후 록크 너트로 고정시킴

4 엔진시동 상태 점검

(1) 축전지 점검

① 축전지 단자 및 결선 상태 점검
② 축전지 충전 상태 점검

초록색	충전된 상태
검정색	방전된 상태(충전 필요)
흰색	축전지 점검(축전지 교환)

③ 축전지 충전 방법 : 정전류 충전법(일반적), 정전압 충전법, 단별전류 충전법, 급속충전

(2) 예열장치 점검

① 예열플러그 종류 : 코일형, 실드형
② 예열플러그 단선

원인	• 엔진이 과열되었을 때 • 엔진 가동 중에 예열시킬 때 • 규정 이상의 과대 전류가 흐를 때 • 예열 시간이 너무 길 때 • 예열플러그 설치 시 조임 불량일 때

(3) 시동장치 점검

① 엔진 시동 시 주의 : 시동전동기 기동 시간은 1회 10초 정도이고, 기동되지 않으면 다른 부분을 점검하고 다시 기동. 시동전동기 최대 연속 사용시간은 30초 이내로 함
② 난기운전 : 작업 전 유압오일 온도를 상승시키는 것을 말함

엔진	시동 후 기관이 정상 작동온도에 도달할 때 까지의 시간을 의미
작업 장치	작업 전 유압오일 온도를 최소 20~27℃ 이상이 되도록 상승시키는 운전

> **참고**
>
> **시동전동기가 회전하지 않는 원인**
> • 시동 스위치 접촉 및 배선 불량일 때
> • 계자코일이 손상되었을 때
> • 브러쉬가 정류자에 밀착이 안 될 때
> • 전기자 코일이 단선되었을 때

01 | 작업 전 점검

01 다음은 작업 장치를 갖춘 건설기계의 작업 전 점검사항이다. 옳지 않은 것은?

① 제동장치 기능의 이상 유무 점검
② 유압장치의 과열 이상 유무 점검
③ 전조등, 후미등 및 경보장치의 이상 유무 점검
④ 유압장치 기능의 이상 유무 점검

02 지게차의 외관을 점검하기 위해 제일 먼저 취해야 하는 행동은?

① 지게차가 안전하게 주기되어 있는지 확인한다.
② 타이어의 공기압이 적정한지 점검한다.
③ 헤드가드 및 백레스트의 상태를 살핀다.
④ 그리스의 주입상태를 점검한다.

03 다음은 팬벨트에 대한 점검과정을 서술한 것이다. 틀린 것은?

① 약 10kgf의 힘으로 눌러 처짐이 13~15mm 정도이면 정상으로 본다.
② 벨트의 조정은 발전기를 가동하면서 조정한다.
③ 팬벨트의 장력이 너무 강하면 발전기 베어링의 손상을 가져온다.
④ 팬벨트는 풀리의 밑 부분에 접촉되도록 조정한다.

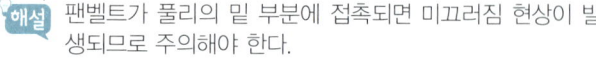 팬벨트가 풀리의 밑 부분에 접촉되면 미끄러짐 현상이 발생되므로 주의해야 한다.

04 다음 중 조향핸들이 무거워지는 원인이 아닌 것은?

① 타이어의 공기압 과다
② 조향기어의 백래시가 작음
③ 앞바퀴 정렬상태 불량
④ 타이어의 마멸 과다

05 엔진오일의 기능이 아닌 것은?

① 마멸 방지작용   ② 냉각작용
③ 세척작용   ④ 에너지 변환작용

06 동절기 기관 동파 원인은?

① 기동전동기가 얼어서
② 엔진오일이 얼어서
③ 유압오일이 얼어서
④ 냉각수가 얼어서

07 운전 중 운전석 계기판에서 확인해야 하는 것이 아닌 것은?

① 실린더 압력계
② 연료량 게이지
③ 냉각수 온도게이지
④ 충전 경고등

08 지게차의 체인장력 조정법으로 틀린 것은?

① 좌우체인이 동시에 평행한가를 확인한다.
② 조정한 후 로크너트를 고정하지 않는다.
③ 포크는 지상으로부터 10~15cm 정도 올린 후 조정한다.
④ 체인을 눌러보아 양쪽의 장력이 동일하지 않으면 조정너트로 조정한다.

정답 01.② 02.① 03.④ 04.① 05.④ 06.④ 07.① 08.②

09 지게차의 리프트 체인에 주유하는 오일로 맞는 것은?

① 자동변속기 오일   ② 작동유
③ 엔진오일   ④ 솔벤트

10 ★★ 기관에서 예열플러그의 사용 시기는?

① 축전지가 방전되었을 때
② 축전지가 과다 충전되었을 때
③ 기온이 낮을 때
④ 냉각수의 양이 많을 때

해설 겨울철 기온이 낮을 경우에는 예열플러그를 사용하여 시동한다.

11 ★★ 예열플러그가 15~20초에서 완전히 가열되었을 경우 가장 적절한 것은?

① 정상상태이다.
② 접지되었다.
③ 단락되었다.
④ 다른 플러그가 모두 단선되었다.

12 시동전동기가 작동되지 않는 원인으로 틀린 것은?

① 배터리의 출력 저하
② 회로 스위치의 결함
③ 솔레노이드의 결함
④ 팬벨트 간극의 느슨함

13 동절기에 주로 사용하는 것으로, 디젤기관에 흡입된 공기온도를 상승시켜 시동을 원활하게 하는 장치는?

① 충전장치   ② 연료장치
③ 고압분사장치   ④ 예열장치

제2장 작업 후 점검

1 안전 주차 및 연료 상태 점검

(1) 안전 주차

① **주기장 선정** : 주기장은 건설기계의 주차장소로서 운행이 종료되면 반드시 지정된 주기장에 안전하게 주차해야 함
② 지게차의 전·후진 레버를 중립에 위치하고, 자동변속기의 경우 변속기를 'P'위치에 둠
③ 주차 브레이크를 체결한 후 안전하게 주차
④ 기관을 정지한 후 시동키는 빼내어 열쇠함에 보관

(2) 연료 상태 점검

① **작업 후 연료량 점검 및 보충** : 연료 레벨이 너무 낮게까지 내려가게 하거나 연료를 완전히 소진시키지 않음 → 연료탱크 내의 침전물이나 기타 불순물이 연료계통으로 흡수되어 들어갈 수 있기 때문
② **결로 현상 방지를 위한 조치** : 습기를 함유한 공기를 탱크에서 제거

2 외관 점검

(1) 휠 볼트, 너트 풀림 상태 점검

① 휠의 볼 시트 또는 휠 너트의 볼 면에는 윤활유를 주입하지 않으며 허브의 설치면, 휠 너트 등이 깨끗한지 확인하고 24시간 운전한 후에 휠 너트를 다시 조임
② 너트를 조일 때는 맞은편에 위치한 두 개의 너트끼리 조합해서 순차적으로 조임

(2) 그리스 주입 점검

그리스 주입	• 마스트 서포트 – 2개소 • 틸트 실린더 핀 – 4개소 • 킹 핀 – 4개소 • 조향 실린더 링크 – 4개소
각 부 급유	• 리프트 체인 • 마스트 가이드 레일 롤러의 작동 부위 • 슬라이드 가이드 및 슬라이드 레일 • 내, 외측 마스트 사이의 미끄럼부 • 포크와 핑거바 사이의 미끄럼부

(3) 타이어 공기압 및 손상 유무 점검

외관	• 마모, 베인 자국, 홈, 이물 등 점검 • 림이 굽었는지 록킹 링의 자리 등을 확인 • 타이어의 팽창이 적절한지 확인
타이어 · 림	• 휠 너트를 풀기 전에 반드시 타이어 공기를 빼야 함 • 바람이 완전히 빠졌거나 팽창이 덜된 채 주행하였던 타이어는 먼저 림의 로킹 링이 손상되지 않고 정확한 위치에 있는 지 확인·점검 • 항상 타이어의 접지면 뒤에 선다. 림 앞에 있어서는 안 됨

(4) 작업 및 관리일지 작성

① **작업 일지** : 운전 중 발생하는 특이사항을 관찰하여 기록
② **장비 관리일지** : 장비명, 장비규격, 등록번호, 정비 개소, 부품사용내역, 정비일자, 정비내용, 정비업소 등을 포함

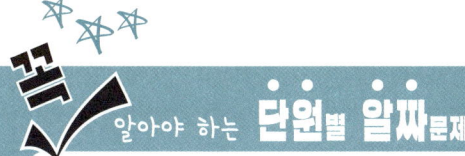

02 | 작업 후 점검

01 지게차의 운전을 종료했을 때 취해야 할 안전사항이 아닌 것은?

① 연료를 빼낸다.
② 각종 레버는 중립에 둔다.
③ 전원 스위치를 차단시킨다.
④ 주차브레이크를 작동시킨다.

02 ★★ 지게차 주차 시 주의할 점이 아닌 것은?

① 전·후진 레버를 중립에 놓는다.
② 포크를 바닥에 내려놓는다.
③ 핸드 브레이크 레버를 당긴다.
④ 마스트를 후방으로 기울인다.

03 지게차 작업 후 연료주입 시 주의사항을 설명한 것 중 틀린 것은?

① 급유 중에는 엔진을 정지한다.
② 급유는 지정된 안전한 옥내의 장소에서만 한다.
③ 급유장소에서는 담배를 피우지 않는다.
④ 연료를 채우는 동안 폭발성 가스가 존재할 수도 있으니 주의한다.

04 다음 중 그리스 주입이 필요치 않은 곳은?

① 리프트 체인
② 마스트 서포트
③ 타이어
④ 포크와 핑거바 사이의 미끄럼 부위

05 다음 중 기관오일의 작용으로 볼 수 없는 것은?

① 밀봉작용
② 에너지 변환작용
③ 응력 분산작용
④ 방청작용

06 수랭식 냉각장치에서 기관이 과열되는 원인이 아닌 것은?

① 팬벨트의 장력이 팽팽할 때
② 물 펌프의 작동이 불량할 때
③ 냉각수가 불충분 할 때
④ 수온조절기가 열리지 않을 때

07 냉각장치에서 팬벨트의 장력이 너무 작을 경우에 일어날 수 있는 현상이 아닌 것은?

① 물 펌프 회전속도가 느려 기관이 과열되기 쉽다.
② 소음이 발생하고 팬벨트의 손상이 촉진된다.
③ 각 풀리의 베어링 마멸이 촉진된다.
④ 발전기의 출력이 저하된다.

정답 01.① 02.④ 03.② 04.③ 05.② 06.① 07.③

대단원 스피드 확인문제

01 팬벨트의 장력이 너무 약하면 나타나는 현상은?
정답: 기관의 과열, 발전기 출력 저하

02 공기청정기가 막혔을 때의 배출가스의 색깔은?
정답: 흑색

03 지게차의 하중을 지지하며 지게차의 동력과 제동력을 전달하고 노면에서의 충격을 흡수하는 역할을 하는 것은?
정답: 타이어

04 소형차의 타이어의 마모한계는?
정답: 1.6mm

05 엔진오일의 색깔 점검 시 우유색을 띠고 있다면?
정답: 냉각수가 혼합되었다.

06 가장 널리 사용되는 부동액은?
정답: 에틸렌글리콜

07 지게차 가동시간을 확인하기 위한 계기장치는?
정답: 아워 미터

08 MF 축전지가 정상적으로 충전이 되어 있을 때 나타내는 색깔은?
정답: 초록색

09 작업 전 유압오일의 온도를 상승시키는 운전은?
정답: 난기운전

10 건설기계를 주차시키는 장소는?
정답: 주기장

148

11	윤활장치 내를 순환하는 오일의 불순물을 제거하는 것은?	오일여과기
12	유압이 과도하게 상승하는 것을 막아 일정하게 유지하도록 하는 밸브는?	유압조절밸브 또는 릴리프 밸브
13	냉각과 방열의 목적으로 한 매개체에서 다른 매개체로 열에너지를 전달하는 데 쓰이는 열교환기는?	라디에이터
14	기관 냉각장치에서 냉각수 비등점을 올리기 위해 사용하는 것은?	라디에이터 캡
15	라디에이터 내의 냉각수 온도를 조절하는 것은?	수온 조절기

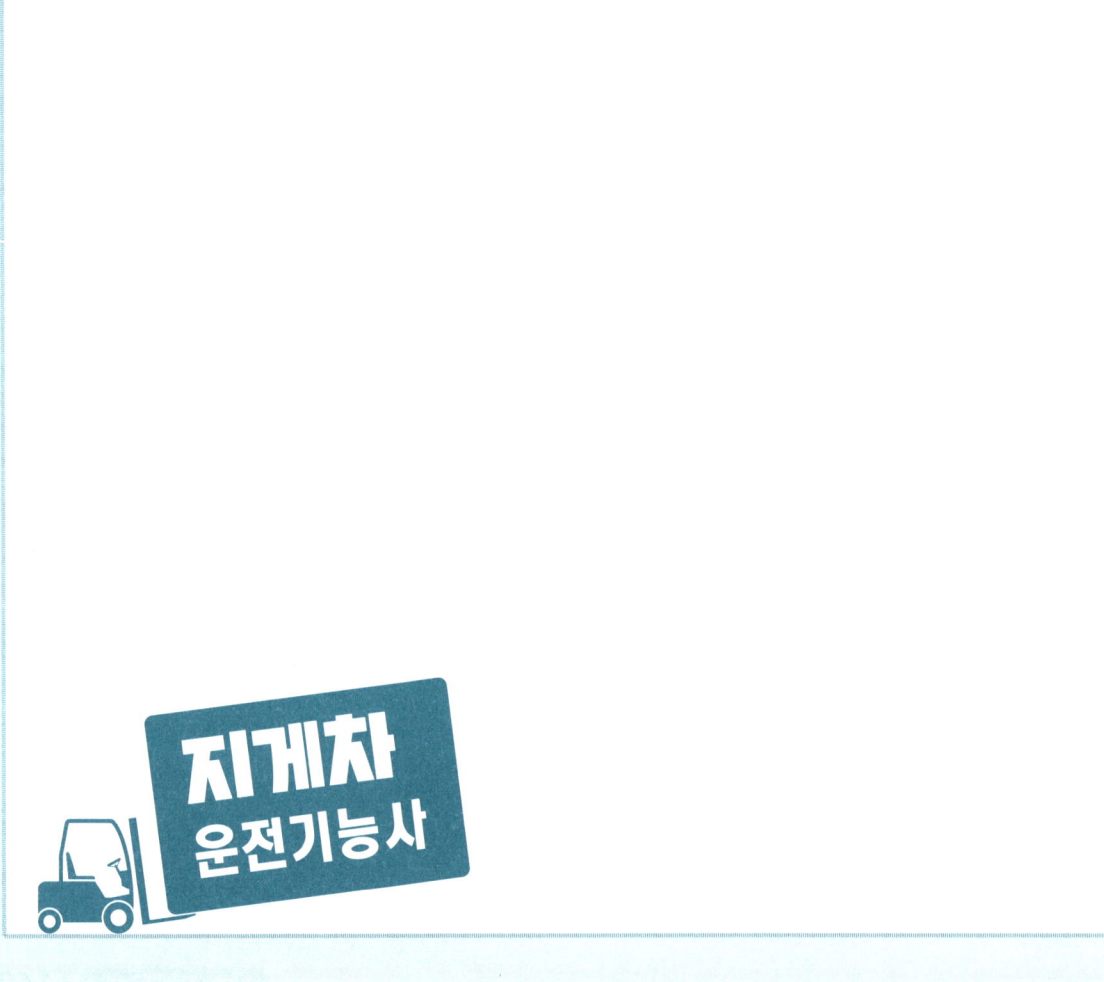

제6편
응급대처

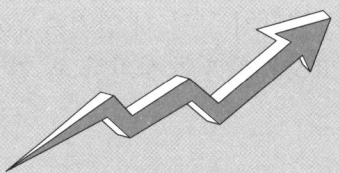

응급대처란 지게차 고장 시 응급처치 및 교통사고에 대처하는 것이다.

제1장 고장 시 응급처치
제2장 교통사고 시 대처

제1장 고장 시 응급처치

1 고장유형별 응급조치

(1) 시동이 꺼졌을 경우의 응급조치

후면 안전거리에 고장표시판을 설치한 후 고장내용을 점검한다.

(2) 제동불량 시 응급조치

① 주행 중 제동불량 원인 : 브레이크액 부족, 브레이크 연결 호스 및 라인 파손, 디스크 패드 마모, 휠 실린더 누유, 베이퍼 록 및 페이드 현상 등

② 브레이크 페달 유격이 크게 되어 제동력 불량일 경우에는 안전주차하고 후면 안전거리에 고장표시판을 설치한 후 고장 내용을 점검하고 아래와 같이 조치한다.
  ㉠ 브레이크 오일에 공기가 들어 있을 경우의 원인은 브레이크 오일 부족, 오일 파이프 파열, 마스트 실린더 내의 체결 밸브 불량으로 공기빼기를 실시하여 조치한다.
  ㉡ 브레이크 라인이 마멸된 경우 정비공장에 의뢰하여 수리·교환한다.
  ㉢ 브레이크 파이프에서 오일이 누유될 경우 정비공장에 의뢰하여 교환한다.
  ㉣ 마스트 실린더 및 휠 실린더 불량일 경우 정비공장에 의뢰하여 수리·교환한다.
  ㉤ 베이퍼 록 현상 시 엔진브레이크를 사용한다.
  ㉥ 페이드 현상이 발생 시에는 엔진 브레이크를 병용한다.

③ 베이퍼 록 현상의 원인
  ㉠ 브레이크 드럼의 과열
  ㉡ 지나친 브레이크 조작
  ㉢ 회로 내의 잔압 저하
  ㉣ 드럼과 라이닝의 간극 과소
  ㉤ 브레이크 오일의 비등점이 낮을 경우

④ 페이드 현상의 원인
  ㉠ 브레이크 페달 조작을 반복할 때 : 마찰력의 축적으로 드럼과 라이닝이 과열되어 제동력 감소
  ㉡ 과도한 브레이크 사용 : 드럼과 슈에 마찰력이 축적됨

(3) 타이어 펑크 시 응급조치

타이어 펑크 시 안전주차하고 후면 안전거리에 고장표시판을 설치한 후 정비사에게 지원 요청한다.

(4) 전·후진 주행장치 고장 시 응급조치

전·후진 주행장치 고장 시 안전주차하고 후면 안전거리에 고장표시판을 설치한 후 견인조치를 의뢰한다.

(5) 마스트 유압라인 고장 시 응급조치

① 마스트 유압라인 고장 시 안전주차하고 후면 안전거리에 고장표시판을 설치한 후 포크를 마스트에 고정하여 응급운행한다.

② 마스트 유입라인 고장 원인 : 리프트 실린더, 유압호스, 피스톤 실 파손, 틸트 실린더, 유압펌프, 방향전환 밸브, 압력조정 밸브 등의 고장

③ 마스트 유압라인 고장 시 응급운행 요령
  ㉠ 안전주차 후 후면의 고장표시판을 설치하고 포크를 마스트에 고정한다.
  ㉡ 주차 브레이크를 푼다.
  ㉢ 상용브레이크 페달을 놓는다.
  ㉣ 키 스위치를 OFF로 한다.
  ㉤ 방향조정 레버를 중립에 위치한다.
  ㉥ 지게차에 견인봉을 연결한다.
  ㉦ 바퀴 굄목을 들어내고 지게차를 서서히 견인한다.
  ㉧ 속도는 2km/h 이하로 유지한다.

제1장 고장 시 응급처치

2 사고유형별 대처방법

(1) 경사로에서 지게차가 넘어짐

공장 입구 경사로에서 운전자가 지게차(3.3톤)를 운행하여 올라가던 중 지게차가 중심을 잃고 옆으로 넘어가면서 운전자 상체가 지게차 헤드가드와 지면 사이에 끼여 사망

재해 발생 원인	• 무자격자의 지게차 운전 • 좌석 안전띠 미착용 • 넘어짐 등 위험 방지조치 미흡 • 사전조사 및 작업계획서의 미작성
재해 예방 대책	• 넘어짐 등의 위험 대비 · 유도자 배치 • 사전 조사 및 작업계획서의 작성

(2) 지게차 포크 위에 탑승해 이동 중 떨어짐

지게차 포크에 파렛트를 끼운 다음 그 위에 드럼을 실어 운반작업을 마친 후 파렛트 위에 작업자를 태우고 지게차를 운행하던 중 작업자가 운행 중인 지게차에서 떨어지면서 지게차 앞바퀴에 치여 사망

재해 발생 원인	• 운전석이 아닌 포크 위에 작업자가 탑승 • 작업계획서 미작성 및 작업지휘자 미지정 • 조종 면허 미소지자의 지게차 운전
재해 예방 대책	• 운전석 외 탑승 금지 • 작업계획서 작성 및 작업지휘자 지정 • 유자격자 운전

(3) 지게차 운행 중 적재물 떨어짐

건물 신축공사현장에서 지게차를 이용해 도로상에 적재된 자재(합판 100장 다발, 1.8톤)를 인근 지역으로 운반하던 중 지게차 조작미숙으로 합판 다발이 아래로 쏟아지면서 지게차(적재능력 4.5톤)를 유도하던 근로자가 깔려 사망

재해 발생 원인	• 하역운반기계 사용에 따른 작업계획서 미작성 • 지게차 등 건설기계 조작자의 자격 및 면허 미확인
재해 예방 대책	• 작업계획서 작성 • 지게차 유도자 위치 확인 • 지게차 등 건설기계 조작자의 자격 및 교육 이수 여부 확인

(4) 마스트와 지게차 프레임 사이에 끼임

지게차 운전자가 지게차로 포장박스를 트럭에 싣던 중 포크 위에 쌓여 있던 박스들이 운전석 쪽으로 쏟아지려 하자 운전자가 운전석에서 일어나 손을 뻗어 박스를 잡으려는 과정에서 발로 조종레버를 잘못 작동하여 운전자가 마스트와 지게차 프레임 사이에 흉부가 끼여 사망

재해 발생 원인	• 운전 위치 이탈 시의 조치 미이행 • 작업계획서 미작성
재해 예방 대책	• 운전 위치 이탈 시의 조치 이행 • 작업계획서의 작성

(5) 지게차 포크를 이용한 고소작업 중 떨어짐

지붕 설치작업을 하기 위해 지게차 포크 위에 파렛트를 쌓은 후 그 위에 패널을 적재하고 지면에서 약 4m 높이로 포크를 상승시킨 상태에서 작업자가 파렛트 위로 올라가 지붕 위에 있던 타 작업자에게 패널을 들어서 넘겨주는 작업을 하던 중 작업자가 몸의 균형을 잃고 패널과 함께 바닥으로 떨어져 사망

재해 발생 원인	• 지게차의 용도 외 사용 • 운전석이 아닌 위치에 근로자가 탑승하여 작업 • 떨어짐 위험 방지를 위한 조치 미실시
재해 예방 대책	• 지게차의 용도 이외 사용 금지 • 운전석 외의 탑승 제한 • 떨어짐 사고 방지를 위한 조치

01 | 고장 시 응급처치

01 베이퍼 록이나 페이드 현상은 어느 장치의 잘못으로 발생되는가?
① 제동장치   ② 조향장치
③ 유압장치   ④ 작업장치

02 페이드 현상이 발생했을 때의 조치 방법은?
① 브레이크를 자주 밟아 열을 발생시켜야 한다.
② 작동을 멈춰 열이 식도록 기다린다.
③ 주차 브레이크를 당긴다.
④ 속도를 재빠르게 올려준다.

03 브레이크를 연속적으로 자주 사용할 때 발생하는 것으로 브레이크 드럼과 라이닝 사이에 과도한 마찰열이 생겨 마찰계수가 하락하고 브레이크가 잘 듣지 않는 현상은?
① 페이드 현상   ② 베이퍼 록
③ 노킹 현상   ④ 사이클링 현상

04 다음 중 베이퍼 록의 발생 원인이 아닌 것은?
① 오일의 변질에 의한 비등점 저하
② 과도한 브레이크의 사용
③ 엔진 브레이크의 사용
④ 브레이크 드럼의 과열

해설 베이퍼 록 발생 원인
- 브레이크 드럼의 과열
- 지나친 브레이크 조작
- 회로 내의 잔압 저하
- 드럼과 라이닝의 간극 과소
- 브레이크 오일의 비등점이 낮을 경우

05 베이퍼 록의 발생 원인과 관계가 먼 것은?
① 라이닝과 드럼의 간극 과대
② 드럼의 과열
③ 브레이크의 지나친 조작
④ 잔압 저하

06 아래 지게차 응급 견인 기술을 서술한 것 중 올바르지 않은 것은?
① 응급 견인은 장, 단거리를 막론하고 고장 난 지게차를 이동하기 위해 사용한다.
② 고장 난 지게차를 경사로 아래로 이동할 때는 몇 대의 지게차를 뒤에 연결하여 이동함으로써 예기치 못한 구름을 방지하기도 한다.
③ 견인하는 지게차는 고장 난 지게차보다 커야 한다.
④ 견인되는 지게차에 대해서 운전자는 핸들과 제동장치를 조작할 수 없으며 탑승자도 있으면 안 된다.

07 다음은 지게차 고장 시 응급처치에 대한 설명이다. 틀린 것은?
① 기초 정비 정도는 할 수 있는 최소한의 기술을 습득한다.
② 고장 원인을 파악하고 정비 조정에 힘씀으로써 고장을 방지하도록 노력해야 한다.
③ 정비 범위를 벗어나는 경우라도 틈틈이 정비기술을 습득한 후 스스로 정비할 수 있도록 함으로써 경비와 시간을 절약한다.
④ 원인이 불명확한 경우에는 가까이에 있는 서비스 센터와 상담한 후 대처해야 한다.

정답 01.① 02.③ 03.① 04.③ 05.① 06.① 07.③

제2장 교통사고 시 대처

1 교통사고 응급조치 및 긴급구호

(1) 사고 발생 시 응급조치 후 긴급구호 요청

① 차의 운전 등 교통으로 인하여 사람을 사상하거나 물건을 손괴(교통사고)한 경우에는 그 차의 운전자나 그 밖의 승무원은 즉시 정차하여 다음의 조치를 하여야 한다.
  ㉠ 사상자를 구호하는 등 필요한 조치
  ㉡ 피해자에게 인적 사항(성명·전화번호·주소 등을 말함) 제공

② 그 차의 운전자 등은 경찰공무원이 현장에 있을 때에는 경찰공무원에게, 경찰공무원이 현장에 없을 때에는 가장 가까운 국가경찰관서에 다음의 사항을 지체 없이 신고하여야 한다(차만 손괴된 것이 분명하고 도로에서의 위험방지와 원활한 소통을 위하여 필요한 조치를 한 경우에는 제외).
  ㉠ 사고가 일어난 곳
  ㉡ 사상자 수 및 부상 정도
  ㉢ 손괴한 물건 및 손괴 정도
  ㉣ 그 밖의 조치사항 등

③ 신고를 받은 국가경찰관서의 경찰공무원은 부상자의 구호와 그 밖의 교통위험 방지를 위하여 필요하다고 인정하면 경찰공무원(자치경찰공무원은 제외)이 현장에 도착할 때까지 신고한 운전자 등에게 현장에서 대기할 것을 명할 수 있다.

④ 경찰공무원은 교통사고를 낸 차의 운전자 등에 대하여 그 현장에서 부상자의 구호와 교통안전을 위하여 필요한 지시를 명할 수 있다.

⑤ 긴급자동차, 부상자를 운반 중인 차 및 우편물 자동차 등의 운전자는 긴급한 경우에는 동승자로 하여금 조치나 신고를 하게 하고 운전을 계속할 수 있다.

⑥ 경찰공무원(자치경찰공무원은 제외)은 교통사고가 발생한 경우에는 대통령령이 정하는 바에 따라 필요한 조사를 하여야 한다.

(2) 전복 시 생존 방법

① 항상 운전자 안전장치를 사용한다.
② 뛰어내리지 않는다.
③ 핸들을 꽉 잡는다.
④ 발을 힘껏 벌린다.
⑤ 상체를 전복되는 반대 방향으로 기울인다.
⑥ 머리와 몸을 앞쪽으로 기울인다.

(3) 교통사고 시 2차사고 예방

① 차량의 응급상황을 알리는 삼각대 : 후방에서 접근하는 차량의 운전자가 쉽게 확인할 수 있도록 고장자동차의 표지(안전 삼각대)를 한다. 야간에는 적색의 섬광신호·전기제등 또는 불꽃신호를 추가로 설치한다.

② 소화기 및 비상용 망치, 손전등 : 차량 화재 혹은 내부에 갇히게 될 경우를 대비해 소화기와 비상용 망치도 반드시 준비해야 한다.

③ 사고 표시용 스프레이 : 교통사고 발생 시 현장 상황을 보존하는 것은 매우 중요하다. 차량에 사고 표시용 스프레이를 미리 준비해 두면 관련된 증거를 남길 수 있다.

02 교통사고 시 대처

01 교통사고 시 사상자가 발생하였을 때, 운전자가 즉시 취하여야 할 조치사항 중 가장 옳은 것은?

① 증인확보 – 정차 – 사상자 구호
② 즉시 정차 – 신고 – 위해방지
③ 즉시 정차 – 위해방지 – 신고
④ 즉시 정차 – 사상자 구호 – 신고

 교통사고 발생 시의 조치
① 차의 운전 등 교통으로 인하여 사람을 사상하거나 물건을 손괴(교통사고)한 경우에는 그 차의 운전자나 그 밖의 승무원(운전자 등)은 즉시 정차하여 사상자를 구호하는 등 필요한 조치와 피해자에게 인적 사항(성명·전화번호·주소 등) 제공을 하여야 한다.
② 그 차의 운전자 등은 경찰공무원이 현장에 있을 때에는 그 경찰공무원에게, 경찰공무원이 현장에 없을 때에는 가장 가까운 국가경찰관서(지구대, 파출소 및 출장소를 포함)에 지체 없이 신고하여야 한다.

02 지게차 전복 시 취해야 할 행동에 대해 나열한 것 중 올바르지 않은 것은?

① 항상 운전자 안전장치를 사용한다.
② 재빠르게 뛰어내려 전복된 장소로부터 이탈한다.
③ 핸들을 꽉 잡고 발을 힘껏 벌려 지탱한다.
④ 상체를 전복되는 반대 방향으로 기울인다.

03 운전사고 시 안전조치 순서로 옳은 것은?

㉮ 운행 중지	㉯ 2차사고 예방
㉰ 응급구호조치	㉱ 부상자 구조

① ㉮ – ㉰ – ㉯ – ㉱
② ㉮ – ㉱ – ㉰ – ㉯
③ ㉮ – ㉯ – ㉱ – ㉰
④ ㉮ – ㉯ – ㉰ – ㉱

 운전사고 시 안전조치 순서
운행 중지 → 부상자 구조 → 응급구호조치 → 2차사고 예방

04 자연적 재해가 아닌 것은?

① 지진　　② 태풍
③ 홍수　　④ 방화

해설 방화는 불을 지르는 행위로 사람이 의도를 가지고 저지르는 인위적인 재해이다.

05 가동하고 있는 엔진에서 화재가 발생하였다. 불을 끄기 위한 조치방법으로 올바른 것은?

① 원인을 분석하고, 모래를 뿌린다.
② 포말소화기를 사용 후 엔진 시동스위치를 끈다.
③ 엔진 시동스위치를 끄고, ABC소화기를 사용한다.
④ 엔진을 급가속하여 팬의 강한 바람을 일으켜 불을 끈다.

06 구급처치 중에서 환자의 상태를 확인하는 사항과 가장 거리가 먼 것은?

① 의식　　② 상처
③ 출혈　　④ 격리

해설 구급처치 중에서 환자의 상태를 확인하는 사항에는 의식, 상처, 출혈, 맥박, 호흡, 동공 상태 등이 있다.

07 전기화재 소화 시 가장 좋은 소화기는?

① 모래　　② 분말소화기
③ 이산화탄소 소화기　　④ 포말소화기

정답 01.④ 02.② 03.② 04.④ 05.③ 06.④ 07.③

대단원 스피드 확인문제

제6편 응급대처

정답

01 브레이크 드럼과 라이닝 사이에 마찰열이 축적되어 마찰계수가 떨어지고 브레이크가 잘 듣지 않는 현상은? _____

페이드 현상

02 교통사고 발생 시 제일 먼저 해야 할 응급조치는? _____

인명구조

[03~07] ○✕ 문제

03 견인되는 지게차에 대해서 운전자는 핸들과 제동장치를 조작할 수 없다. _____

○

04 견인하는 지게차는 고장 난 지게차 보다 작아도 된다. _____

✕

05 브레이크 오일의 비등점이 높은 것도 베이퍼 록 현상의 한 가지 원인이다. _____

✕

06 지게차가 전복될 경우 재빠르게 뛰어내린다. _____

✕

07 베이퍼 록 현상이 발생할 때 엔진브레이크를 사용하면 더 악화된다. _____

✕

08 베이퍼 록 현상의 원인은?
_____

브레이크 드럼의 과열, 지나친 브레이크 조작, 회로 내의 잔압 저하, 드럼과 라이닝의 간극 과소

09 후방에서 접근하는 차량의 운전자가 쉽게 확인할 수 있도록 설치하는 고장자동차의 표지는? _____

안전 삼각대

최종점검

기출문제 완벽 분석으로 추출한 엄선된 240제

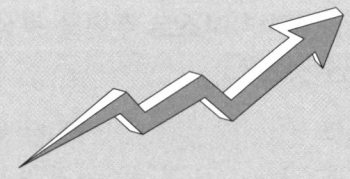

제1회 기출문제
제2회 기출문제
제3회 기출문제
제4회 기출문제

제1회 기출문제

01 다음 중 '안전거리'에 대한 정의로 옳은 것은?

① 위험을 발견하고 브레이크가 작동되어 차량이 정지할 때까지의 거리
② 앞차가 갑자기 정지하게 될 경우 그 앞차와의 추돌을 방지하기 위해 필요한 거리
③ 옆 차로의 차량이 끼어들기를 했을 때 충돌을 피할 수 있는 거리
④ 위험을 발견하고 브레이크 페달을 밟아 브레이크가 작동하는 순간 까지의 거리

02 다음 중 경유를 연료로 하는 기관은?

① 디젤기관　② 랭킨기관
③ 재열·재생기관　④ 가솔린기관

03 타이어식 건설기계에서 앞바퀴 정렬의 장점과 거리가 먼 것은?

① 브레이크의 수명을 길게 한다.
② 타이어 마모를 최소로 한다.
③ 방향 안정성을 준다.
④ 조향핸들의 조작을 작은 힘으로 쉽게 할 수 있다.

04 건설기계를 검사유효기간 만료 후에 계속 운행하고자 할 때는 어느 검사를 받아야 하는가?

① 정기검사　② 계속검사
③ 수시검사　④ 신규등록검사

05 산업재해의 요인 중 성격이 다른 것은?

① 작업장의 환경 불량
② 시설물의 불량
③ 작업 방법의 불량
④ 공구의 불량

06 시동전동기에서 전기자 철심을 여러 층으로 겹쳐서 만드는 이유는?

① 자력선 감소
② 코일 발열 방지
③ 맴돌이 전류 감소
④ 자력선 통과 차단

07 지게차 전면부 마스트 주변을 구성하는 부품이 아닌 것은?

① 포크　② 카운터 웨이트
③ 백레스트　④ 핑거 보드

08 유압유의 구비조건으로 틀린 것은?

① 비압축성일 것
② 인화점이 낮을 것
③ 점도지수가 높을 것
④ 방청 및 방식성이 있을 것

09 유체의 에너지를 이용하여 기계적인 일로 변환하는 기기는?

① 유압모터　② 근접 스위치
③ 유압탱크　④ 유압펌프

10 지게차의 전경각과 후경각을 조절하는 레버는?

① 리프트 레버 ② 틸트 레버
③ 변속 레버   ④ 전후진 레버

11 안전보건표지의 지시표지이다. 해당하는 것은?

① 귀마개 착용 ② 보안면 착용
③ 보안경 착용 ④ 안전모 착용

12 클러치 디스크 라이닝의 구비조건으로 틀린 것은?

① 내마멸성, 내열성이 적을 것
② 알맞은 마찰계수를 갖출 것
③ 온도에 의한 변화가 적을 것
④ 내식성이 클 것

13 디젤기관의 장점에 대한 설명으로 틀린 것은?

① 연료 소비량이 가솔린기관보다 적다.
② 열효율이 가솔린기관보다 높다.
③ 연료의 인화점이 높아 취급이 용이하다.
④ 운전 중 진동과 소음이 작다.

14 다음 중 유량제어밸브에 해당하는 것으로만 묶인 것은?

ㄱ. 리듀싱밸브	ㄴ. 분류밸브
ㄷ. 스로틀밸브	ㄹ. 체크밸브

① ㄱ, ㄴ, ㄹ ② ㄴ, ㄷ
③ ㄴ, ㄷ, ㄹ ④ ㄷ, ㄹ

15 지게차의 체인장력 조정법으로 틀린 것은?

① 좌·우 체인이 동시에 평행한가를 확인한다.
② 포크를 지상에서 10~15cm 올린 후 조정한다.
③ 손으로 체인을 눌러 양쪽이 다르면 조정 너트로 조정한다.
④ 체인장력 조정 후에는 로크 너트를 풀어 둔다.

16 시·도지사는 정기검사에 불합격된 건설기계의 소유자에게 몇일 이내에 정비명령을 해야 하는가?

① 5일   ② 10일
③ 30일   ④ 60일

17 지게차 주행 시 포크의 높이로 가장 적절한 것은?

① 지면으로부터 20~30cm 정도 높인다.
② 지면으로부터 50~60cm 정도 높인다.
③ 지면으로부터 70~80cm 정도 높인다.
④ 지면으로부터 최대한 높이도록 한다.

18 유압장치에서 작동 및 움직임이 있는 곳의 연결관으로 적합한 것은?

① PVC 호스
② 구리 파이프
③ 플렉시블 호스
④ 납 파이프

19 전동식 지게차 동력전달의 순서로 맞는 것은?

① 축전지 → 구동모터 → 변속기 → 종감속 기어 및 차동장치 → 컨트롤러 → 앞구동축 → 앞바퀴
② 축전지 → 구동모터 → 변속기 → 종감속 기어 및 차동장치 → 컨트롤러 → 뒤구동축 → 뒷바퀴
③ 축전지 → 컨트롤러 → 구동모터 → 변속기 → 종감속 기어 및 차동장치 → 앞구동축 → 앞바퀴
④ 축전지 → 컨트롤러 → 구동모터 → 변속기 → 종감속 기어 및 차동장치 → 뒤구동축 → 뒷바퀴

20 유압펌프 중 플런저 펌프에 대한 설명으로 틀린 것은?

① 가변 용량이 가능하다.
② 가장 고압, 고효율이다.
③ 다른 펌프에 비해 수명이 짧다.
④ 부피가 크고 무게가 많이 나간다.

21 등록전 건설기계의 임시운행 허가 사유에 해당하지 않은 것은?

① 건설기계에 대한 교육을 목적으로 운행하는 경우
② 수출을 하기 위하여 등록말소한 건설기계를 정비의 목적으로 운행하는 경우
③ 수출을 하기 위해 선적지로 운행하는 경우
④ 판매 또는 전시를 위하여 일시적으로 운행하는 경우

22 다음에 해당하는 원형등화 신호의 종류로 맞는 것은?

> 차마는 정지선이나 횡단보도가 있을 때에는 그 직진이나 교차로의 직전에 일시정지한 후 다른 교통에 주의하면서 진행할 수 있다.

① 황색의 등화
② 적색의 등화
③ 황색등화의 점멸
④ 적색등화의 점멸

23 작업과 안전 보호구의 연결이 잘못된 것은?

① 산소 부족 장소 – 공기 마스크 착용
② 10m 높이에서 작업 – 안전벨트 착용
③ 그라인딩 작업 – 보안경 착용
④ 아크 용접 – 도수없는 투명 보안경

24 4행정 사이클기관에서 엔진이 4,000rpm일 때 분사펌프의 회전수는?

① 8,000rpm   ② 4,000rpm
③ 1,000rpm   ④ 2,000rpm

25 캐리지에 달려있는 2개의 L자형 작업장치는?

① 포크   ② 리프트 체인
③ 마스트   ④ 카운터 웨이트

26 건설기계의 조종 중 사고로 경상2명의 인명피해가 발생하였을 경우 처분은?

① 면허효력정지 5일
② 면허효력정지 10일
③ 면허효력정지 15일
④ 면허효력정지 45일

27 유압유에 함유된 불순물을 제거하기 위해 설치된 장치는?

① 부스터　　② 여과기
③ 축압기　　④ 냉각기

28 옴의 법칙은? (V : 전압, I : 전류, R : 저항)

① R=V × I　　② V=I × R
③ I=R × V　　④ V=I − R

29 해머 작업 시의 안전수칙으로 틀린 것은?

① 면장갑을 끼고 강하게 시작하여 점차 약하게 타격한다.
② 작업에 알맞은 무게의 해머를 사용한다.
③ 자루가 불안정한 것은 사용하지 않는다.
④ 열처리된 재료는 해머로 때리지 않도록 주의한다.

30 지게차의 조종 레버에 대한 설명으로 틀린 것은?

① 틸팅(tilting) – 짐을 기울일 때 사용
② 로어링(lowering) – 짐을 내릴 때 사용
③ 덤핑(dumping) – 짐을 옮길 때 사용
④ 리프팅(lifting) – 짐을 올릴 때 사용

31 피스톤의 구비조건이 아닌 것은?

① 고온·고압에 잘 견딜 것
② 열팽창률이 적을 것
③ 피스톤의 중량이 클 것
④ 오일의 누출이 없을 것

32 건설기계등록의 말소를 신청하고자 할 때 제출서류가 아닌 것은?

① 건설기계등록증
② 건설기계제작증
③ 건설기계검사증
④ 등록말소 신청사유를 확인할 수 있는 서류

33 클러치가 전달할 수 있는 토크 용량으로 적합한 것은?

① 1.5~2.5배 정도
② 2.5~3.5배 정도
③ 3.5~4.5배 정도
④ 4.5~5.5배 정도

34 12V 축전지의 구성(셀수)은 어떻게 되는가?

① 약 4V의 셀이 3개로 되어 있다.
② 약 3V의 셀이 4개로 되어 있다.
③ 약 2V의 셀이 6개로 되어 있다.
④ 약 6V의 셀이 2개로 되어 있다.

35 안전상 면장갑을 착용하고 작업할 경우 위험성이 높은 작업은?

① 용접 작업　　② 판금 작업
③ 줄 작업　　　④ 해머 작업

36 가스 누설을 가장 정확하게 알아낼 수 있는 방법으로 가장 적합한 것은?

① 기름을 발라본다.
② 비눗물을 발라본다.
③ 냄새를 맡아본다.
④ 촛불을 대어본다.

37 도로교통법상 서행해야할 장소로 틀린 것은?

① 가파른 비탈길의 내리막
② 도로가 구부러진 부근
③ 다리위를 통행할 때
④ 교통정리를 하고 있지 않는 교차로

38 지게차에서 리프트 실린더의 주된 역할은?

① 포크를 위, 아래로 이동시킨다.
② 포크를 앞·뒤로 기울게 한다.
③ 마스트를 틸트시킨다.
④ 마스트를 이동시킨다.

39 다음 중 유압모터의 장점이 아닌 것은?

① 공기, 먼지 침투에 영향을 받지 않는다.
② 무단 변속이 용이하다.
③ 속도나 방향제어가 용이하다.
④ 소형·경량으로서 큰 출력을 낼 수 있다.

40 건설기계 대여사업용 등록번호표 색에 해당하는 것은?

① 녹색 바탕에 흰색문자
② 적색 바탕에 흰색문자
③ 흰색 바탕에 검은색 문자
④ 주황색 바탕에 검은색 문자

41 기관에 사용되는 윤활유의 구비조건으로 옳지 않은 것은?

① 온도에 의하여 점도가 변하지 않아야 한다.
② 자연발화점이 높고 기포 발생이 적어야 한다.
③ 인화점이 낮아야 한다.
④ 응고점이 낮아야 한다.

42 토크컨버터의 구성요소가 아닌 것은?

① 스테이터   ② 오버러닝 클러치
③ 터빈   ④ 펌프

43 목재, 종이, 석탄 등 재를 남기는 일반 가연물의 화재에 대한 분류로 적합한 것은?

① A급 화재   ② B급 화재
③ C급 화재   ④ D급 화재

44 최고속도의 100분의 50을 줄인 속도로 운행해야 하는 경우가 아닌 것은?

① 노면이 얼어붙은 경우
② 눈이 20mm 이상 쌓인 경우
③ 폭우, 폭설, 안개 등으로 가시거리가 100m 이내인 경우
④ 비가 내려 노면이 젖어 있는 경우

45 둥근목재, 파이프 등의 화물을 운반 및 적재하는 데 적합한 장치는?

① 로드 스태빌라이저
② 힌지 버킷
③ 힌지 포크
④ 로테이팅 클램프

46 디젤기관에서 감압장치의 기능으로 가장 적절한 것은?

① 크랭크축을 느리게 회전시킬 수 있다.
② 타이밍 기어를 원활하게 회전시킬 수 있다.
③ 캠축을 원활히 회전시킬 수 있는 장치이다.
④ 밸브를 열어주어 가볍게 회전시킨다.

47 건설기계관리법상 '건설기계형식' 정의로 옳은 것은?

① 건설기계의 구조
② 건설기계의 규격
③ 건설기계의 구조·규격
④ 건설기계의 구조·규격 및 성능

48 사이드 포크형 지게차의 후경각은 몇 ° 이하인가?

① 8°   ② 10°
③ 1°   ④ 5°

49 유압 도면기호에서 압력스위치를 나타낸 것은?

① 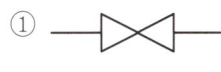   ②

③ 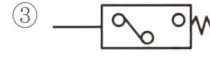   ④

50 건설기계의 높이를 정의한 것이다. 가장 적당한 것은?

① 지면에서 가장 윗부분까지의 수직 높이
② 지면에서부터 적재할 수 있는 최고의 높이
③ 뒷바퀴의 윗부분에서 가장 윗부분까지의 수직 높이
④ 앞 차축의 중심에서 가장 윗부분까지의 높이

51 연삭작업에 대한 설명으로 옳지 않은 것은?

① 누를 때 힘이 들어가지 않도록 한다.
② 옆면을 사용하지 않는다.
③ 숫돌의 측면에 서서 작업을 한다.
④ 연삭기의 덮개를 벗긴 채 사용을 한다.

52 교통사고로 사상자 발생 시 운전자가 취해야 할 조치 순서는?

① 즉시정차 – 위해방지 – 신고
② 즉시정차 – 사상자 구호 – 신고
③ 즉시정차 – 신고 – 위해방지
④ 증인확보 – 정차 – 사상자 구호

53 안전기준을 초과하는 화물의 적재허가를 받은 자는 그 길이 또는 그 폭의 양 끝에 몇 cm 이상의 빨간 헝겊으로 된 표지를 달아야 하는가?

① 너비 5cm, 길이 10cm
② 너비 10cm, 길이 20cm
③ 너비 30cm, 길이 50cm
④ 너비 50cm, 길이 100cm

54 야간작업시 헤드라이트가 한 쪽만 점등되었다. 고장 원인으로 가장 거리가 먼 것은?(단, 헤드램프 퓨즈가 좌, 우측으로 구성됨)

① 전구 불량
② 전구 접지 불량
③ 회로의 퓨즈 단선
④ 헤드라이트 스위치 불량

55 계기판 구성 내용에 해당하지 않는 것은?

① 연료량 게이지
② 냉각수 온도 게이지
③ 실린더 압력계
④ 충전 경고등

56 다음 도로명판에 대한 설명으로 옳지 않은 것은?

> 1 ← 65   대명로23번길

① 대명로 시작점 부근에 설치된다.
② 대명로는 총 650m이다.
③ 대명로 종료지점에 설치된다.
④ 대명로 시작지점에서부터 230m지점에서 왼쪽으로 분기된 도로이다.

57 정비 작업에서 렌치 사용에 대한 설명으로 틀린 것은?

① 너트에 렌치를 깊이 물린다.
② 렌치를 해머로 두드려서는 안 된다.
③ 너트보다 큰 치수를 사용한다.
④ 높거나 좁은 장소에서는 몸을 안전하게 하고 작업한다.

58 지게차의 조향핸들의 조작이 무거울 때 가볍고 원활하게 하는 방법과 가장 거리가 먼 것은?

① 종감속 장치를 사용한다.
② 바퀴의 정렬을 정확히 한다.
③ 타이어의 공기압을 적정압으로 한다.
④ 동력조향을 사용한다.

59 현장에서 오일의 열화현상에 대한 점검사항으로 거리가 먼 것은?

① 오일의 점도   ② 오일의 유동
③ 오일의 색   ④ 오일의 냄새

60 작업 전 지게차의 워밍업 운전 및 점검사항으로 틀린 것은?

① 틸트 레버를 사용하여 전 행정으로 전후 경사운동 2~3회 정도 실시한다.
② 리프크 레버를 사용하여 상승, 하강 운동을 전 행정으로 2~3회 정도 실시한다.
③ 시동 후 작동유의 유온을 정상 범위 내에 도달하도록 고속으로 전 후진 주행을 2~3회 정도 실시한다.
④ 엔진 작동 후 5분간 저속 운전을 실시한다.

제2회 기출문제

01 다음 중 기관오일의 여과 방식이 아닌 것은?
① 자력식 ② 분류식
③ 전류식 ④ 샨트식

02 지게차의 조종레버로 포크로 물건을 올리고 내리는 데 사용하는 것은?
① 사이드 레버 ② 리프크 레버
③ 틸트 레버 ④ 변속 레버

03 다음의 안전보건표지에 해당하는 것은?

① 출입금지 ② 보행금지
③ 사용금지 ④ 탑승금지

04 지게차의 압바퀴 정렬과 거리가 먼 것은?
① 캠버 ② 토인
③ 부스터 ④ 캐스터

05 12V 축전지에 3Ω, 4Ω, 5Ω 저항을 직렬로 연결하였을 때 회로내에 흐르는 전류는?
① 1A ② 2A
③ 3A ④ 4A

06 편도 2차로 일반도로에서 건설기계가 통행해야 하는 차로는?
① 2차로 ② 1차로
③ 갓길 ④ 통행불가

07 유압펌프의 종류가 아닌 것은?
① 포막 펌프 ② 기어 펌프
③ 베인 펌프 ④ 플런저 펌프

08 건설기계조종사의 면허취소 사유가 아닌 것은?
① 건설기계 조종 중 고의로 1명에게 경상의 피해를 입혔다.
② 건강 문제로 2년동안 휴식으로 건설기계를 조종하지 않았다.
③ 건설기계조종사 면허의 효력정지기간 중 건설기계를 조종하였다.
④ 건설기계조종사 면허증을 다른 사람에게 빌려 주었다.

09 클러치 구비조건으로 옳지 않은 것은?
① 회전부분의 평형이 좋을 것
② 장비가 단순하고 조작이 쉬울 것
③ 방열이 잘 되어 과열되지 않을 것
④ 회전 관성이 클 것

10 작업복에 대한 설명으로 가장 거리가 먼 것은?

① 작업의 용도에 적합해야 한다.
② 작업에 따라 보호구 등을 착용할 수 있어야 한다.
③ 작업자의 몸에 꼭 맞도록 해야 한다.
④ 단추가 많지 않고, 소매가 단정해야 한다.

11 다음 중 착화성 지수를 나타내는 것은?

① 세탄가　　② 수막지수
③ 점도지수　　④ 옥탄가

12 지게차 운행 중 점검할 수 있는 사항과 가장 거리가 먼 것은?

① 연료량　　② 윤활유
③ 냉각수　　④ 배터리

13 좌회전을 하기 위하여 교차로에 진입되었을 때 황색 등화로 바뀌면 어떻게 해야 하는가?

① 그 자리에 정지하여야 한다.
② 정지하여 정지선까지 후진한다.
③ 신속히 좌회전하여 교차로 밖으로 진행한다.
④ 좌회전을 중단하고 횡단보도 앞 정지선까지 후진하여야 한다.

14 건설기계의 브레이크 장치 구비조건으로 옳지 않은 것은?

① 제동효과가 확실해야 한다.
② 신뢰성·내구성이 커야 한다.
③ 점검과 정비가 쉬워야 한다.
④ 큰 힘으로 작동되어야 한다.

15 보안경을 사용해야 하는 작업장과 가장 거리가 먼 것은?

① 장비 밑에서 하는 정비 작업장
② 철분, 모래 등이 날리는 작업장
③ 공기가 부족한 작업장
④ 전기용접 및 가스용접 작업장

16 유압탱크에 대한 설명으로 틀린 것은?

① 적정 유량을 저장하고, 적정 유온을 유지한다.
② 작동유의 기포 발생 방지, 제거 역할을 한다.
③ 유면계가 설치되어 있어 유량을 점검할 수 있다.
④ 계통 내에 필요한 압력을 제어하는 역할을 한다.

17 건설기계 등록의 말소 사유에 해당하지 않는 것은?

① 건설기계를 폐기한 경우
② 건설기계의 구조를 변경한 경우
③ 건설기계를 수출하는 경우
④ 건설기계의 차대가 등록 시의 차대와 다른 경우

18 축전지의 용량 단위로 맞는 것은?

① Ah　　② N
③ KW　　④ lb

19 사이드 포크형 지게차의 전경각은 몇 도 이하인가?

① 6°　　② 20°
③ 5°　　④ 10°

20 드릴 작업의 안전수칙으로 옳지 않은 것은?

① 장갑을 끼고 작업하지 않는다.
② 드릴을 끼운 뒤 척 렌치는 빼두도록 한다.
③ 구멍을 뚫을 때 일감은 손으로 잡아 단단하게 고정시킨다.
④ 칩을 제거할 때에는 회전을 중지한 상태에서 솔로 제거한다.

21 오일탱크의 구성품이 아닌 것은?

① 스트레이너   ② 배플
③ 릴리프 밸브   ④ 드레인 플러그

22 유압장치에서 불순물을 제거하기 위해 사용하는 부품으로 옳은 것은?

① 어큐뮬레이터   ② 배플
③ 스트레이너   ④ 드레인 플러그

23 교차로에서 왼쪽으로 좌회전하는 방법으로 가장 적절한 것은?

① 운전자 편리한 대로 운전한다.
② 교차로 중심 바깥쪽으로 서행한다.
③ 교차로 중심 안쪽으로 서행한다.
④ 앞차의 주행방향으로 따라가면 된다.

24 다음 괄호 안에 들어갈 알맞은 말은?

> 일반적으로 건설기계에 설치되는 좌·우 전조등은 ( )로 연결된 복선식 구성이다.

① 직렬   ② 병렬
③ 직렬 후 병렬   ④ 병렬 후 직렬

25 유압장치의 기호 회로도에 사용되는 유압기호의 표시방법으로 적합하지 않은 것은?

① 기호에는 흐름의 방향을 표시한다.
② 각 기기의 기호는 정상상태 또는 중립상태를 표시한다.
③ 기호는 반드시 회전하여서는 안 된다.
④ 기호에는 각 기기의 구조나 작용 압력을 표시하지 않는다.

26 동력전달장치 계통에서 지켜야 할 안전수칙으로 틀린 것은?

① 기어가 회전하고 있는 곳은 뚜껑으로 잘 덮어 위험을 방지한다.
② 회전하고 있는 벨트나 기어에 불필요한 접근을 금한다.
③ 천천히 회전하는 풀리에는 손으로 벨트를 잡아 걸 수 있다.
④ 동력절단기를 사용할 때는 안전방호장치를 장착하고 작업을 한다.

27 지게차에서 자동차와 달리 스프링 사용하지 않는 이유로 옳은 것은?

① 롤링시 적하물이 낙하할 수 있기 때문이다.
② 앞차축이 구동축이기 때문이다.
③ 현가장치가 있으면 조향이 어렵기 때문이다.
④ 조종수가 정밀한 작업을 수행할 수 있기 때문이다.

28 건설기계의 구조변경이 가능한 것은?

① 원동기 및 전동기의 형식변경
② 건설기계의 기종변경
③ 적재함의 용량증가를 위한 구조변경
④ 육상작업용 건설기계 규격의 증가

29 디젤기관에서 연소실 내의 공기를 가열하여 가동이 쉽도록 하는 장치는?

① 예열장치　　② 연료장치
③ 점화장치　　④ 감압장치

30 지게차 점검 중 그리스(윤활유)를 칠하지 않는 부분은?

① 틸트 실린더
② 마스트 실린더
③ 조종 핸들과 레버
④ 스티어링 액슬

31 작업자의 신체부위가 위험한계로 들어오게 되면 이를 감지하여 작동 중인 기계를 즉시 정지시키거나 스위치가 꺼지도록 하는 기능을 가진 것은?

① 위치제한형 방호장치
② 접근반응형 방호장치
③ 포집형 방호장치
④ 격리형 방호장치

32 지게차의 포크를 앞뒤로 기울이는 데 사용하는 조종레버는?

① 전후진 레버　　② 틸트 레버
③ 변속 레버　　　④ 리프트 레버

33 도로교통법상 횡단보도로부터 주·정차가 금지된 거리는 몇 m 이내인가?

① 5m　　② 10m
③ 15m　　④ 20m

34 디젤기관에 과급기를 부착하는 주된 목적은?

① 배기의 정화
② 냉각효율의 증대
③ 출력의 증대
④ 윤활성의 증대

35 지게차의 운전 요령으로 틀린 것은?

① 방향을 바꿀 때는 완전 정지 또는 저속으로 운전한다.
② 내리막길에서는 브레이크를 밟으면서 서서히 내려온다.
③ 화물이 커서 시야를 가릴 때 후진으로 내려오면 안된다.
④ 경사지를 오를 때는 화물이 언덕 위로 향하도록 한다.

36 스패너 사용 시의 주의사항으로 틀린 것은?

① 스패너 손잡이에 파이프를 이어서 사용해서는 안 된다.
② 스패너의 입이 너트의 치수에 맞는 것을 사용해야 한다.
③ 스패너는 당기지 말고 밀어서 사용해야 한다.
④ 스패너와 너트 사이에 쐐기를 끼워서 사용해서는 안 된다.

37 유압모터에서 소음과 진동이 발생할 때의 원인이 아닌 것은?

① 내부 부품의 파손
② 체결 볼트의 이완
③ 작동유 속에 공기의 혼입
④ 펌프의 최고 회전속도 저하

38 건설기계정비업의 범위에서 제외되는 행위가 아닌 것은?

① 오일의 보충
② 브레이크 부품 교체
③ 휠터의 교환
④ 전구의 교환

39 디젤기관에서 부조 발생의 원인이 아닌 것은?

① 발전기 고장
② 거버너 작용 불량
③ 분사시기 조정 불량
④ 연료의 압송 불량

40 지게차가 주행 중 핸들이 흔들리는 이유와 거리가 먼 것은?

① 노면에 요철이 있을 때
② 휠이 휘었을 때
③ 타이어 밸런스가 맞지 않았을 때
④ 포크가 휘어졌을 때

41 기계장치에 대한 안전사항으로 사고 발생 원인과 거리가 먼 것은?

① 적합한 공구를 사용하지 않을 때
② 안전장치 및 보호장치가 잘 되어 있지 않을 때
③ 정리 정돈 및 조명장치가 잘 되어 있지 않을 때
④ 기계장치가 너무 넓은 장소에 설치되어 있을 때

42 2줄 걸이로 화물을 인양할 때 각도가 커질 때 걸리는 장력은?

① 장소에 따라 달라진다.
② 증가한다.
③ 관계없다.
④ 감소한다.

43 건설기계조종사의 적성검사 기준에 적합하지 않은 것은?

① 두 눈의 시력이 각각 0.5 이상일 것
② 시야각은 150° 이상일 것
③ 언어분별력이 80% 이상일 것
④ 55db(보청기를 사용하는 사람은 40db)의 소리를 들을 수 있을 것

44 지게차에 짐을 싣고 창고 등을 출입할 시의 주의사항으로 틀린 것은?

① 짐이 출입구 높이에 닿지 않도록 한다.
② 손이나 발을 차체 밖으로 내밀지 않는다.
③ 주변의 장애물 상태를 확인하고 나서 출입한다.
④ 출입구의 폭과 차폭을 고려하지 않는다.

45 라디에이터 압력식 캡의 사용 목적으로 옳은 것은?

① 엔진온도를 높인다.
② 공기밸브를 작동하게 한다.
③ 냉각수의 비등점을 높인다.
④ 물재킷을 열어준다.

46 유압실린더 등이 중력에 의한 자유낙하를 방지하기 위해 배압을 유지하는 압력제어밸브는?

① 릴리프밸브
② 감압밸브
③ 카운터 밸런스밸브
④ 시퀀스밸브

47 건설기계의 겨울철 주행 요령으로 옳지 않은 것은?

① 빙판길에서는 신속히 통과를 한다.
② 출발은 부드럽게 천천히 한다.
③ 주행 시 충분한 차간거리를 확보한다.
④ 다른 차량과 나란히 주행하지 않는다.

48 여러 사람이 물건을 공동으로 운반할 때의 안전사항과 거리가 먼 것은?

① 명령과 지시는 한 사람이 한다.
② 최소한 한 손으로는 물건을 받친다.
③ 앞사람에게 적게 부하가 걸리도록 한다.
④ 긴 화물은 같은 쪽의 어깨에 올려서 운반한다.

49 지게차 운전 종사자 준수사항으로 틀린 것은?

① 기관 시동 전 유압유의 유량과 상태를 점검한다.
② 시동 후 각종 레버와 페달의 작동 상태를 점검한다.
③ 운전 중 경고등이 점등하면 즉시 정차 후 점검한다.
④ 운전을 마친 다음에는 시동을 끄고 키는 꽂아 놓는다.

50 직류발전기에 비교하여 교류발전기의 장점이 아닌 것은?

① 소형이며 경량이다.
② 브러시의 수명이 길다.
③ 전류조정기만 있으면 된다.
④ 저속 시에도 충전이 가능하다.

51 틸트 레버를 운전수 몸 쪽으로 당기면 지게차는 어떻게 작동하는가?

① 포크의 경사각이 아래로 내려간다.
② 포크의 경사각이 위로 올라간다.
③ 포크가 아래로 내려간다.
④ 포크가 위로 올라간다.

52 다음 도로명판(Jong-ro 200m)에 대한 설명으로 옳은 것은?

① 현위치는 종로 도로 끝점이 200m에 있음
② 현위치는 종로 200m 전방에 교차로 있음
③ 현위치에서 200m 전방에 종로가 있음
④ 현위치에서 우측으로 200m 우회전하면 종로

53 지게차 중 특수건설기계에 해당하는 것은?

① 리치지게차
② 전동식 지게차
③ 트럭지게차
④ 텔레스코픽 지게차

54 지게차의 타이어 트레드에 대한 설명으로 옳지 않은 것은?

① 트레드가 마모되면 열의 발산이 불량하게 된다.
② 타이어의 공기압이 높으면 트레드의 양단부보다 중앙부의 마모가 크다.
③ 트레드가 마모되면 지면과 접촉 면적이 크게 됨으로써 마찰력이 증대되어 제동성능은 좋아진다.
④ 트레드가 마모되면 구동력과 선회능력이 저하된다.

55 액추에이터의 의미로 맞는 것은?

① 유체에너지 생성
② 유체에너지 축적
③ 유체에너지를 기계적 에너지로 전환
④ 유체에너지를 전기적 에너지로 전환

56 중량물을 들어 올리거나 내릴 때 손이나 발이 중량물과 지면 등에 끼어 발생하는 재해는?

① 낙하 ② 협착
③ 충돌 ④ 전도

57 깨지기 쉬운 화물이나 불완전한 화물의 낙하를 방지하기 위하여 포크 상단에 상하 작동할 수 있는 압력판을 부착한 지게차는?

① 하이 마스트
② 로드 스태빌라이저
③ 사이드 시프트 마스트
④ 3단 마스트

58 건설기계 조종 중 고의로 인명피해를 입힌 경우 처분으로 옳은 것은?

① 면허효력정지 30일
② 면허효력정지 15일
③ 면허취소
④ 면허효력정지 60일

59 지게차의 일상 점검사항이 아닌 것은?

① 타이어 손상 및 공기압 점검
② 틸트 실린더의 오일 누유 상태
③ 토크 컨버터의 오일 점검
④ 작동유의 양

60 유압제어밸브에 해당하지 않은 것은?

① 교축 밸브
② 릴리프 밸브
③ 카운터밸런스 밸브
④ 시퀀스 밸브

제3회 기출문제

01 엔진오일에 대한 설명으로 맞는 것은?

① 엔진을 시동한 상태에서 점검한다.
② 겨울보다 여름에는 점도가 높은 오일을 사용한다.
③ 엔진오일에는 거품이 많이 들어있는 것이 좋다.
④ 엔진오일 순환상태는 오일레벨 게이지로 확인한다.

02 다음 중 교차로에서 금지된 것은?

① 좌회전 ② 앞지르기
③ 우회전 ④ 서행 또는 일시정지

03 기관에서 크랭크축을 회전시켜 엔진을 가동시키는 장치는?

① 시동장치 ② 예열장치
③ 점화장치 ④ 충전장치

04 지게차의 구성요소가 아닌 것은?

① 리프트 실린더 ② 버킷
③ 마스트 ④ 포크

05 측압을 받지 않는 스커드부의 일부를 절단하여 중량과 피스톤 슬랩을 경감시켜 스커드부와 실린더 벽과의 마찰 면적을 줄여주는 피스톤은?

① 오프셋 피스톤(Off-set Piston)
② 솔리드 피스톤(Solid Piston)
③ 슬리퍼 피스톤(Slipper Piston)
④ 스플릿 피스톤(Split Piston)

06 지게차 포크의 수직면으로부터 포크 위에 놓인 화물의 무게중심까지의 거리는?

① 자유인상 높이 ② 하중중심
③ 최대인상 높이 ④ 마스트 최대 높이

07 디젤기관 연료여과기에 설치된 오버플로우 밸브(overflow valve)의 기능이 아닌 것은?

① 여과기 각 부분 보호
② 연료공급 펌프 소음 발생 억제
③ 운전 중 공기배출 작용
④ 인젝터의 연료분사 시기 제어

08 먼지가 많이 발생하는 건설기계 작업장에서 사용하는 마스크로 가장 적합한 것은?

① 산소 마스크 ② 가스 마스크
③ 방독 마스크 ④ 방진 마스크

09 건설기계에 사용되는 저압 타이어의 호칭 치수 표시는?

① 타이어의 외경 – 타이어의 폭 – 플라이 수
② 타이어의 폭 – 타이어의 내경 – 플라이 수
③ 타이어의 폭 – 림의 지름
④ 타이어의 내경 – 타이어의 폭 – 플라이 수

10 건설기계가 받지 않아도 되는 검사는?

① 정기검사 ② 수시검사
③ 예비검사 ④ 신규등록검사

11 다음 중 교류 발전기의 구성품과 거리가 먼 것은?

① 밸브 태핏 ② 다이오드
③ 정류기   ④ 로터

12 안전보건표지의 종류와 형태에서 그림의 표지로 맞는 것은?

① 보행금지   ② 몸 균형 상실 경고
③ 안전복 착용 ④ 방독 마스크 착용

13 다음 중 전조등 회로의 구성으로 맞는 것은?

① 전조등 회로는 직렬로 연결되어 있다.
② 전조등 회로는 퓨즈와 병렬로 연결되어 있다.
③ 전조등 회로는 직렬과 병렬로 연결되어 있다.
④ 전조등 회로 전압은 5V 이하이다.

14 감전의 위험이 많은 작업현장에서 보호구로 가장 적절한 것은?

① 보안경 ② 구급용품
③ 로프   ④ 보호장갑

15 기관에 사용되는 윤활유의 성질 중 가장 중요한 것은?

① 온도 ② 점도
③ 습도 ④ 건도

16 다음 기초번호판에 대한 설명으로 옳지 않은 것은?

① 도로명과 건물번호를 나타낸다.
② 도로의 시작 지점에서 끝 지점 방향으로 기초번호가 부여된다.
③ 표지판이 위치한 도로는 종로이다.
④ 건물이 없는 도로에 설치된다.

17 전기회로의 안전사항으로 설명이 잘못된 것은?

① 전기장치는 반드시 접지하여야 한다.
② 전선의 접속은 접촉저항을 크게 하는 것이 좋다.
③ 퓨즈는 용량이 맞는 것을 끼워야 한다.
④ 모든 계기 사용 시 최대 측정범위를 초과하지 않도록 해야 한다.

18 브레이크를 밟았을 때 차가 한쪽 방향으로 쏠리는 원인으로 가장 거리가 먼 것은?

① 브레이크 오일회로에 공기 혼입
② 타이어의 좌우 공기압이 틀릴 때
③ 드럼 슈에 그리스나 오일이 묻었을 때
④ 드럼의 변형

19 지게차 운전 중 아래와 같은 경고등이 점등되었다. 경고등의 명칭은?

① 연료 게이지
② 엔진 회전수 게이지
③ 미션 온도 게이지
④ 냉각수 온도 게이지

20 도로교통법상 서행 또는 일시정지할 장소로 지정된 곳은?

① 안전지대 우측
② 가파른 비탈길의 내리막
③ 좌우를 확인할 수 있는 교차로
④ 교량 위를 통행할 때

21 지게차를 작업용도에 따라 분류할 때 원추형 화물을 조이거나 회전시켜 운반 또는 적재하는 데 적합한 것은?

① 힌지 버킷
② 힌지 포크
③ 로테이팅 클램프
④ 로드 스태빌라이저

22 성능이 불량하거나 사고가 빈발하는 건설기계의 성능을 점검하기 위하여 국토교통부장관 또는 시·도지사의 명령에 따라 수시로 실시하는 검사는?

① 신규등록검사   ② 정기검사
③ 수시검사   ④ 구조변경검사

23 지게차의 적재방법으로 틀린 것은?

① 포크로 물건을 찌르거나 물건을 끌어서 올리지 않는다.
② 화물이 무거우면 사람이나 중량물로 밸런스 웨이트를 삼는다.
③ 화물을 올릴 때는 포크를 수평으로 한다.
④ 화물을 올릴 때는 가속페달을 밟는 동시에 레버 조작을 한다.

24 납산 축전지의 전해액으로 올바른 것은?

① 묽은 염산   ② 묽은 황산
③ 질산   ④ 아세트산

25 유압 실린더 중 피스톤의 양쪽에 유압유를 교대로 공급하여 양방향의 운동을 유압으로 작동시키는 형식은?

① 단동식   ② 복동식
③ 다동식   ④ 편동식

26 다음 중 드라이버 사용방법으로 틀린 것은?

① 날 끝 홈의 폭과 깊이가 같은 것을 사용한다.
② 전기 작업 시 자루는 모두 금속으로 되어 있는 것을 사용한다.
③ 날 끝이 수평이어야 하며 둥글거나 빠진 것은 사용하지 않는다.
④ 작은 공작물이라도 한손으로 잡지 않고 바이스 등으로 고정하고 사용한다.

27 스패너를 사용하는 방법으로 옳은 것은?

① 스패너를 해머 대신 사용한다.
② 스패너의 규격이 너트 규격보다 큰 것을 사용한다.
③ 너트에 스패너를 올바르게 끼우고 앞으로 당기면서 사용한다.
④ 스패너의 자루에 파이프를 넣어 지렛대 역할을 하도록 하여 사용한다.

28 디젤기관에 과급기를 부착하는 주된 목적은?

① 출력의 증대 ② 냉각효율의 증대
③ 배기의 정화 ④ 윤활성의 증대

29 도로교통법상 차마의 통행을 구분하기 위한 중앙선에 대한 설명으로 옳은 것은?

① 백색 및 회색의 실선 및 점선으로 되어 있다.
② 백색의 실선 및 점선으로 되어 있다.
③ 황색의 실선 또는 황색 점선으로 되어 있다.
④ 황색 및 백색의 실선 및 점선으로 되어 있다.

30 다음 그림이 의미하는 밸브는?

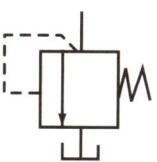

① 시퀀스 밸브 ② 감압 밸브
③ 릴리프 밸브 ④ 무부하 밸브

31 수동변속기가 설치된 건설기계에서 클러치가 미끄러지는 원인과 가장 거리가 먼 것은?

① 클러치 페달 자유간극 과소
② 압력 판의 마멸
③ 클러치판의 오일 부착
④ 클러치판의 런 아웃 과다

32 라디에이터의 구비조건이 아닌 것은?

① 단위면적당 방열량이 커야 한다.
② 공기 흐름 저항이 커야 한다.
③ 냉각수 흐름 저항이 적어야 한다.
④ 가볍고 작으며 강도가 커야 한다.

33 작업할 때 안전성 및 균형을 잡아주기 위해 지게차 장비 뒤쪽에 설치되어 있는 것은?

① 변속기 ② 기관
③ 클러치 ④ 카운터 웨이트

34 지게차의 포크 하강 속도의 빠름과 느림에 관여하는 밸브는?

① 압력제어 밸브
② 마스트 체인 장력 조정밸브
③ 유량제어 밸브
④ 방향제어 밸브

35 연소에 필요한 공기를 흡입할 때, 먼지 등의 불순물을 여과하는 장치는?

① 냉각장치(cooling system)
② 과급기(super charger)
③ 공기청정기(air cleaner)
④ 플라이 휠(fly wheel)

36 건설기계 조종사의 정기적성검사는 65세 미만인 경우 몇 년마다 받아야 하는가?

① 3년　　② 5년
③ 7년　　④ 10년

37 지게차의 운전을 종료했을 때 취해야 할 안전사항이 아닌 것은?

① 각종 레버는 중립에 둔다.
② 연료를 빼낸다.
③ 주차 브레이크를 작동시킨다.
④ 전원 스위치를 차단시킨다.

38 수동식 변속기가 장착된 장비에서 클러치 페달에 유격을 두는 이유는?

① 클러치 용량을 크게 하기 위해
② 클러치의 미끄럼을 방지하기 위해
③ 엔진 출력을 증가시키기 위해
④ 제동 성능을 증가시키기 위해

39 건설기계관리법상 건설기계형식이 의미하는 것은?

① 건설기계의 구조
② 건설기계의 규격
③ 건설기계의 구조·규격
④ 건설기계의 구조·규격 및 성능

40 화재 시 소화원리에 대한 설명으로 틀린 것은?

① 기화소화법은 가연물을 기화시키는 것이다.
② 냉각소화법은 열원을 발화온도 이하로 냉각하는 것이다.
③ 질식소화법은 가연물에 산소공급을 차단하는 것이다.
④ 제거소화법은 가연물을 제거하는 것이다.

41 다음 중 유압모터의 장점이 아닌 것은?

① 소형 경량으로서 큰 출력을 낼 수 있다.
② 속도나 방향의 제어가 용이하다.
③ 무단변속이 용이하다.
④ 공기와 먼지 등이 침투하여도 성능에는 영향이 없다.

42 지게차의 조종 레버에 대한 설명으로 틀린 것은?

① 전·후진 레버를 앞으로 밀면 후진이 된다.
② 틸트 레버를 뒤로 당기면 마스트는 뒤로 기운다.
③ 리프트 레버를 앞으로 밀면 포크가 내려간다.
④ 전·후진 레버를 뒤로 당기면 후진이 된다.

43 지게차의 일상점검사항이 아닌 것은?
① 토크 컨버터의 오일 점검
② 타이어 손상 및 공기압 점검
③ 틸트 실린더의 오일 누유 상태
④ 작동유의 양

44 유압펌프의 종류에 포함되지 않는 것은?
① 기어 펌프　② 진공 펌프
③ 베인 펌프　④ 플런저 펌프

45 사고 원인으로서 작업자의 불안전한 행위는?
① 안전 조치의 불이행
② 작업장 환경 불량
③ 물적 위험상태
④ 기계의 결함상태

46 매매용 건설기계를 운행하거나 사용한 자에게 부과하는 벌금으로 옳은 것은?
① 50만 원 이하
② 100만 원 이하
③ 1년 이하의 징역 또는 1천만 원 이하의 벌금
④ 2년 이하의 징역 또는 2천만 원 이하의 벌금

47 유압제어밸브에 대한 분류로 적절하지 않는 것은?
① 압력 제어　② 밀도 제어
③ 방향 제어　④ 유량 제어

48 축압기의 용도로 적합하지 않은 것은?
① 충격 흡수
② 압력 보상
③ 유량 분배 및 제어
④ 유압에너지의 저장

49 유압 실린더의 움직임이 느리거나 불규칙할 때의 원인이 아닌 것은?
① 피스톤링이 마모되었다.
② 유압유의 점도가 너무 높다.
③ 회로 내에 공기가 혼입되어 있다.
④ 체크 밸브의 방향이 반대로 설치되어 있다.

50 건설기계 조종사 면허를 반납할 때로 틀린 것은?
① 면허가 취소된 때
② 면허의 효력이 정지된 때
③ 면허증의 재교부를 받은 후 분실된 면허증을 발견한 때
④ 주소를 이전했을 때

51 유류 화재 시 소화방법으로 부적절한 것은?
① 모래를 뿌린다.
② 다량의 물을 부어 끈다.
③ ABC소화기를 사용한다.
④ B급 화재 소화기를 사용한다.

52 지게차로 적재작업을 할 때 유의사항으로 틀린 것은?

① 운반하려고 하는 화물 가까이 가면 속도를 줄인다.
② 화물 앞에서는 일단 정지한다.
③ 화물이 무너지거나 파손 등의 위험성 여부를 확인한다.
④ 화물을 높이 들어 올려 아랫부분을 확인하며 천천히 출발한다.

53 다음에서 설명하는 지게차의 작업장치는?

> L자형으로 2개이며, 핑거 보드에 체결되어 화물을 받쳐 드는 부분이다.

① 마스트   ② 백레스트
③ 평형추   ④ 포크

54 지게차의 틸트 실린더에서 사용하는 유압 실린더의 형식으로 옳은 것은?

① 단동식   ② 스프링식
③ 복동식   ④ 왕복식

55 조종사를 보호하기 위한 지게차의 안전장치가 아닌 것은?

① 백레스트   ② 헤드가드
③ 안전띠   ④ 아웃트리거

56 유압장치에 사용되는 오일 실(seal)의 종류 중 O-링이 갖추어야 할 조건은?

① 체결력이 작을 것
② 압축변형이 적을 것
③ 작동 시 마모가 클 것
④ 오일의 입·출입이 가능할 것

57 금속화재는 어디로 분류되는가?

① A급 화재   ② B급 화재
③ C급 화재   ④ D급 화재

58 석탄, 소금, 비료, 모래 등 흘러내리기 쉬운 화물 운반용으로 가장 적합한 것은?

① 힌지 버킷
② 로테이팅 클램프 마스트
③ 스키드 포크
④ 로드 스태빌라이저

59 지하차도 교차로 표지로 옳은 것은?

①
②
③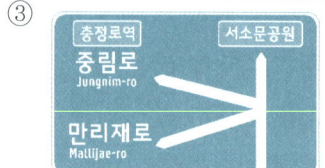
④

60 틸트 실린더와 리프트 실린더에서 사용하는 유압실린더의 형식으로 옳게 짝지어진 것은?

① 모두 단동식   ② 단동식 – 복동식
③ 복동식 – 단동식 ④ 모두 복동식

제4회 기출문제

01 라디에이터를 다운 플로우 형식과 크로스 플로우 형식으로 나누는 기준은?

① 냉각수 흐름 방향
② 냉각수 온도
③ 공기 유입 유무
④ 라디에이터 크기

02 유압 펌프 중 가장 고압이며 고효율인 것은?

① 베인 펌프
② 플런저 펌프
③ 2단 베인 펌프
④ 기어 펌프

03 지게차의 조종 레버의 설명으로 틀린 것은?

① 로어링(lowering)
② 덤핑(dumping)
③ 리프팅(lifting)
④ 틸팅(tilting)

04 벨트를 풀리에 걸 때 가장 올바른 방법은?

① 회전을 중지시킨 후 건다.
② 저속으로 회전시키면서 건다.
③ 중속으로 회전시키면서 건다.
④ 고속으로 회전시키면서 건다.

05 지게차의 등록번호표에 기재하는 사항이 아닌 것은?

① 등록관청
② 기종
③ 용도
④ 등록일시

06 그림과 같은 실린더의 명칭은?

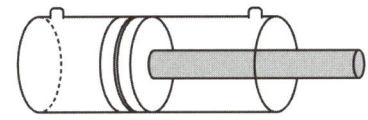

① 단동 실린더
② 단동 다단실린더
③ 복동 실린더
④ 복동 이중실린더

07 지게차 전복 시 사고를 줄이는 방법으로 옳지 않은 것은?

① 지게차에서 뛰어 내린다.
② 몸을 웅크리고 핸들을 꽉 잡는다.
③ 두 발에 힘을 주어 세게 지탱한다.
④ 전복되는 방향의 반대로 몸을 최대한 기울인다.

08 축전지 충전에 대한 설명으로 옳지 않은 것은?

① 표준용량 – 축전지 용량의 10%
② 최소용량 – 축전지 용량의 5%
③ 최대용량 – 축전지 용량의 30%
④ 급속용량 – 축전지 용량의 50%

09 에어클리너가 막혔을 때 배기가스의 색깔과 출력은?

① 배기가스의 색깔은 검은색이고 출력은 감소한다.
② 배기가스의 색깔은 검은색이고 출력은 무관하다.
③ 배기가스의 색깔은 흰색이고 출력은 무관하다.
④ 배기가스의 색깔은 흰색이고 출력은 증가한다.

10 유압회로에서 오일을 한쪽 방향으로만 흐르게 하는 밸브는?

① 릴리프 밸브　② 파일럿 밸브
③ 체크 밸브　　④ 시퀀스 밸브

11 건설기계에서 사용하는 작동유의 정상 온도 범위로 적합한 것은?

① 20~40℃　② 40~60℃
③ 70~80℃　④ 100~110℃

12 방향지시등의 전류를 일정한 주기로 단속, 점멸하는 장치는?

① 배터리　　② 플래셔 유닛
③ 스위치　　④ 릴레이

13 렌치 중 볼트의 머리를 완전히 감싸고 너트를 꽉 조여 미끄러질 위험이 적은 것은?

① 복스렌치　② 오픈렌치
③ 멍키렌치　④ 파이프렌치

14 작업장 안전사항과 거리가 먼 것은?

① 연료통의 연료를 비우지 않고 용접을 해도 된다.
② 작업 종류 후 장비의 전원을 끈다.
③ 전원콘센트 및 스위치 등에 물을 뿌리지 않는다.
④ 운전 전 점검을 시행한다.

15 건설기계 정기검사에서 부적합 판정을 받고 재검사를 할 때 옳은 것은?

① 정비 이후 재검사를 받지 않고 건설기계를 운행해도 된다.
② 건설기계 소유자는 부적합 판정을 받은 날로부터 10일 이내에 재검사를 신청할 수 있다.
③ 부적합 판정을 받은 항목 이외의 항목도 다시 보완해야 한다.
④ 시·도지사는 검사에 부적합한 건설기계 소유자에게 20일 이내 정비명령을 해야 한다.

16 지게차의 종류 중 동력원에 따른 종류가 아닌 것은?

① LPG 지게차　② 전동 지게차
③ 복륜식 지게차　④ 디젤 지게차

17 안전관리 계획 수립 시의 유의사항으로 틀린 것은?

① 사업장의 실정에 알맞도록 독자적으로 수립하되 실현가능성이 있어야 한다.
② 개인단위로 구체적인 계획을 작성한다.
③ 계획상의 재해감소 목표는 점진적으로 수준을 높이도록 한다.
④ 계획에서 실시까지의 미비점, 잘못된 점은 피드백 할 수 있는 조정기능을 지니고 있어야 한다.

18 지게차의 유압탱크 유량을 점검하기 전 포크의 적절한 위치는?

① 포크를 지면에 내려놓고 점검한다.
② 최대적재량의 하중으로 포크는 지상에서 떨어진 높이에서 점검한다.
③ 포크를 최대로 높여 점검한다.
④ 포크를 중간높이에 두고 점검한다.

19 유압 실린더의 구성품이 아닌 것은?

① 실(seal)   ② 피스톤
③ 유압밴드   ④ 쿠션기구

20 지게차로 흔들리는 화물을 운송하는 방법으로 옳지 않은 것은?

① 흔들리는 화물을 사람이 직접 잡고 운반한다.
② 제한속도를 유지하여 주행한다.
③ 주행방향을 바꿀 때는 완전히 정지하거나 저속에서 운행한다.
④ 중량 이상의 물건을 싣지 않는다.

21 유압회로의 압력을 점검하는 위치로 가장 적당한 것은?

① 실린더에서 유압오일탱크 사이
② 유압오일탱크에서 유압펌프 사이
③ 유압오일탱크에서 직접 점검
④ 유압펌프에서 컨트롤 밸브 사이

22 유압모터의 특징 중 가장 거리가 먼 것은?

① 무단변속이 가능하다.
② 속도나 방향의 제어가 용이하다.
③ 작동유의 점도변화에 의하여 유압모터의 사용에 제약이 있다.
④ 작동유가 인화되기 어렵다.

23 유압유의 주요 기능이 아닌 것은?

① 필요한 요소 사이를 밀봉한다.
② 동력을 전달한다.
③ 움직이는 기계요소를 마모시킨다.
④ 열을 흡수한다.

24 도로교통법상 1차로의 의미로 적절한 것은?

① 좌, 우로부터 첫 번째 차로
② 중앙선으로부터 첫 번째 차로
③ 우측 차로 끝에서 3번째 차로
④ 좌측 차로 끝에서 2번째 차로

25 건설기계관리법상 건설기계 소유자는 건설기계를 도난당한 날로부터 얼마 이내에 등록말소를 신청해야 하는가?

① 30일 이내   ② 2개월 이내
③ 3개월 이내   ④ 6개월 이내

26 술에 만취한 상태에서 건설기계를 조종한 자에 대한 면허의 취소·정지처분은?

① 면허효력정지 50일
② 면허취소
③ 면허효력정지 60일
④ 면허효력정지 70일

27 점검주기에 따른 건설기계 검사로 옳은 것은?

① 구조변경검사　② 운행검사
③ 정기검사　④ 신규등록검사

28 면허취소의 기준으로 옳은 것은?

① 재산피해를 입힌 경우
② 술에 취한 상태에서 건설기계를 조종한 경우
③ 고의로 인명피해를 입힌 경우
④ 가스공급시설을 손괴하거나 기능에 장애를 입혀 가스의 공급을 방해한 경우

29 유압실린더 등의 중력에 의한 자유낙하를 방지하기 위해 배압을 유지하는 압력제어 밸브는?

① 감압 밸브
② 체크 밸브
③ 릴리프 밸브
④ 카운터 밸런스 밸브

30 다음 유압의 기본원리를 설명한 것 중 올바르지 않은 것은?

① 유체의 압력은 면에 대하여 수평방향으로 작용한다.
② 공기는 압축되지만 오일은 압축되지 않는다.
③ 각 점에 작용하는 압력의 크기는 모든 방향에서 같다.
④ 액체는 운동을 전달할 수 있다.

31 평탄한 노면에서 지게차를 운전하여 하역 작업을 할 때 올바른 방법이 아닌 것은?

① 파렛트에 실은 짐이 안정되고 확실하게 실려 있는가를 확인한다.
② 포크를 삽입하고자 하는 곳과 평행하게 한다.
③ 불안전한 적재의 경우에는 빠르게 작업을 진행시킨다.
④ 화물 앞에서 정지한 후 마스트가 수직이 되도록 기울여야 한다.

32 지게차 유압유 온도 상승의 원인에 해당하지 않는 것은?

① 작동유의 점도가 너무 높을 때
② 유압유가 부족할 때
③ 유량이 과다할 때
④ 오일 냉각기의 냉각핀이 손상되었을 때

33 다음 중 경고표지의 한 종류가 아닌 것은?

① 낙하물 경고
② 급성독성물질 경고
③ 방진마스크 경고
④ 폭발성물질 경고

34 안전상 장갑을 끼고 작업할 경우 위험성이 높은 작업은?

① 판금 작업　② 용접 작업
③ 해머 작업　④ 줄 작업

35 보안경을 착용해야 하는 작업과 가장 거리가 먼 것은?

① 연삭 작업 시
② 건설기계 운전 시
③ 전기용접 작업 시
④ 그라인더 작업 시

36 지게차의 주된 구동방식은?

① 앞바퀴 구동 ② 뒷바퀴 구동
③ 전후 구동 ④ 중간 차축 구동

37 기관에 사용되는 오일 여과기에 대한 사항으로 틀린 것은?

① 여과기가 막히면 유압이 높아진다.
② 엘리먼트 청소는 압축공기를 사용한다.
③ 여과능력이 불량하면 부품의 마모가 빠르다.
④ 작업조건이 나쁘면 교환 시기를 빨리한다.

38 지게차의 브레이크를 자주 사용해 마찰열의 축적으로 드럼과 라이닝이 과열되어 제동력이 낮아지는 현상은?

① 노킹 현상
② 페이드 현상
③ 하이드로 플래닝 현상
④ 채팅 현상

39 교차로의 가장자리 또는 도로의 모퉁이로부터 몇 미터 이내의 장소에 정차 및 주차를 해서는 안 되는가?

① 3미터 ② 4미터
③ 5미터 ④ 6미터

40 디젤기관에서 타이머의 역할로 가장 적합한 것은?

① 분사량 조절
② 자동변속 단(저속~고속) 조절
③ 연료 분사시기 조절
④ 기관속도 조절

41 완전연소 시 배출되는 가스 중 가장 인체에 무해한 가스는?

① CO ② CO_2
③ HC ④ NO_2

42 디젤기관의 연료 분사 노즐에서 섭동 면의 윤활은 무엇으로 하는가?

① 윤활유 ② 연료
③ 그리스 ④ 기어오일

43 라디에이터 보조탱크의 기능으로 옳지 않은 것은?

① 장기간 냉각수 보충이 필요하지 않다.
② 냉각수의 온도를 알맞게 유지한다.
③ 오버플로우가 발생하면 증기만 배출한다.
④ 냉각수의 부피가 팽창하는 것을 흡수한다.

44 안전점검의 주된 목적은 어디에 있는가?

① 장비의 설계
② 법 및 기준에 적합한지의 여부를 조사하는 것
③ 위험요소를 사전에 발견하여 바로잡는 것
④ 안전규칙의 적절성을 점검하는 것

45 경사면에서 지게차를 운전할 경우 짐의 방향은?

① 경사면 위쪽을 향하도록 한다.
② 경사면 아래쪽을 향하도록 한다.
③ 짐의 중량에 따라 달라진다.
④ 운전에 편리한 방향으로 정한다.

46 지게차의 기준부하상태는 기준하중의 중심에 최대 하중을 적재하고 수직으로 하여 포크 암의 윗면을 지상 높이 몇 mm까지 올린 상태로 하는 것이 좋은가?

① 100mm
② 300mm
③ 500mm
④ 700mm

47 대형 지게차의 마스트를 기울일 때 갑자기 시동이 정지되면 어떤 밸브가 작동하여 그 상태를 유지하는가?

① 틸트록 밸브
② 스로틀 밸브
③ 리프트 밸브
④ 틸트 밸브

48 지게차의 하중을 지지해 주는 것은?

① 마스터 실린더
② 구동 차축
③ 차동장치
④ 최종 구동장치

49 토크컨버터에 대한 설명으로 옳은 것은?

① 스테이터, 펌프, 터빈 등이 상호운동을 하여 회전력을 변환시킨다.
② 구성품 중 펌프(임펠러)는 변속기 입력축과 기계적으로 연결되어 있다.
③ 엔진속도가 일정한 상태에서 장비의 속도가 줄어들면 토크는 감소한다.
④ 구성품 중 터빈은 기관의 크랭크축과 기계적으로 연결되어 구동된다.

50 지게차 타이어에 적힌 것으로 [9.00-20-14PR]에서 20이 의미하는 것은?

① 타이어의 폭
② 타이어의 높이
③ 타이어의 내경
④ 타이어의 외경

51 지게차의 유니버셜 조인트 중 등속조인트는?

① 이중 십자형 자재이음
② 부등속 자재이음
③ 플렉시블 자재이음
④ 슬립이음

52 윤활유의 점도가 기준치보다 높은 것을 사용했을 경우에 나타나는 현상은?

① 점진적으로 묽어진다.
② 좁은 공간으로도 잘 스며들어 윤활작용이 충분히 이뤄진다.
③ 윤활유 압력이 다소 높아진다.
④ 하절기보다 동절기에 사용할 때 시동하기가 쉽다.

53 운전 중 갑자기 계기판에 충전 경고등(빨간불)이 점등되었다. 그 현상으로 맞는 것은?

① 정상적으로 충전이 되고 있음을 나타낸다.
② 충전이 되지 않고 있음을 나타낸다.
③ 충전계통에 이상이 없음을 나타낸다.
④ 주기적으로 점등되었다가 소등되는 것이다.

54 클러치가 연결된 상태에서 기어변속을 하면 일어나는 현상은?

① 기어에서 소리가 나고 기어가 상한다.
② 변속레버가 마모된다.
③ 클러치 디스크가 마멸된다.
④ 변속이 원활하다.

55 출입구가 제한되어 있거나 높은 곳에 있는 물건을 운반하기에 적합한 작업장치는?

① 하이 마스트   ② 3단 마스트
③ 힌지드 포크   ④ 사이트 시프트

56 지게차의 마스트를 앞뒤로 기울이는 작동은 무엇으로 조작하는가?

① 틸트 레버   ② 포크
③ 리프트 레버   ④ 변속 레버

57 지게차가 무부하 상태에서 최저속도, 최소회전할 때 가장 바깥 부분이 그리는 원의 반경은?

① 최소 선회반경   ② 최소 회전반경
③ 최저 지상고   ④ 윤간거리

58 화재에 대한 설명으로 옳지 않은 것은?

① 연소의 3요소는 가연물, 점화원, 공기이다.
② B급 화재는 유류 등의 화재로 포말 소화기를 이용한다.
③ D급 화재는 전자기기로 인한 화재이다.
④ 화재란 사람의 의도에 반하거나 고의에 의해 발생하는 연소 현상이다.

59 부동액의 구비조건이 아닌 것은?

① 부식성이 없을 것
② 물과 잘 혼합될 것
③ 휘발성이 없을 것
④ 비등점이 물보다 낮을 것

60 지게차 작업 전 점검사항으로 모두 옳은 것은?

> ㉠ 포크의 균열상태
> ㉡ 타이어의 공기압
> ㉢ 림의 변형
> ㉣ 조향장치 작동

① ㉠, ㉡   ② ㉠, ㉣
③ ㉠, ㉡, ㉢   ④ ㉢, ㉣

기출문제 정답 및 해설

제1회 기출문제

01. ②	02. ①	03. ①	04. ①	05. ③	06. ③
07. ②	08. ②	09. ①	10. ②	11. ③	12. ①
13. ④	14. ②	15. ④	16. ②	17. ①	18. ③
19. ③	20. ③	21. ①	22. ④	23. ④	24. ④
25. ①	26. ②	27. ②	28. ②	29. ①	30. ③
31. ③	32. ②	33. ①	34. ③	35. ④	36. ②
37. ③	38. ①	39. ①	40. ④	41. ③	42. ②
43. ①	44. ④	45. ④	46. ④	47. ④	48. ④
49. ③	50. ①	51. ④	52. ③	53. ③	54. ④
55. ③	56. ①	57. ④	58. ①	59. ②	60. ③

01 ① 제동거리
④ 공주거리

02 디젤기관은 경유를 연료로 사용한다. 열효율이 높고 출력이 커서 건설기계, 대형차량, 선박, 농기계의 기관으로 많이 사용되고 있다.

03 타이어식 건설기계에서 앞바퀴 정렬의 요소는 토인, 캠버, 캐스터, 킹핀 경사각 등으로 브레이크의 수명과는 관련이 없다.

04 건설공사용 건설기계로서 3년의 범위에서 국토교통부령으로 정하는 검사유효 기간이 끝난 후에 계속하여 운행하고자 할 때에는 정기검사를 받아야 한다.

05 산업재해의 발생 요인은 인적(관리상, 생리적, 심리적) 요인과 환경적 요인으로 나눌 수 있다. ①, ②, ④는 환경적 요인에 해당한다.

06 전기자 철심은 자력선을 원활하게 통과시키고, 맴돌이 전류를 감소시키기 위해 0.35~1.00mm의 얇은 철판을 각각 절연하여 겹쳐 만든다.

07 카운터 웨이트는 지게차의 맨 뒤쪽에 설치되는 평형추로서 화물의 중량으로 인하여 균형이 앞으로 쏠리는 것을 방지하는 역할을 한다.

08 유압 작동유의 구비조건
- 비압축성일 것
- 내열성이 크고 거품이 적을 것
- 점도지수가 높을 것
- 방청 및 방식성이 있을 것
- 적당한 유동성과 점성이 있을 것
- 온도에 의한 점도 변화 적을 것
- 인화점이 높을 것

09 유압모터는 유압에너지를 이용하여 기계적인 일로 변환하여 연속적으로 회전운동을 시키는 기기이다.

11 산업안전보건법상 안전보건표지의 종류는 금지표지, 경고표지, 지시표지, 안내표지 등이 있다.

12 클러치 디스크 라이닝(페이싱)은 마모에 강해야 하고, 부식이 잘 되지 않아야 하며 마찰로 인해 발생하는 고열을 잘 견뎌낼 수 있어야 한다.

13 디젤기관은 가솔린기관에 비해 평균 압력 및 회전속도가 낮으며 운전 중 진동과 소음이 큰 단점이 있다.

14 유량제어밸브는 회로 내에 흐르는 유량을 변화시켜서 액추에이터의 움직이는 속도를 바꾸는 밸브이다. 대표적으로 스로틀밸브(교축밸브), 분류밸브, 압력 보상부 유량제어밸브 등이 있다.
ㄱ. 리듀싱밸브 : 압력제어밸브
ㄹ. 체크밸브 : 방향제어밸브

15 체인의 장력을 조정한 후에는 반드시 로크 너트를 고정시켜야 한다.

16 시·도지사는 검사에 불합격된 건설기계에 대해서는 31일 이내의 기간을 정하여 해당 건설기계의 소유자에게 검사를 완료한 날(검사를 대행하게 한 경우에는 검사결과를 보고받은 날)부터 10일 이내에 정비명령을 해야 한다(건설기계관리법 시행규칙 제31조제1항).

17 지게차의 포크를 높이 들어 올리면 화물을 떨어뜨리는 등의 사고를 유발할 수 있으므로 주행 시 지면으로부터 20~30cm 정도 높이를 유지해야 한다.

18 유압장치에서 연결관은 움직임이 많은 곳에서 자유롭게 구부러질 수 있는 플렉시블 호스가 이용된다.

20 플런저 펌프의 장단점

장점	• 가변 용량 가능 • 가장 고압, 고효율 • 다른 펌프에 비해 수명 길다.
단점	• 흡입 성능 나쁘고, 구조 복잡 • 소음이 큼 • 최고 회전속도 약간 낮음

21 건설기계를 교육·연구 목적으로 사용하는 경우는 그 소유자의 신청이나 시·도지사의 직권으로 등록을 말소할 수 있다(건설기계관리법 제6조).

23 아크 용접을 할 때는 다량의 자외선이 포함된 강한 빛이 발생하기 때문에 눈이 상할 수 있다. 그러므로 헬멧이나 실드를 사용해야 하며 보안경을 선택할 때는 차광 기능이 포함된 것을 사용해야 한다.

24 4행정 사이클기관에서는 엔진이 두 바퀴 돌 동안 한 번의 폭발이 일어난다. 즉, 한 번의 폭발을 위해서는 한 번의 연료 분사가 필요하므로 엔진이 두 바퀴 돌 동안 한 번의 연료 분사가 일어난다.

25 지게차의 포크는 핑거 보드에 체결되어 화물을 받쳐 드는 부분으로 ㄴ자형으로 2개가 있다.

26 경상 1명마다 면허효력정지 5일의 처분을 받는다. 경상 2명의 처분은 면허효력정지 10일이다.
중상 1명마다는 면허효력정지 15일, 사망 1명마다는 면허효력정지 45일의 처분이 적용된다.

27 여과기(오일필터)는 유압유가 순환하는 과정에서 함유하게 되는 수분, 금속 분말, 슬러지 등을 제거한다. 흡입 스트레이너, 고압필터, 저압필터, 자석 스트레이너 등이 있다.

28 전류의 세기는 두 점 사이의 전위차에 비례하고, 전기저항에 반비례한다는 법칙이다.

$I = \dfrac{V}{R}$, $V = IR$, $R = \dfrac{V}{I}$

29 해머 작업 시 기름이 묻은 해머는 즉시 닦은 후 작업하고, 면 장갑을 착용하면 안 된다. 처음에는 약하게 시작하여 점점 강하게 타격을 해야 한다.

30 로어링과 리프팅은 리프트 레버로 포크를 내리거나 올리는 조작이며, 틸팅은 틸트 레버로 마스트를 전경 또는 후경시키는 조작이다.

31 ③ 피스톤의 무게가 가벼워 관성력이 작아야 한다.

32 건설기계제작증은 건설기계를 등록할 때 필요한 서류이다.
시·도지사가 건설기계의 등록을 말소하는 경우에는 건설기계 등록원부의 등록원부등본교부란에 말소에 관한 사항을 기재하고 등록사항변경란을 붉은선으로 지워야 한다(건설기계관리법 시행규칙 제9조제2항).

33 클러치가 전달할 수 있는 토크 용량은 보통 엔진의 최대 토크보다 1.5~2.5배 정도이다. 용량이 너무 크면 클러치 조작이 어렵고 동력 연결 시 충격으로 인해 엔진이 정지하기 쉬우며 반대로 용량이 너무 작으면 클러치가 미끄러져 동력을 충분히 전달할 수 없다.

34 일반적으로 12V 축전지의 셀은 6개로 구성되어 있다.

35 안전상 선반 작업, 드릴 작업, 목공기계 작업, 그라인더 작업 등은 면장갑 착용을 금지한다.

36 가스누설 위험 부위에 비눗물을 칠하면 거품이 발생하게 되어 누설 부위를 확인할 수 있다.

37 서행해야 할 장소
- 도로가 구부러진 부근
- 교통정리를 하고 있지 않는 교차로
- 비탈길의 고갯마루 부근
- 가파른 비탈길의 내리막
- 시·도경찰청장이 안전표지로 지정한

38 지게차의 작업장치 가운데 리프트 실린더는 포크를 상승 및 하강시키는 역할을 한다.

39 유압모터의 장·단점

장점	• 무단 변속이 용이하다. • 속도나 방향제어가 용이하다. • 소형·경량으로서 큰 출력을 낼 수 있다. • 자동 원격조작이 가능하다. • 관성이 작고 소음이 적다.
단점	• 작동유가 인화하기 쉽다. • 공기, 먼지가 침투하면 성능에 영향을 준다. • 작동유의 점도 변화에 의해 유압모터의 사용에 제약이 있다.

40 건설기계 등록번호표 색상이 비사업용(관용/자가용)은 흰색 바탕에 검은색 문자, 대여사업용은 주황색 바탕에 검은색 문자를 기준으로 한다(2022.0525.개정/2022.11.26.시행).

41 윤활유의 구비조건
- 비중과 점도가 적당하고 청정력이 클 것
- 인화점 및 자연발화점 높고 기포 발생 적을 것
- 응고점이 낮고 열과 산에 대한 저항력 클 것

42 토크컨버터는 유체클러치를 개량하여 유체클러치보다 회전력의 변화를 크게 한 것이다. 스테이터, 터빈, 펌프는 토크컨버터의 3대 구성요소로 크랭크축에 펌프를, 변속기 입력 축에 터빈을 두고 있으며, 오일의 흐름 방향을 바꿔주는 스테이터가 변속기 케이스에 일방향 클러치를 통해 부착되어 있다.

43 화재의 분류 : 일반화재(A급 화재), 유류 화재(B급 화재), 전기 화재(C급 화재), 금속 화재(D급 화재)

44 비가 내려 노면이 젖어 있는 경우와 눈이 20mm 미만 쌓인 경우는 최고속도의 100분의 20을 줄인 속도로 운행해야 한다(도로교통법 시행규칙 제19조제2항).

45 ① 로드 스태빌라이저 : 포크 상단에 상하로 작동 가능한 압력판을 부착하여 안전하게 화물을 운반 적재할 수 있다.
② 힌지 버킷 : 석탄, 소금, 비료, 모래 등 흘러내리기 쉬운 화물의 운반용이다.
④ 로테이팅 클램프 : 원추형의 화물을 좌우로 조이거나 회전시켜 운반하고 적재하는데 이용한다.

46 감압장치는 기관을 시동할 때 감압시켜 시동전동기에 무리가 가는 것을 방지하고, 기관 등의 고장을 점검하고자 할 때 크랭크축을 가볍게 회전시킬 수 있도록 한다.

47 '건설기계형식'이란 건설기계의 구조·규격 및 성능 등에 관하여 일정하게 정한 것을 말한다(건설기계관리법 제2조제9호).

48 사이드 포크형 지게차의 전경각 및 후경각은 각각 5° 이하일 것이며 카운터밸런스 지게차의 전경각은 6° 이하, 후경각은 12° 이하여야 한다(건설기계 안전기준에 관한 규칙 제20조제3항).

49 ① 스톱밸브 기호
② 어큐뮬레이터 기호
③ 압력스위치
④ 유압압력계 기호

50 ① "높이"란 작업장치를 부착한 자체중량 상태의 건설기계의 가장 위쪽 끝이 만드는 수평면으로부터 지면까지의 최단거리를 말한다(건설기계안전기준규칙 제2조).

51 연삭 작업을 할 때 구조규격에 맞는 덮개를 설치하고 작업을 해야 한다. 연삭 숫돌 설치 후 약 3분 정도 공회전하여 안전한지를 살펴야 하며 연삭 숫돌과 받침대의 간격은 3mm 이내로 유지해야 한다. 또한, 보안경과 분진의 흡입을 막기 위해 방진 마스크를 착용해야 한다.

52 사고발생 시의 조치(도로교통법 제54조)
① 차의 운전 등 교통으로 인하여 사람을 사상하거나 물건을 손괴(이하 "교통사고"한 경우에는 그 차의 운전자나 그 밖의 승무원(이하 "운전자 등")은 즉시 정차하여 다음 각 호의 조치를 하여야 한다.
 1. 사상자를 구호하는 등 필요한 조치
 2. 피해자에게 인적 사항(성명, 전화번호, 주소 등) 제공
② 제1항의 경우 그 차의 운전자 등은 경찰공무원이 현장에 있을 때에는 그 경찰공무원에게, 경찰공무원이 현장에 없을 때에는 가장 가까운 국가경찰관서(지구대, 파출소 및 출장소를 포함)에 지체 없이 신고하여야 한다.

53 너비 30cm, 길이 50cm 이상의 빨간 헝겊으로 된 표지를 달아야 한다. 단, 밤에 운행하는 경우에는 반사체로 된 표지를 달아야 한다(도로교통법 시행규칙 제26조 3항).

54 일반적으로 건설기계에 설치되는 좌·우 전조등은 병렬로 연결된 복선식 구성으로 되어있다. 헤드라이트 스위치 불량일 경우에는 전체가 점등이 되지 않는다.

55 지게차 계기판의 구성은 연료 잔량 표시, 냉각수 온도 표시, 충전 경고등, 엔진오일 경고등, 가동시간 표시, 주차브레이크 적용 표시등, 이상 고장 경고등, 전·후방작업등, 동작표시등 등으로 되어 있다.

56 제시된 도로명판은 대명로 종료지점에 설치된다.

57 렌치는 너트 크기에 알맞은 렌치를 사용하고, 작업 시 몸 쪽으로 당기면서 볼트·너트를 조이도록 한다.

58 타이어식 조향핸들의 조작을 무겁게 하는 원인은 타이어의 공기압이 적정압보다 낮아졌거나 바퀴 정렬 즉, 얼라인먼트가 제대로 이루어지지 않았기 때문이다. 또한 동력조향을 이용하면 핸들 조작은 쉽게 가벼워질 수 있다. 종감속 장치는 동력 전달 계통에서 사용한다.

59 현장에서 오일의 열화는 점도의 확인, 자극적인 악취 냄새 유무 확인, 색깔의 변화나 수분·침전물의 유무 확인, 흔들었을 때 거품이 없는지 등을 확인해야 한다.

60 워밍업은 차가운 엔진을 정상범위의 온도에 도달하게 하기 위한 과정이다. 갑자기 차가운 엔진을 고속으로 회전시키면 엔진에 손상이 가해 질수 도 있다.

제2회 기출문제

01. ①	02. ②	03. ②	04. ③	05. ①	06. ①
07. ①	08. ②	09. ④	10. ③	11. ①	12. ②
13. ③	14. ④	15. ③	16. ④	17. ②	18. ①
19. ③	20. ③	21. ③	22. ③	23. ③	24. ②
25. ③	26. ③	27. ①	28. ①	29. ①	30. ③
31. ②	32. ②	33. ②	34. ②	35. ③	36. ③
37. ④	38. ②	39. ①	40. ④	41. ④	42. ②
43. ①	44. ③	45. ③	46. ③	47. ①	48. ③
49. ④	50. ③	51. ②	52. ③	53. ①	54. ③
55. ③	56. ②	57. ③	58. ③	59. ③	60. ①

01 ② 분류식 : 오일펌프에서 나온 오일의 일부만 여과하여 오일 팬으로 보내고 나머지는 그대로 윤활 부분에 전달하는 방식
③ 전류식 : 오일펌프에서 나온 오일 전부를 여과기를 거쳐 여과한 후 윤활 부분으로 전달하는 방식
④ 샨트식 : 오일펌프에서 나온 오일의 일부만 여과하고 나머지 여과되지 않은 오일과 합쳐져서 공급되는 방식

02 지게차의 포크는 리프트 레버와 틸트 레버를 사용해서 움직일 수 있다. 리트트 레버는 포크를 올리고 내리는 데 사용하며, 틸트 레버는 포크를 앞뒤로 기울이는 데 사용을 한다.

03 보행을 금지하는 표지이다.

출입금지   사용금지   탑승금지

04 부스터는 공기압, 유압, 전압 등을 가압하여 승압시키거나 증폭·확대하는 장치이다. 엔진의 터보차저, 제동장치의 배력장치, 점화장치의 점화코일 등이 해당된다.
① 캠버 : 앞에서 보면 그 앞바퀴가 수직선에 대해 어떤 각도를 두고 설치되어 있는 것

② 토인 : 앞바퀴를 위에서 내려다보면 바퀴 중심선 사이의 거리가 앞쪽이 뒤쪽보다 약간 좁게 되어 있는 것
④ 캐스터 : 앞바퀴를 옆에서 보면 조향너클과 앞차축을 고정하는 킹핀이 수직선과 어떤 각도를 두고 설치되는 것

05 전류(I) = $\dfrac{전압(V)}{저항(R)}$ 이므로 $\dfrac{12}{3+4+5}$ =1(A)이다.

06 일반도로 편도 2차로에서 건설기계는 오른쪽 차로(2차로)로 통행할 수 있다.

07 유압펌프는 기관이나 전동기의 기계적 에너지를 받아 유압에너지로 변환시키는 장치이다. 기어 펌프, 베인 펌프, 플런저 펌프 등이 있다.

08 건설기계조종사가 개인의 건강 문제로 인하여 2년 동안 휴식을 목적으로 건설기계를 조종하지 않은 경우는 건설기계조종사 면허취소 사유와 관계가 없다.

09 클러치의 회전 관성이 클 경우, 동력 연결 시 충격이 크게 발생한다.

10 작업복은 작업자의 몸에 알맞고, 동작이 편해야 한다.

11 연료의 착화성은 연소실 내에 분사된 연료가 착화할 때까지의 시간으로 표시되며, 이 시간이 짧을수록 착화성이 좋다고 한다. 착화성을 정량적으로 표시하는 것으로 세탄가, 디젤지수, 임계 압축비 등이 있다.

12 지게차의 계기판에서 연료량 경고등, 충전 경고등, 냉각수 온도 경고등을 통하여 현재의 상태를 점검할 수 있다.

13 차마는 황색 등화의 경우 정지선이 있거나 횡단보도가 있을 때에는 그 직전이나 교차로의 직전에 정지하여야 하며 이미 교차로에 차마의 일부라도 진입한 경우에는 신속히 교차로 밖으로 진행하여야 한다.

14 브레이크는 조작이 간단하고 작은 힘으로도 작동될 수 있어야 한다. 제동 작용이 확실하고 점검·조정이 쉬워야 하며 운전자에게 피로감을 주지 않아야 한다.

15 보안경은 낙하하거나 날아오는 물체에 의한 위험 또는 위험물, 유해 광선에 의한 시력 장애를 방지하기 위해 사용하는 보호구이다.
③ 공기 부족 시에는 호스 마스크를 사용해야 한다.

16 회로 내의 오일 압력 제어와 유압 유지 등의 역할은 압력제어 밸브를 통해서 이루어진다.

17 ② 건설기계의 구조 변경은 등록 말소 사유에 해당하지 않는다. 건설기계의 길이·너비·높이 등의 변경, 조종장치의 형식 변경, 수상작업용 건설기계 선체의 형식 변경 등이 구조 변경 범위에 속한다.

18 N(Newton)은 힘, W(Watt)는 전력·유효전력(소비전력), lb(파운더, pound)는 중량을 의미한다.

19 마스트의 전경각 및 후경각
• 사이드 포크형 지게차의 전경각 및 후경각은 각각 5° 이하일 것
• 카운터밸런스 지게차의 전경각은 6° 이하, 후경각은 12° 이하일 것

20 일감을 손으로 잡고 구멍을 뚫는 것은 안전사고의 위험이 있다.

21 오일탱크는 작동유의 적정 유량을 저장하고, 적정 유온을 유지하며 작동유의 기포 발생 및 제거 역할을 한다. 주입구, 흡입구와 리턴구, 유면계, 배플 플레이트, 스트레이너, 드레인플러그 등의 부속장치가 있다.

22 스트레이너는 유체에서 고체물질을 걸러내는 부품으로 여과를 담당한다.

23 모든 차의 운전자는 교차로에서 좌회전을 하려는 경우에는 미리 도로의 중앙선을 따라 서행하면서 교차로의 중심 안쪽을 이용하여 좌회전하여야 한다. 다만 시·도경찰청장이 교차로의 상황에 따라 특히 필요하다고 인정하여 지정한 곳에서는 교차로의 중심 바깥쪽을 통과할 수 있다(도로교통법 제25조).

24 일반적으로 건설기계 전조등은 병렬로 연결된 복선식 구성으로 좌·우에 1개씩 설치되어 있다.

25 유압기호의 표시방법
- 기호에는 흐름의 방향을 표시한다.
- 각 기기의 기호는 정상상태 또는 중립상태를 표시한다.
- 오해의 위험이 없을 때는 기호를 뒤집거나 회전할 수 있다.
- 기호에는 각 기기의 구조나 작용 압력을 표시하지 않는다.
- 기호가 없어도 정확히 이해할 수 있을 때는 드레인 관로는 생략할 수 있다.

26 벨트를 풀리에 걸때는 완전히 회전이 정지된 상태에서 하는 것이 원칙이다. 회전 운동이 있는 동안은 속도 크기에 상관없이 안전사고가 발생할 수 있다.

27 지게차에서 자동차와 같이 스프링을 사용하게 되면 작업 시 롤링이 생겨 적하물이 떨어질 수 있기 때문이다.

28 건설기계의 구조변경이 가능한 경우(건설기계관리법 시행규칙 제42조)
- 동력전달장치의 형식변경
- 제동장치, 주행장치, 유압장치, 조종장치, 조향장치, 작업장치의 형식변경
- 건설기계의 길이·너비·높이 등의 변경
- 수상작업용 건설기계의 선체의 형식변경
- 타워크레인 설치기초 및 전기장치의 형식변경

29 디젤기관은 압축착화방식이므로 한랭상태에서는 경유가 잘 착화하지 못해 시동이 어려울 수 있기 때문에 예열장치가 흡입 다기관이나 연소실 내의 공기를 미리 가열하여 기동이 쉽도록 한다.

30 지게차에는 유압을 사용해서 큰 힘을 낼수 있게 해주는 부품인 실린더가 각 장치마다 있다. 또한, 뒷바퀴로 조향을 하기 때문에 조향과 관련된 부분에도 실린더가 있어 이러한 곳에 그리스를 주입해야 한다.

31 ① 위치제한형 방호장치 : 조작자의 신체부위가 위험한계 밖에 있도록 기계의 조작장치를 위험구역에서 일정거리 이상 떨어지게 한 방호장치
③ 포집형 방호장치 : 위험장소에 설치하여 위험원이 비산하거나 튀는 것을 방지하는 등 작업자로부터 위험원을 차단하는 방호장치
④ 격리형 방호장치 : 작업자가 작업점에 접촉되어 재해를 당하지 않도록 기계설비 외부에 차단벽이나 방호망을 설치하는 것으로 작업장에서 가장 많이 사용하는 방식

32 틸트 레버를 밀면 포크가 앞으로 기울어지고, 당기면 포크가 뒤로 기울어진다.

33 모든 차의 운전자는 건널목의 가장자리 또는 횡단보도로부터 10m 이내인 곳에서는 차를 정차하거나 주차하여서는 아니 된다(도로교통법 제32조).

34 과급기는 흡기 다기관을 통해 각 실린더의 흡입 밸브가 열릴 때마다 신선한 공기가 다량으로 들어갈 수 있도록 해주는 장치이다. 과급기의 부착으로 실린더의 흡입 효율이 좋아져 출력이 증대된다.

35 화물이 커서 시야를 가릴 경우에는 후진으로 주행을 한다.

36 스패너 작업 시 너트에 스패너를 깊이 물리도록 하여 조금씩 앞으로 당기는 식으로 풀고 조이도록 해야 한다.

37 유압모터가 정상적으로 작동하는 상태에서 펌프의 회전속도는 소음과 진동이 발생하는 원인과 관계가 없다.

38 건설기계정비업의 범위에서 제외되는 행위(건설기계관리법 시행규칙 제1조의2)
1. 오일의 보충
2. 에어클리너엘리먼트 및 휠터류의 교환
3. 배터리·전구의 교환
4. 타이어의 점검·정비 및 트랙의 장력 조정
5. 창유리의 교환

39 연료라인에 공기가 혼입되면 연료가 불규칙하게 공급되어 부조가 발생한다.
① 발전기는 축전지 충전장치이다.

40 주행 중 핸들이 떨리는 것은 조향장치의 이상이 주원인이다.

41 기계 및 기계장치 사고의 일반적 원인

인적 원인	물적 원인
• 교육적 결함 • 작업자의 능력 부족 • 규율 부족 • 불안전 동작 • 정신적 결함 • 육체적 결함	• 환경 불량 • 기계시설의 위험 • 구조의 불안전 • 보호구의 부적합 • 기기의 결함

42 각도가 커지면 커질수록 장력이 커진다.

43 두 눈을 동시에 뜨고 잰 시력(교정시력 포함)이 0.7 이상이고 두 눈의 시력이 각각 0.3 이상일 것. 그밖에 정신질환자 또는 뇌전증환자, 마약·대마·향정신성의약품 또는 알코올 중독자가 아닐 것 등이다.

44 출입구의 폭과 차폭을 확인하여 통행 시에 부딪히지 않도록 해야 한다.

45 라디에이터 압력식 캡은 냉각수 주입구 뚜껑으로 냉각장치 내의 비등점을 높이고 냉각 범위를 넓히기 위함으로 압력이 낮을 때 압력밸브와 진공밸브는 스프링의 장력으로 각각 시트에 밀착되어 냉각장치 기밀을 유지하게 한다.

46 카운터 밸런스밸브는 유압회로 내의 오일 압력을 제어하는 압력제어밸브의 일종으로, 윈치나 유압실린더 등의 자유낙하를 방지하기 위하여 배압을 유지하는 제어밸브이다.

47 겨울철 노면이 얼어붙은 경우에는 최고속도의 50/100 감속하여 안전 운행을 해야 한다.

48 여러 사람이 물건을 운반할 때에는 통일된 동작을 위해 한 사람만이 지시를 내려야 하고, 모든 사람이 동일한 부하를 담당해야 한다. 또한 두 손을 모두 한 방향을 잡는 데 쓰지 않고 최소한 한 손은 물건을 받치는 데 써야 한다.

49 지게차 운행 종료 이후에는 반드시 키를 빼서 지정된 보관 장소에 둔다.

50 교류발전기의 장점
- 소형이며 경량이다.
- 브러시의 수명이 길다.
- 전압조정기만 있으면 된다.
- 저속 시에도 충전이 가능하다.
- 출력이 크고 고속회전에 잘 견딘다.

51 틸트 레버는 포크의 경사를 조절하여 적재물이 떨어지지 않게 하는 레버이다. 앞으로 밀면 포크의 경사각이 바깥쪽(아래로)으로 향하고, 뒤로 잡아당기면 경사각이 안쪽(위로)으로 향한다. 그리고 리프트 레버는 앞으로 밀면 포크가 아래로 내가고, 뒤로 잡아 당기면 포크가 위로 올라가게 된다.

52 예고용 도로명판이다.

53 트럭지게차 : 운전석이 있는 주행차대에 별도의 조종석을 포함한 들어올림 장치를 가진 차이다.

54 트레드가 마모되면 타이어 마찰을 증대시켜 주던 요철부분이 없어지게 되므로 미끄러질 위험이 많아지게 되어 제동성능이 떨어진다.

55 액추에이터는 유체에너지를 이용하여 기계적인 작업을 하는 기기를 말한다.

56 낙하는 떨어지는 물체에 맞는 경우, 충돌은 사람이나 장비가 정지한 물체에 부딪히는 경우, 전도는 사람이나 장비가 넘어지는 경우를 말한다.

57 로드 스태빌라이저란 평탄하지 않은 노면이나 경사지 등에서 깨지기 쉬운 화물이나 불완전한 화물의 낙하 방지를 위해 포크 상단에 상하로 작동 가능한 압력판을 부착한 것이다.

58 건설기계 조종 중 고의로 사망·중상·경상 등 인명피해를 입힌 경우에는 면허취소이다.

59 토크 컨버터는 유체클러치에서 오일에 의해 엔진의 동력을 변속기로 전달하는 장치이다. 특수 정비사항에 해당한다.

60 교축 밸브(스로틀밸브)는 유량제어밸브로서 내부의 스로틀밸브가 움직여져 유도 면적을 바꿈으로써 유량이 조정되는 밸브이다.
② 릴리프 밸브 : 회로 압력을 일정하게 하거나 최고압력을 규제해서 각부 기기를 보호한다.
③ 카운터밸런스 밸브 : 배압을 유지하는 제어밸브이다.
④ 시퀀스 밸브 : 2개 이상의 분기회로를 갖는 회로 내에서 작동순서를 회로의 압력 등에 의해 제어하는 밸브이다.

제3회 기출문제

01. ②	02. ②	03. ①	04. ②	05. ③	06. ②
07. ④	08. ④	09. ②	10. ③	11. ①	12. ③
13. ②	14. ④	15. ②	16. ①	17. ②	18. ①
19. ④	20. ②	21. ③	22. ②	23. ②	24. ②
25. ②	26. ②	27. ③	28. ①	29. ②	30. ③
31. ②	32. ②	33. ④	34. ③	35. ②	36. ④
37. ②	38. ②	39. ④	40. ①	41. ②	42. ①
43. ①	44. ②	45. ①	46. ③	47. ②	48. ③
49. ④	50. ④	51. ②	52. ④	53. ④	54. ③
55. ④	56. ②	57. ④	58. ②	59. ①	60. ③

01 • 겨울철용 엔진오일 : 기온이 낮아서 낮은 점도의 오일이 필요하다. 점도가 높은 오일을 사용하면 기동이 어렵다.
• 여름철용 엔진오일 : 기온이 높으므로 기관오일의 점도가 높아야 한다.

02 **앞지르기 금지장소**(도로교통법 제22조제3항)
• 교차로, 터널 안, 다리 위
• 도로의 구부러진 곳, 비탈길의 고갯마루 부근 또는 가파른 비탈길의 내리막 등 시·도경찰청장이 안전표지로 지정한 곳

04 버킷은 굴착기, 로더 등에서 토사 등을 굴착하기 위해 절삭날을 부착한 것이다.

05 ① 피스톤핀의 위치를 중심으로부터 편심하여 상사점에서 경사 변화시기를 늦어지게 한 피스톤
② 스커드 부에 홈이 없고 스커드 부는 상·중·하의 지름이 동일한 통으로 된 피스톤
④ 측압이 작은 쪽의 스커드 상부에 세로로 홈을 두어 스커드 부로 열이 전달되는 것을 제한한 구조의 피스톤

07 **오버플로우 밸브의 기능**
• 여과기 각 부분을 보호
• 여과기의 성능을 향상시킴
• 운전 중 공기빼기 작용을 함
• 연료공급펌프의 소음 발생 억제
• 공급펌프와 분사펌프 내 연료균형 유지

08 방진 마스크는 먼지가 많은 곳에서 사용하는 보호구로 여과효율이 좋고 흡배기 저항이 낮아야 하며 중량이 가볍고 시야가 넓어야 한다.

10 **건설기계 검사**
신규등록검사, 정기검사, 구조변경검사, 수시검사 등

11 교류 발전기의 구성 요소는 스테이터, 로터, 슬립링, 브러시, 정류기, 다이오드 등이다. 밸브 태핏은 밸브 리프터를 말한다.

13 전조등은 좌·우에 1개씩 설치되어 있어야 하고, 일반적으로 건설기계에 설치되는 좌·우 전조등은 병렬로 연결된 복선식 구성이다.

14 감전을 방지하기 위해 절연체로 만들어진 보호 장갑을 착용한다.

15 윤활유의 작용이 원활하게 이루어지려면 윤활유의 점도가 적당하고, 온도에 따른 점성 변화가 작게 유지되어야 한다.

16 기초번호판은 도로명과 기초번호로 구성되어 있다.

17 접촉저항이 없거나 적을수록 전류의 흐름이 원활하다.

18 **브레이크 쏠림현상 원인**
• 라이닝 간극 조정 불량
• 좌우 타이어 공기압 불균일 및 전륜 정렬 불량
• 휠 실린더 작동 불량
• 브레이크 드럼 변형 및 쇽 업소버 작동 불량

19 냉각수 온도 게이지를 나타낸다.

20 **서행 또는 일시정지할 장소**(도로교통법 제31조제1항)
• 교통정리를 하고 있지 아니하는 교차로
• 도로가 구부러진 부근
• 비탈길의 고갯마루 부근
• 가파른 비탈길의 내리막
• 시·도경찰청장이 안전표지로 지정한 곳

23 정해진 용량과 크기 이상의 화물을 실을 경우 안전상 매우 위험하며, 장비에 무리를 초래하여 고장을 촉진한다.

24 납산 축전지는 전해액으로 묽은 황산을 사용하며 (+)극판에 과산화납을, (-)극판에 순납을 사용하는 축전지이다.

25 유압 파이프나 호스 연결구가 2개이면 복동식이고, 1개이면 단동식이다.

26 전기 작업 시 절연된 자루(손잡이)를 사용한다.

27 ① 스패너를 해머 대신 사용하지 않는다.
② 스패너는 볼트 및 너트 두부에 잘 맞는 것을 사용한다.
④ 스패너에 파이프를 끼워서 사용하지 않는다.

28 과급기는 흡기 다기관을 통해 각 실린더의 흡입 밸브가 열릴 때마다 신선한 공기가 다량으로 들어가도록 해주는 장치로, 실린더의 흡입 효율이 좋아져 출력이 증대된다.

29 중앙선이란 차마의 통행 방향을 명확하게 구분하기 위하여 도로에 황색 실선이나 황색 점선 등의 안전표지로 표시한 선 또는 중앙분리대나 울타리 등으로 설치한 시설물을 말한다. 다만, 가변차로가 설치된 경우에는 신호기가 지시하는 진행방향의 가장 왼쪽에 있는 황색 점선을 말한다.

31 클러치 면이 마멸되거나 오일과 같은 이물질이 붙을 경우, 클러치 페달의 자유간극이 작거나 클러치 압력판 스프링이 손상된 경우, 릴리스 레버의 조정이 불량하면 클러치가 미끄러지게 된다.

32 공기의 유동 저항이 적어야 한다.

33 카운터 웨이트(평형추)는 지게차 맨 뒤쪽에 설치되어 차체 앞쪽에 화물을 실었을 때 쏠리는 것을 방지한다.

34 ③ 유량제어(유량제어 밸브) : 일의 속도 결정 – 액추에이터의 속도, 회전수 변화
① 압력제어(압력제어 밸브) : 일의 크기 결정 – 과부하의 방지, 유압기기 보호
④ 방향제어(방향제어 밸브) : 일의 방향 결정 – 작동유의 흐름, 역류 방지

35 공기청정기(air cleaner)는 흡입공기의 먼지 등을 여과하여 피스톤의 마모를 방지하는 역할을 하며 흡기소음의 감소와 역화가 발생할 때 불길을 저지하는 기능을 한다.

36 건설기계 조종사는 10년마다(65세 이상인 경우는 5년마다) 시장·군수 또는 구청장이 실시하는 정기적성검사를 받아야 한다(건설기계관리법 시행규칙 제81조).

37 지게차 운전을 종료했을 때 취해야 할 안전사항
• 모든 조종 장치를 기본 위치에 둔다.
• 스위치를 차단시킨다.
• 변속장치는 중립에 둔다.

38 클러치 페달의 자유간극(유격)이 작으면 클러치가 미끄러져 출발 또는 주행 중 가속했을 때 기관의 회전속도는 증가하지만 출발이 잘 안 되거나 주행속도가 증속되지 않는다.

39 건설기계형식이란 건설기계의 구조·규격 및 성능 등에 관하여 일정하게 정한 것을 말한다(건설기계관리법 제2조제9호).

40 소화 작업의 기본 요소는 연소의 3요소를 차단하는 것이다.

41 유압모터는 공기, 먼지가 침투하면 성능에 영향을 미칠 수 있다. 따라서 작동유에 먼지나 공기가 들어가지 않도록 보수에 주의를 해야 한다.

42 전·후진레버를 앞으로 밀면 전진하고, 뒤로 당기면 후진한다.

43 토크 컨버터의 오일점검은 특수 정비사항이다.

44 유압 펌프 : 기어식, 플런저식, 베인식 등

46 매매용 건설기계를 운행하거나 사용한 자에게는 1년 이하의 징역 또는 1천만 원 이하의 벌금에 처한다.

47 유압장치에서 유압제어밸브에는 압력제어밸브, 유량제어밸브, 방향제어밸브, 특수밸브 등이 있다.

48 축압기(어큐뮬레이터)의 기능
압력보상, 에너지 축적, 유압회로의 보호, 맥동감쇠, 충격압력 흡수, 일정압력 유지 등

49 체크 밸브 방향이 반대로 되면 작동유 흐름이 막혀 작동이 불가능하게 된다.

50 건설기계조종사면허를 받은 사람은 면허가 취소된 때, 면허의 효력이 정지된 때, 면허증의 재교부를 받은 후 잃어버린 면허증을 발견한 때에는 그 사유가 발생한 날부터 10일 이내에 시장·군수 또는 구청장에게 그 면허증을 반납해야 한다(건설기계관리법 시행규칙 제80조).

51 유류 화재 시 물을 부을 경우 기름이 물에 뜨면서 화재가 확산될 수 있으므로 모래나 ABC소화기, B급 화재 전용소화기를 이용하여 진압해야 한다.

52 화물 적재 시 포크를 지면으로부터 20~30cm 정도 들고 천천히 주행한다.

53 ① 마스트 : 백레스트가 가이드 롤러(리프트 롤러)를 통하여 상하 미끄럼 운동을 할 수 있는 레일
② 백레스트 : 포크의 화물 뒤쪽을 받쳐주는 부분
③ 평형추(카운터 웨이트) : 지게차 맨 뒤쪽에 설치되어 차체 앞쪽에 화물을 실었을 때 쏠리는 것을 방지

55 산업안전보건기준에 관한 규칙에서 지게차의 안전기준으로 지정한 항목 : 전조등/후미등, 헤드가드, 백레스트, 팔레트의 종류, 좌석안전띠

56 O-링은 탄성이 양호하고 압축변형이 적어야 한다.

57 A급 화재 : 일반 화재
B급 화재 : 유류(가스) 화재
C급 화재 : 전기 화재
D급 화재 : 금속 화재

58 • 힌지 포크 : 원목이나 파이프 등의 화물의 운반·적재용
• 힌지 버킷 : 석탄, 소금, 모래, 비료 등 흘러내리기 쉬운 화물의 운반용

59 ① 3방향 도로명 표지(지하차도 교차로)
② 3방향 도로명 표지(고가차도 교차로)
③ 3방향 도로명 표지(K자형 교차로)
④ 다지형 교차로 도로명 표지

60 틸트 실린더는 마스트와 프레임 사이에 설치된 2개의 복동식 유압 실린더이며 리프트 실린더는 단동 실린더이다.

제4회 기출문제

01. ①	02. ②	03. ②	04. ①	05. ④	06. ③
07. ①	08. ③	09. ①	10. ③	11. ②	12. ②
13. ①	14. ②	15. ②	16. ③	17. ②	18. ①
19. ③	20. ①	21. ④	22. ④	23. ②	24. ②
25. ②	26. ②	27. ③	28. ③	29. ④	30. ①
31. ③	32. ③	33. ③	34. ③	35. ②	36. ①
37. ②	38. ②	39. ③	40. ③	41. ②	42. ②
43. ②	44. ①	45. ②	46. ③	47. ①	48. ②
49. ①	50. ③	51. ①	52. ③	53. ②	54. ①
55. ②	56. ①	57. ②	58. ③	59. ④	60. ③

01 다운 플로우는 냉각수가 아래로 흐르고 크로스 플로우는 냉각수가 옆으로 흐른다.

02 플런저 펌프는 가변용량이 가능하고(배출량의 변화 범위가 넓음), 체적효율이 가장 높으며(고압에서 누설 적음), 수명이 길다.

03 로어링과 리프팅은 리프트 레버로 포크를 상승 또는 하강시키는 동작이며 틸팅은 틸트 레버로 마스트를 전경 또는 후경 시키는 동작이다.

04 벨트를 풀리에 걸 때는 완전히 회전이 정지된 상태에서 하는 것이 철칙이다. 회전운동이 있는 동안은 속도 크기에 상관없이 안전사고가 발생할 수 있다.

05 건설기계 등록번호표에는 등록관청, 용도, 기종 및 등록번호를 표시하여야 한다(건설기계관리법 시행규칙 제13조).

06 복동 실린더
출력이 피스톤의 양쪽 방향 모두에서 발생하고 유압이 작동되는 반대쪽의 작동유는 작동유 탱크나 유압펌프로 되돌아간다. 유압 파이프나 호스 연결구가 2개이면 복동식이고, 1개이면 단동식이다.

07 지게차 전복 시 사고를 줄이는 방법
① 항상 운전자 안전장치를 사용한다.
② 뛰어내리지 않는다.
③ 핸들을 꽉 잡는다.
④ 발을 힘껏 벌린다.
⑤ 상체를 전복되는 반대 방향으로 기울인다.
⑥ 머리와 몸을 앞쪽으로 기울인다.

08 정전류 충전 시 충전 전류
- 최대용량 : 축전지 용량의 20%
- 표준용량 : 축전지 용량의 10%
- 최소용량 : 축전지 용량의 5%

09 에어클리너(공기청정기)가 막히면 공기흡입량이 줄어들어 엔진의 출력이 저하되고, 농후한 혼합비로 인한 불완전연소로 검은색 배기가스가 배출된다.

10 체크 밸브는 유압의 흐름을 한 방향으로 통과시켜 역방향의 흐름을 막는 밸브이다.

11 • 작동유의 정상 온도 범위 : 40 ~ 60℃
  • 최고 허용 온도 : 80℃, 최저 허용 온도 : 40℃

12 플래셔 유닛은 방향지시등에 흐르는 전류를 일정 주기로 단속, 점멸하여 자동차의 주행 방향을 알리는 장치이다.

13 복스 렌치(box wrench)
오픈렌치를 사용할 수 없는 오목한 부분의 볼트, 너트를 조이고 풀 때 사용한다. 볼트, 너트의 머리를 감쌀 수 있어 미끄러지지 않는다.

14 용접 시 발생하는 불꽃에 의해 연료통 내부에서 화재가 발생할 수 있다.

15 시·도지사 또는 검사대행자는 검사결과 해당 건설기계가 건설기계검사기준에 부적합하다고 인정되는 때에는 건설기계 부적합 통지서에 부적합 항목 및 그 사유 등을 적어 신청인에게 교부해야 한다. 이 경우 건설기계의 소유자는 부적합 판정을 받은 항목에 대하여 부적합 판정을 받은 날부터 10일(재검사기간) 이내에 이를 보완하여 보완항목에 대한 재검사를 신청할 수 있다(건설기계관리법 시행규칙 제23조제7항).

16 동력원에 따른 지게차의 종류에는 디젤 지게차, LPG/가솔린 지게차, 전동 지게차가 있다.

17 안전관리 계획 수립 시의 유의사항
- 사업장의 실정에 알맞도록 독자적으로 수립하되 실현가능성이 있어야 한다.
- 직장단위로 구체적인 계획을 작성한다.
- 계획상의 재해감소 목표는 점진적으로 수준을 높이도록 한다.
- 계획에서 실시까지의 미비점, 잘못된 점은 피드백 할 수 있는 조정기능을 지니고 있어야 한다.
- 근본적인 안전대책을 강구한다.
- 복수적인 계획안을 내어 그 중에서 선택하도록 한다.

18 지게차 유량점검 시에는 포크를 지면에 내려놓는다. 포크를 최대높이, 중간위치에 두면 작동유가 유압 실린더 내에 잔류하여 정확한 유량점검이 어렵다.

19 유압 실린더의 구성품으로는 실(seal), 실린더, 피스톤, 피스톤 로드, 쿠션기구가 있다.

20 지게차 운행 시에 사람이 직접 포크나 화물 위로 올라가서는 안 된다.

21 유압펌프와 컨트롤 밸브(제어 밸브) 사이에 존재하는 릴리프 밸브는 회로 내의 오일 압력을 제어하는 기능을 한다. 따라서 유압회로의 압력을 점검하기 위해서는 릴리프 밸브를 활용한다.

22 유압모터의 장단점

장점	• 무단변속 용이 • 소형, 경량으로 대 출력 가능 • 변속, 역전제어 용이 • 속도, 방향제어 용이
단점	• 유압유 점도변화에 민감해 사용상 제약이 있음 • 유압유가 인화하기 쉬움 • 유압유에 먼지, 공기가 혼입되면 성능 저하

23 유압유의 기능
동력 전달, 마찰열 흡수, 움직이는 기계 요소 윤활, 필요한 기계 요소 사이를 밀봉

24 차로의 순위는 도로의 중앙선 쪽에 있는 차로부터 1차로로 한다. 다만 일방통행도로에서는 도로의 왼쪽부터 1차로로 한다(도로교통법 시행규칙 제16조제3항).

25 건설기계의 소유자는 건설기계를 도난당한 경우에는 사유가 발생한 날부터 2개월 이내에 시·도지사에게 등록말소를 신청하여야 한다(건설기계관리법 제6조제2항).

26 술에 만취한 상태(혈중알코올농도 0.08퍼센트 이상)에서 건설기계를 조종한 경우에는 면허가 취소된다.

27 정기검사
건설공사용 건설기계로서 3년의 범위에서 국토교통부령으로 정하는 검사유효기간이 끝난 후에 계속해서 운행하려는 경우에 실시하는 검사와 대기환경보전법 및 소음·진동관리법에

따른 운행차의 정기검사

28 고의로 인명피해(사망·중상·경상 등)를 입힌 경우 면허가 취소된다.

29 카운터 밸런스 밸브
유압회로 내의 오일 압력을 제어하는 압력제어 밸브의 일종으로, 윈치나 유압실린더 등의 자유낙하를 방지하기 위하여 배압을 유지하는 제어 밸브이다.

30 유체의 압력은 면에 대하여 직각방향으로 작용한다.

31 불안전한 적재와 안전조치 없는 작업의 강행은 사고 발생의 원인이다.

32 유압유 온도가 상승하는 원인
- 기관의 온도가 낮아 오일의 점도가 높음
- 윤활회로의 일부가 막힘(오일 필터가 막히면 유압상승의 원인이 됨)
- 유압조절 밸브 스프링의 장력 과다, 고착
- 오일 쿨러(냉각기) 불량
- 고속운행과 연속된 과부하 작업
- 유압유 부족

33 '방진마스크 착용' 표지는 지시표지의 한 종류이다.

34 면장갑 착용 금지작업
선반 작업, 드릴 작업, 목공기계 작업, 그라인더 작업, 해머 작업, 기타 정밀기계 작업 등

35 보안경은 날아오는 물체에 의한 위험 또는 위험물, 유해 광선에 의한 시력 장애를 방지하기 위한 것이다.

36 지게차 구조의 특징은 전륜(앞바퀴) 구동에 뒷바퀴(후륜) 조향 방식이다.

37 ② 압축공기로 청소하는 것은 건식 공기청정기이다. 오일 여과기의 엘리먼트는 기능 한계를 넘게 될 경우 교환하는 소모성 부품이다.

38 페이드 현상은 마찰열이 축적되어 마찰계수의 저하로 제동력이 감소되는 현상이다.

40 타이머는 디젤기관의 분사펌프를 구성하는 기계요소로 기관의 회전속도 및 부하에 따라 연료의 분사시기를 조절하여 엔진동작이 조화롭게 이루어지도록 한다.

41 ① 일산화탄소(CO) : 사람의 폐에 들어가면 혈액의 헤모글로빈과 결합, 산소 운반 방해
③ 탄화수소(HC) : 이산화질소와 반응하면 광학스모그 현상 발생
④ 질소산화물(NOx) : 급성중독 시 폐수종 야기

42 디젤기관 연료장치는 연료가 윤활작용을 겸한다.

43 냉각수의 온도가 차가울 때는 수온조절기가 닫혀서 라디에이터 쪽으로 냉각수가 흐르지 못하게 하고 냉각수가 가열되면 점차 열리기 시작하여 정상온도가 되면 완전히 열려서 냉각수가 라디에이터로 순환된다. 따라서 냉각수의 온도를 유지하는 것은 수온조절기의 기능이다.

44 안전점검의 주목적은 위험요소를 사전에 발견하여 시정하는 것이다.

45 화물을 적재한 지게차를 경사면에서 운전할 때는 짐의 방향은 항상 위쪽을 향하도록 한다. 경사지에서 화물을 싣고 내려올 때는 기어를 저속상태로 변속하고 후진으로 내려오도록 한다.

46 포크를 200~300mm 정도 들어 올린 다음 마스트가 뒤로 기울게 하여 다음 작업장소로 이동한다.

47 틸트록 밸브는 엔진 정지 시 틸트 실린더의 작동을 억제한다.

48 구동 차축은 액슬 하우징 속에 종감속 기어 및 차동장치와 연결되어 있다. 앞 액슬축은 하중지지와 구동 역할을 수행하고, 뒤 액슬축은 하중지지와 조향역할을 수행한다.

49 토크컨버터는 유체클러치를 개량하여 유체클러치보다 회전력의 변화를 크게 한 것으로 스테이터, 펌프, 터빈 등이 상호운동을 하여 회전력을 변환시킨다.

50 순서대로 '타이어의 폭-타이어의 내경-플라이 수'를 의미한다.

51 유니버설 조인트 중 등속조인트는 이중 십자형 자재이음과 볼 자재이음이 있다.

53 충전 경고등은 정상적으로 충전과정이 이루어지지 않을 때 점등된다. 즉, 충전계통에 문제점이 발생했다는 경고등이다.

54 클러치가 연결된 상태에서 기어변속을 하게 되면 본래 기관에 소리가 나고, 맞물려 돌아가는 기어를 무리하게 바꾸게 되므로 기어가 상하게 된다.

55 3단 마스트는 천정이 높은 장소와 출입구가 제한되어 있는 장소에서 적재·적하 작업을 하는 데 이용한다.

56 지게차의 마스트는 틸트 레버로 조작한다.

57 최소 회전반경은 무부하 상태에서 지게차의 최저속도로 최소 회전을 할 때 지게차의 가장 바깥부분이 그리는 원의 반경을 말한다.

58 D급 화재는 마그네슘, 티타늄, 지르코늄, 나트륨, 칼륨 등의 가연성 금속 화재이다.

59 부동액 구비조건
- 침전물이 없을 것
- 물과 잘 혼합될 것
- 휘발성이 없고 순환성이 좋을 것
- 부식성이 없고 팽창지수가 적을 것
- 비등점이 물보다 높고, 빙점(응고점)은 물보다 낮을 것

60 조향장치의 작동 여부는 작업 중 점검사항이다.

지게차운전기능사 한방에 합격

2024년 1월 15일   개정8판 발행
2016년 2월 17일   초판 발행

저 자 | JH건설기계자격시험연구회
발행인 | 전 순 석
발행처 | 정훈사
주 소 | 서울특별시 중구 마른내로 72, 421호 A
등 록 | 2-3884
전 화 | (02) 737-1212
팩 스 | (02) 737-4326

본서의 무단 전재·복제를 금합니다.